青少年信息学奥林匹克竞赛实战辅导丛书

程序设计与应用

（中学·C/C++）

主　编　曹　文　张　信　秦新华

东南大学出版社
·南　京·

内 容 提 要

程序设计涉及语言、环境和应用三个方面，学习程序设计的关键是培养融合这三个方面的系统化思维方法。针对起步阶段的中小学学生，如何利用短暂的课外时间，在短时间内达到较好的效果，是值得思考的问题。本书按照认知的规律，第1～第3章首先介绍计算机基本知识以及利用其工作需要的语言和算法的相关概念；第4～第10章以ANSI C和Dev－C＋＋语言为例介绍计算机语言的相关知识及其基本使用；在此基础上，第11～第12章面向应用，介绍基本的数据结构、基础算法及其应用；附录部分详细总结C/C＋＋语言的知识以及其开发环境的使用和调试技巧。考虑到实战训练特点，本书精选上百个信息学竞赛试题作为案例，采用问题驱动方式进行讲解，将知识点融入实例，注重程序设计技巧的解析，从而，实现程序设计系统化思维方法的训练。

本书主要满足广大中小学学生学习程序设计的教学和训练需求。同时，本书也非常适合作为普通高等学校本科以及专科学生学习程序设计课程的教学和学习参考用书。对一般的程序设计爱好者，本书也具有重要的参考价值。

图书在版编目(CIP)数据

程序设计与应用.中学·C/C＋＋／曹文主编.—南京：
东南大学出版社，2010.1（2018.10重印）
（青少年信息学奥林匹克竞赛实战辅导丛书）
ISBN 978—7—5641—2038—2

Ⅰ.程…　Ⅱ.曹…　Ⅲ.C语言—程序设计—青少年读物
Ⅳ.TP311.1—49

中国版本图书馆CIP数据核字（2010）第012715号

东南大学出版社出版发行
（南京四牌楼2号　邮编210096）
出版人：江建中
江苏省新华书店经销　兴化印刷有限责任公司印刷
开本：787 mm×1092 mm　1/16　印张：18　字数：544千字
2010年1月第1版　2018年10月第6次印刷　印数：8001—9500册
定价：33.00元
（凡因印装质量问题，可直接向发行科调换。电话：025—83795801，网址：press.seu.edu.cn）

丛书序

得益于计算机工具的特殊结构，以计算机技术为核心的信息技术现在已在整个社会发展中起到了其重要的作用。同时，由于信息技术的本质在于不断创新，因而人们将 21 世纪称之为信息世纪。根据人类生理特征，青少年时期正处于思维活跃、充满各种幻想的黄金年代，孕育着创新的种子和潜能。长期的实践活动告诉我们，青少年信息学奥林匹克竞赛可以让广大的青少年淋漓尽致地展现其思维的火花，享受创新带来的美感。因此，该项活动得到了全国各地广大青少年朋友的喜爱，越来越多的青少年朋友怀着浓厚的兴趣加入到这项活动中来。

从本质上看，计算机学科是一种思维学科，正确地思维训练可以播种持续创新的优良种子。相对于其他学科的竞赛，信息学竞赛覆盖知识面更为宽广，涉及了数学、数据结构、算法、计算几何、人工智能等相关的专业知识。如何在短时间内有效地掌握这些知识的主体，并能灵活地应用其解决实际问题，显然是一个值得认真思考的问题。

知识学习与知识应用基于两种不同的思维策略，尽管这两种策略的统一本质上依赖于选手自身的领悟，但是如何建立两种策略之间的桥梁、快速地促进选手自身的领悟，显然是教材以及由其延伸的教学设计与实施过程所应考虑的因素。竞赛训练有别于常规的教学，要在一定的时间内得到良好的效果，需要有一定的技术方法，而不应拘泥于规范。从学习的本质看，各种显性知识的学习是相对容易的。或者说，只要时间允许，总是可以消化和理解的。然而，隐性知识的学习和掌握却是较难的。由于隐性知识的学习对竞赛和能力的提高起到决定性的作用，因此，仅仅依靠选手自身的感悟，而不能从隐性知识的层面重新组织知识体系，有目的地辅助选手自身的主动建构，显然是不能提高竞赛能力的。基于上述认识，结合多年来开展青少年信息学竞赛活动的经验，我们组织了一批有长期一线教学经验的教练员和专家、教授，编写出版了这套《青少年信息学奥林匹克竞赛实战辅导丛书》。

丛书的主要特点如下：

1. 兼顾广大青少年课外学习时间的短暂与知识内容较多的矛盾，考虑我国青少年信息学竞赛的特点和安排，丛书分为四个层次，分别面向日常常规训练、数据结构与数学知识强化、重点专题解析和精选试题解析，

既考虑知识体系的系统性及连续训练的特点，又考虑各个层次选手独立训练的需要。

2. 区别于常规的教学模式，丛书中每册书的体系设计以实战需要为核心主线，突出重点，整个体系从逻辑上构成符合某种知识体系学习规律的系统化结构。

3. 围绕实战辅导需求，在解析知识和知识应用关系所蕴涵的递归思维策略的基础上，重构知识点关系，采用抛锚式和支架式并重教学思路，突出并强化知识和知识应用两者之间的联系。

4. 在显性知识及其关系基础上，强调知识应用模式及其建构的学习方法的教学，注重学习思维和能力的训练，实现知识应用能力和竞赛能力的提高，强化从程序设计及应用的角度来进行训练的特点。

5. 整套丛书的设计，不仅注重竞赛实战的需要，还考虑选手未来的发展，强调计算机程序设计正确思维的训练和培养，以不断建立持续创新的源泉。

值此邓小平同志“计算机的普及要从娃娃抓起”重要讲话发表25周年之际，我们期望以此奉献给广大读者朋友一套立意新、选材精、内容丰富的青少年信息学奥赛读本。

本套丛书的编写与出版，得到了东南大学出版社的大力支持，在此表示感谢！

李立新　沈　军　王晓敏

2008年12月

前 言

在中国计算机学会的组织下，江苏省青少年科技中心已连续多年成功举办了全国信息学奥林匹克联赛(简称 NOIP)活动，数以十万计的青少年从中受益。在这么多年的联赛活动中，参与此项工作的老师与专家积累了许多宝贵经验，从 1999 年起陆续撰写出版了两套青少年信息学奥林匹克竞赛丛书，包括初级本、中级本、高级本及全国青少年信息学奥林匹克联赛试题解析等。

现根据活动普及与发展的需要及广大读者的强烈建议，我们将这套丛书修订后呈现给大家。其中，本书以信息学奥林匹克竞赛初学者为主要对象，以“程序设计技巧”为主线，重在培养学生解决实际问题的能力，主编曹文具有 20 年信息学竞赛辅导经验。本书精选上百个信息学竞赛试题，深入浅出地介绍了语法和常用算法，对提高参赛选手的综合能力将起极为重要的引导作用。参加本书编写工作的有曹文、张信和秦新华，其中第 2、第 4、第 5、第 6 章和附录 A 由秦新华编写，第 3、第 7、第 8、第 9 章和附录 C 由张信编写，第 1、第 10、第 11、第 12 章和附录 B 由曹文编写。全书由东南大学计算机学院沈军教授统一审稿。

希望广大读者提出宝贵意见和建议，以便进一步修改，使之日趋完善。

编 者

2009 年 12 月 20 日

目 录

第1章 C语言概论

第2章 认识计算机

第3章 算法及算法的描述

第4章 数据类型、运算符与表达式

第5章 数据输入输出的概念及在C语言中的实现

第6章 选择结构程序设计

第 7 章　循环控制

第 8 章　数据组织与处理

第9章　函　数

第10章　指　针

第 11 章 基本数据结构及应用

第 12 章 常用算法介绍

附录

第 1 章　C 语言概论

1.1　C 语言的发展过程

C 语言是在 20 世纪 70 年代初问世的。1978 年美国电话电报公司(AT&T)贝尔实验室正式发布了 C 语言。同时由 B. W. Kernighan 和 D. M. Ritchit 合著了著名的 *THE C PROGRAMMING LANGUAGE* 一书，通常简称为 K&R，也有人称之为 K&R 标准。但是，在 K&R 中并没有定义一个完整的标准 C 语言，后来由美国国家标准学会在此基础上制定了一个 C 语言标准，于 1983 年发表。通常称之为 ANSI C。

早期的 C 语言主要用于 UNIX 系统。随着 C 语言的强大功能和各方面的优点逐渐为人们认识，到了 20 世纪 80 年代，C 开始进入其他操作系统，并很快在各类大、中、小和微型计算机上得到了广泛的使用。成为当代最优秀的程序设计语言之一。

1.2　C 语言的特点

1. 简洁紧凑、灵活方便

C 语言一共只有 32 个关键字、9 种控制语句，程序书写自由，主要用小写字母表示。C 语言把高级语言的基本结构和语句与低级语言的实用性结合起来，可以像汇编语言一样对位、字节和地址进行操作，而这三者是计算机最基本的工作单元。

2. 运算符丰富

C 的运算符包含的范围很广泛，共有 34 个运算符。C 语言把括号、赋值、强制类型转换等都作为运算符处理，从而使 C 的运算类型极其丰富、表达式类型多样化。灵

活使用各种运算符可以实现在其他高级语言中难以实现的运算。

3. 数据结构丰富

C的数据类型有：整型、实型、字符型、数组类型、指针类型、结构体类型、共用体类型等，能用来实现各种复杂的数据类型的运算；同时，引入了指针概念，使程序效率更高。另外C语言具有强大的图形功能，支持多种显示器和驱动器，计算功能、逻辑判断功能也十分强大。

4. 结构式语言

结构式语言的显著特点是代码及数据的分隔化，即程序的各个部分除了必要的信息交流外彼此独立。这种结构化方式可使程序层次清晰，便于使用、维护以及调试。C语言主要由函数形式构成，这些函数可方便的调用，并具有多种循环、条件语句控制程序流向，从而使程序完全结构化。

5. 语法限制不太严格、程序设计自由度大

一般的高级语言语法检查比较严格，能够检查出几乎所有的语法错误。而C语言给予程序编写者有较大的自由度。

6. 允许直接访问物理地址，可以直接对硬件进行操作

7. 程序生成代码质量高，程序执行效率高

C语言一般只比汇编程序生成目标代码的效率低10%～20%。

8. 适用范围大，可移植性好

C语言的一个突出优点就是适用于多种操作系统，如DOS、UNIX；也适用于多种机型。

1.3 C源程序的结构特点

以下几个程序由简到难，表现了C语言源程序在组成结构上的特点。虽然有关内容还未介绍，但可从中了解到一个C语言源程序的基本组成部分和书写格式。

eg1

最简单的程序

```
int main() {
    return 0;
}
```

这是一个最基本的程序的框架，所有的C语言程序都是从此框架上构建出来的。

eg2

输出 hello world

```
#include<stdio.h>
int main() {
    printf("hello world! \n"); /* 输出 */
    return 0;
}
```

这个程序在基本框架上稍稍修改，调用了标准输入输出库，并用输出语句，输出了 hello world。

eg3

输入 x，输出函数 f(x)=|x-10|的值

```
#include<stdio.h>
int main() {
    printf("Input the value of x : ");
    int x;
    scanf("%d",&x);/*读入自变量的值*/
    printf("f(x) = ");
    if(x-10<0) printf("%d\n",10-x); /*判断自变量的取值在哪一个分段内*/
    else printf("%d\n",x-10);
    return 0;
}
```

这里使用了语句 if，用于判断自变量所属的区间。

eg4

输入 n，输出一个用*组成的高为 n 的直角三角形

```
#include<stdio.h>
int main() {
    int n;
    printf("Input the Size of the triangle : ");
    scanf("%d",&n);/*读入三角形大小*/
    int i;
    for(i=0;i<n;i++) {
```

```
        for(int j=1;j<n-i;j++) printf(" ");/*输出补足一行的空格*/
        for(int j=0;j<=2*i;j++) printf("*");/*输出三角形的主体部分*/
        printf("\n");
    }
}
```

这里用了循环语句 for，在不同层输出不同数量的 * 。

第 2 章　认识计算机

2.1　进制转换

2.1.1　计算机是智能化的电器设备

计算机就其本身而言是一个电器设备，为了能够快速存储、处理、传递信息，其内部采用了大量的电子元件。在这些电子元件中，电路的通和断、电压的高和低这两种状态最容易实现、最稳定，也最方便实现对电路本身的控制。我们将计算机所能表示的这样的状态，用 0 和 1 来表示、即用二进制数表示计算机内部的所有运算和操作。

2.1.2　二进制数的运算法则

二进制数运算非常简单，计算机很容易实现，其主要法则是：

0+0=0　0+1=1　1+0=1　1+1=0　0*0=0　0*1=0　1*0=0　1*1=1

由于运算简单，电器元件容易实现，所以计算机内部都用二进制编码进行数据的传送和计算。

2.1.3　十进制与二进制、八进制、十六进制之间的相互转换

(1) 数的进制与基数

计数的进制不同，则它们的基数也不相同，如表 2-1 所示。

表 2-1

进　制	基　数	特　点
二进制	0，1	逢二进一
八进制	0,1,2,3,4,5,6,7	逢八进一
十六进制	0,1,2,…,9,A,B,C,D,E,F	逢十六进一

(2) 数的权

不同进制的数，基数不同，每位代表的值的大小（权）也不相同。

如：$(219)_{10}=2*10^2+1*10^1+9*10^0$

$(11010)_2=1*2^4+1*2^3+0*2^2+1*2^1+1*2^0$

$(273)_8=2*8^2+7*8^1+3*8^0$

$(27AF)_{16}=2*16^3+7*16^2+10*16^1+15*16^0$

(3) 十进制数转换任意进制数

① 将十进制整数除以要转换的进制数，取余，逆序排列。

$(39)_{10}=(100111)_2$　　　　$(245)_{10}=(365)_8$

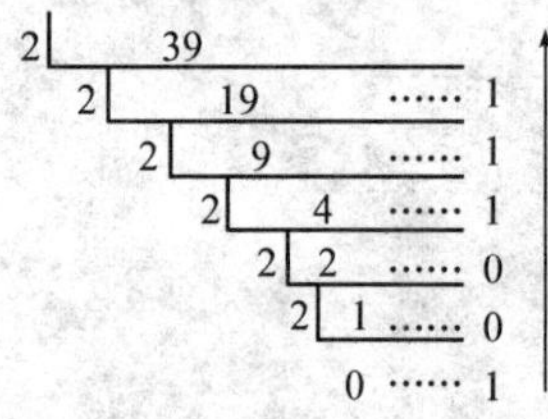

8 245
8 30 …… 5
8 3 …… 6
0 …… 3

② 将十进制小数的小数部分乘以要转换的进制数取整，作为转换后的小数部分，直到为零或精确到规定的位数。

如：$(0.35)_{10}=(0.01011)_2$　　　　$(0.125)_{10}=(0.001)_2$

(4) 任意进制数转换十进制数

按权值展开：

如：$(219)_{10}=2*10^2+1*10^1+9*10^0$

$(11010)_2=1*2^4+1*2^3+0*2^2+1*2^1+1*2^0=26$

$(273)_8=2*8^2+7*8^1+3*8^0=187$

$(7AF)_{16}=7*16^2+10*16^1+15*16^0=1867$

2.2 计算机硬件知识

计算机的硬件系统由运算器、控制器、存储器、输入设备和输出设备五部分组成。

1. 运算器

运算器依照程序的指令功能，完成对数据的加工和处理。它能够提供算术运算（加、减、乘、除）和逻辑运算（与、或、非）。

2. 控制器

控制器是计算机的控制中心，按照人们事先给定的指令步骤，统一指挥各部件有条不紊地协调动作。控制器的功能强弱决定了计算机的自动化程度。

运算器和控制器通常做在一块半导体芯片上，称为中央处理器（微处理器），简称 CPU。

3. 存储器

计算机的存储器分为内存储器和外存储器。

内存储器由半导体材料做成，通过电路和 CPU 相联接，计算机工作时，将用户需要的程序与数据装入内存，CPU 到内存中读取指令与数据；在运算过程中产生的结果，CPU 将其写入内存。一旦切断电源，这种可读写内存中的信息将全部丢失。

外存储器用来放置需要长期保存的数据，它解决了内存不能保存数据的缺点。微型计算机中的外存储器有软磁盘驱动器、硬磁盘驱动器、光盘驱动器。

4. 输入设备

计算机在与人进行会话、接收人的命令或是接收数据时需要的设备叫做输入设备。常用的输入设备有键盘、鼠标、扫描仪、游戏杆等。

5. 输出设备

输出设备是将计算机处理的结果以人们能够识别的方式显小的设备。常用的输出设备有显示器、音箱、打印机、绘图仪等。

2.3　计算机工作原理

半个世纪以来，计算机已发展成为一个庞大的家族，尽管各种类型的计算机在性能、结构、应用等方面存在着差别，但是它们的基本组成结构却是相同的。现在我们所使用的计算机硬件系统的结构一直沿用由美籍著名数学家冯·诺依曼提出的模型，由运算器、控制器、存储器、输入设备、输出设备五大功能部件组成。

随着信息技术的发展，各种各样的信息，例如，文字、图像、声音等经过编码处理，都可以变成数据。于是，计算机能够实现多媒体信息的处理，如图 2-1 所示。

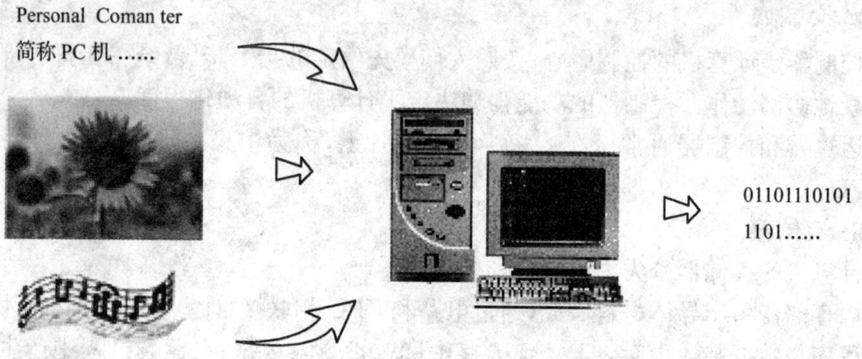

图 2-1

各种各样的信息，通过输入设备，进入计算机的存储器，然后被送到运算器；运算完毕结果被送到存储器，最后通过输出设备显示出来。整个过程由控制器进行控制。计算机的整个工作过程及基本硬件结构如图 2-2 所示：

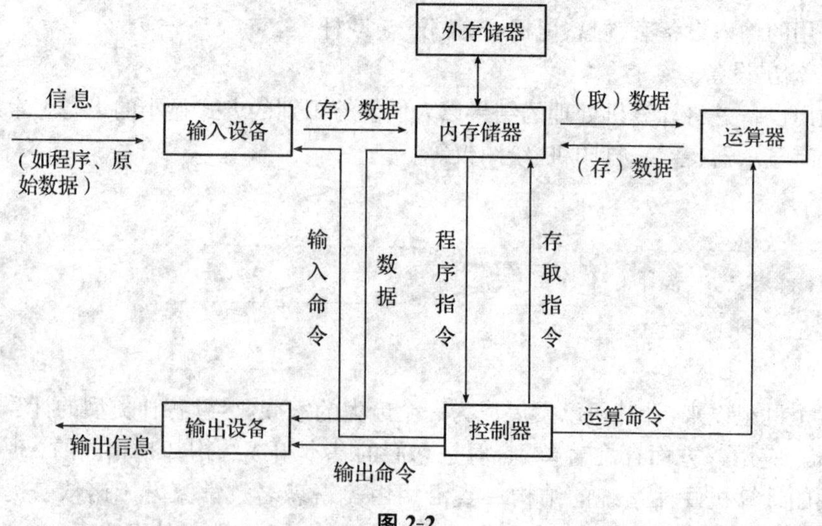

图 2-2

2.4 计算机软件知识

软件是支持计算机运行的各种程序以及开发、使用和维护这些程序的各种技术资料的总称。没有软件的计算机硬件系统称为“裸机”，“裸机”是无法做任何事情的；

计算机只有在配备了完善的软件系统之后才有实际的使用价值。因此,软件是计算机与用户之间的一座桥梁,是计算机不可缺少的部分。

随着计算机硬件技术的发展,计算机软件也在不断完善。计算机软件分系统软件和应用软件两大类。用户直接使用的软件通常为应用软件,而应用软件通常是通过系统软件来指挥计算机的硬件完成其功能的。系统软件包括:① 操作系统(Operation System,OS):操作系统是硬件的第一级扩充,是软件中最基础的部分,支持其它软件的开发和运行。② 语言处理系统:它介于应用软件与操作系统之间。它的功能是把用高级语言编写的应用程序翻译成等价的机器语言程序。最重要的系统软件是操作系统,它完成指挥计算机运行的各个细节,即操作系统是计算机系统中用于指挥和管理其自身的软件。实质上,使用计算机时,我们使用应用软件,由应用软件在"幕后"与操作系统打交道,再由操作系统指挥计算机硬件完成相应的工作。

2.5　程序和算法

算法是在有限步骤内求解某一问题所使用的一组定义明确的规则。通俗的是说,就是计算机解题的过程。在这个过程中,无论是形成解题思路还是编写程序,都是在实施某种算法。前者是推理实现的算法,后者是操作实现的算法。

一个算法具有以下 5 个重要的特征:

① 有穷性:一个算法必须保证执行在有限步之后结束;

② 确切性:算法的每一小步骤必须有确切的定义;

③ 输入:一个算法有 0 个或多个输入,以刻画运算对象的初始情况,所谓 0 个输入是指算法本身给出了初始条件;

④ 输出:一个算法有一个或多个输出,以反映对输入数据加工后的结果,没有输出的算法是毫无意义的;

⑤ 可行性:算法原则上应能够精确地运行,而且人们用笔和纸做有限次运算后即可完成。

描述算法的方法很多,常见的有自然语言、流程图、伪代码等,这些知识我们将在第 3 章中具体讨论。不管用哪种方法描述算法,最后都要转换为程序才能用计算机执行。程序设计就是根据算法把解决问题的过程用计算机能够识别的语言描述出来,这就是在后面章节学习中需要掌握的内容。

第 3 章 算法及算法的描述

3.1 算法的概念

“分析问题—设计算法—编写程序—调试运行”，这是人们使用计算机编程解决问题的一个基本过程。

问题(Problem)是需要完成的任务。只有当问题被准确定义后，人们才能着手研究问题的解决方法。通过分析问题，找出问题中所包含的各种直接或间接的限制。例如，将 n 个随机产生的数按照从小到大的顺序排列。

算法(Algorithm)是解决问题的方法和步骤，是在有限步骤内求解某一问题所使用的一组定义明确的规则。它是指令的有限序列，其中每一条指令表示一个或多个计算机能实现的操作。一个问题可以有多种算法，但一个给定的算法只能解决一类特定的问题。例如，用于排序算法有冒泡排序、选择排序、插入排序、快速排序、推排序等；而这些算法只能用于数据的排序。

程序(Program)是通过某一种程序设计语言对算法的具体实现。

著名的瑞士计算机科学家尼克劳斯·沃思(Niklaus Wirth)指出：算法＋数据结构(Data Structure)＝程序。算法独立于任何程序设计语言，一个算法可以用多种程序设计语言来实现。

3.2 算法的描述方法

一个算法形成以后，我们需要用一定的方式将这个算法准确的、具体的描述出来。通常我们可以使用自然语言、流程图、N－S 图或伪代码等方式来描述算法。

3.2.1　自然语言描述

自然语言是指人们日常生活中所使用的语言，如中文、英文等。用自然语言描述算法比较符合人们的表达习惯，容易理解。

例 3-1　求两个正整数 a 和 b 的最大公约数。

求最大公约数有很多方法，比如：穷举、质因数分解和辗转相除等。

我们来看看如何用穷举法求最大公约数。

穷举法思路：由于 a 和 b 的公约数可能的最大值是 a、b 两数中较小的那个数字，因此，我们不妨从最大公约数可能的最大值（即 a、b 中较小的那个数字）开始尝试。如果它是 a 和 b 的公约数（能同时被 a 和 b 整除），那么它就是我们要求的最大公约数；否则将它减去 1，然后继续尝试。

上面的文字只是一个思路，我们下面看如何用自然语言准确、具体的来描述这个算法。

① 读入 a 和 b；

② 如果 a 小于 b，则将 a 的值赋给 x，否则将 b 的值赋给 x；

③ 如果 x 能同时被 a 和 b 整除，则跳至 5；

④ 将 x 减去 1，返回 3；

⑤ 输出 x；

⑥ 算法结束。

使用自然语言描述算法的时候，特别要注意语言表达的准确性，应尽量避免一些模棱两可或容易产生歧义的词句，必要时候可以辅加序号、符号、公式等内容。

3.2.2　流程图描述

流程图（Flow Chart）是一种简单易学的图形化算法描述工具。与自然语言相比，图形化的描述更加直观、形象，也更容易理解。

流程图是由一系列具有专门含义的图符所组成的。表 3-1 列出了在国家标准 GB 1526-891（兼容于国际标准 ISO 5807-1985）中定义的一些常用的流程图符号及其含义。

表 3-1　常用流程图符号

符号	符号名	用途
▱	数据	表示输入或输出数据

续表

符号	符号名	用途
（矩形）	处理	表示一个或一组操作
（菱形）	判断	表示条件判断，在其出口的流线旁应标注该出口的值（通常为真或假）
（圆角矩形）	端点符	表示算法的开始或结束
（圆形）	连接符	表示转向或转自流程图它处，对应的连接符应有相同的标记
——→	流线	表示算法的执行流程
------------	虚线	用于标示一个区域

为了描述这些符号在具体算法中的功能，我们可以在这些符号（除了流线和虚线）的内部添加说明性的文本。比如：

开始

根据例 3-1 的自然语言描述，我们可以画出图 3-1 的流程图。

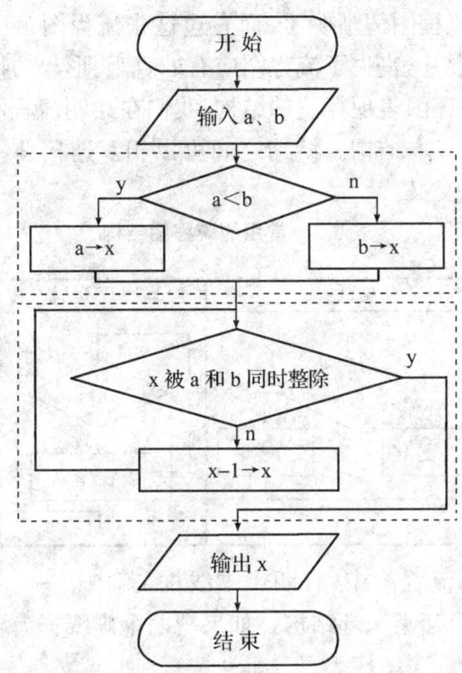

图 3-1　穷举法求最大公约数的流程图

虽然流程图具有直观、形象的特点，但是由于其存在流线，具有较大的随意性，如果不经过规划、整理，随意绘制可能会带来灾难。下面我们来看两张“判断闰年”问题的流程图(见图 3-2)。

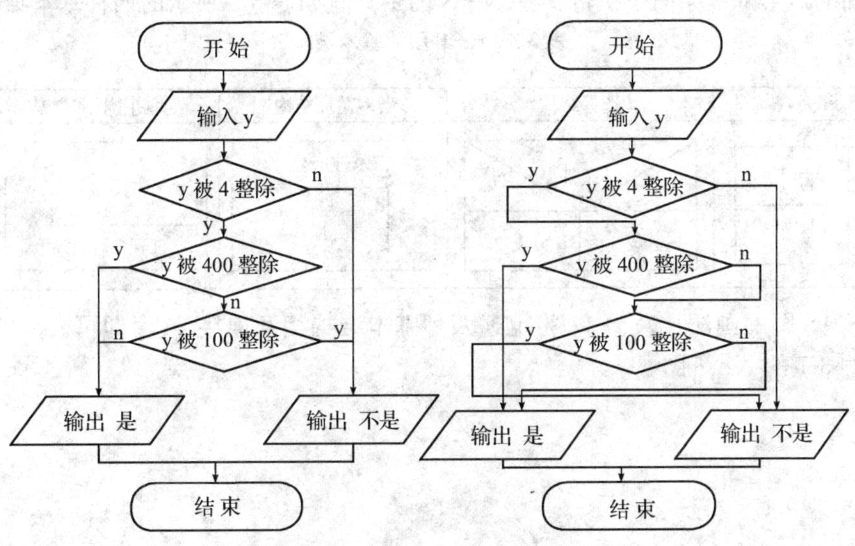

图 3-2　“判断闰年”问题流程图

很明显，左边这张流程图清晰明了，而右边这张流程图由于没有很好的规划、整理，导致下方流线非常混乱，丧失了流程图应有的直观、形象的特点。

为了更好的通过流程图表现算法的结构，我们在绘制流程图的时候，应尽量只使用如表 3-2 所示的四种基本结构。结构之间可以相互连接、嵌套，但不能有交叉；流线之间也应尽量不出现交叉。

表 3-2　常用的流程图结构

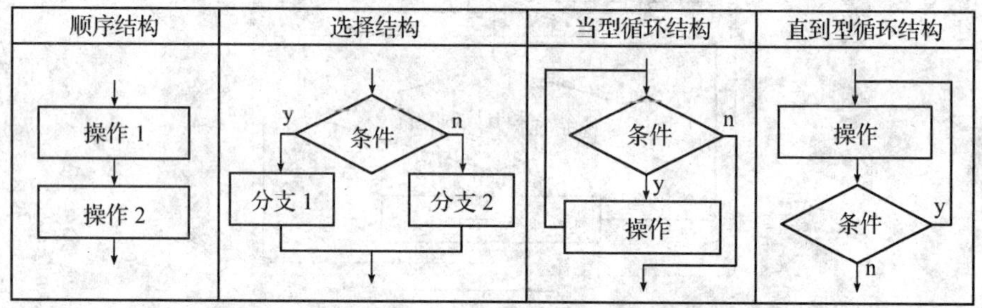

在如图 3-1 所示的流程图中，有两个虚线框，其中第一个虚线框是一个选择结构，第二个虚线框是一个当型循环结构。如果把两个虚线框看作是一个基本操作，那么这个流程图就是一个顺序结构。

3.2.3　N-S图描述

N-S 图是一种结构化的图形描述方式。为了解决流程图中可能出现的流程混乱问题，在 N-S 图中没有流程线和箭头，取而代之的是一个个矩形框，程序始终从最上面的矩形框开始向下执行。在 N-S 图中只有如表 3-3 所示的四种基本结构。

表 3-3　N-S 图的基本结构

顺序结构	选择结构	当型循环结构	直到型循环结构
操作 1 操作 2	条件 y　n 分支 1　分支 2	当条件成立 操作	操作 直到条件成立

N-S 图的画法比较简单，将上述四种基本结构相互连接、嵌套即可。图 3-3 给出了例 3-1 的 N-S 图。

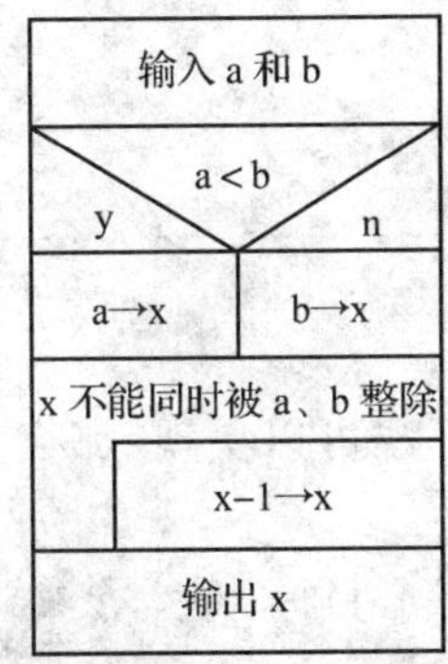

图 3-3　穷举法求最大公约数的 N-S 图

3.2.4　伪代码描述

伪代码(Pseudo-Code)是介于程序代码和自然语句之间的一种算法描述方法。它使用程序设计语言中的各种控制结构来描述算法执行过程中各步骤的执行流程和方式;使用自然语言和各种符号来表示步骤所进行的处理或涉及的数据。使用伪代码描述算法时,需要对某种程序设计语言有一定的了解。使用伪代码所描述的算法可以非常快捷的转变为真正的代码。表 3-4 给出了四种基本流程图结构所对应的 C 语言控制结构代码。

表 3-4　常见的流程结构的伪代码

顺序结构	选择结构	当型循环结构	直到型循环结构

操作 1;
操作 2;
	if (条件) {
	　分支 1;
	}
	else {
	　分支 2;
	}
		while(条件) {
		　操作;
		}
			do {
			　操作;
			} while(条件);

对于例 3-1,我们可以得到如下的伪代码描述:

```
输入 a 和 b;
x=a;
if(b<a) x=b;
while(x 不能被 a 和 b 同时整除)  x--;
输出 x;
```

3.3 算法分析

既然一个问题可能有多个算法可以实现，那么我们该如何评价这些算法的优劣呢？

一般而言，算法设计有两个核心目标：

- 简便：容易理解、编码及调试；
- 高效：能有效利用计算机的资源。

能同时达到这两个目标的算法是"完美"的，但通常这两个目标是相互冲突的：高效的算法不一定容易理解；而容易理解的算法不一定高效。当无法同时满足这两个目标的时候，我们一般更看重高效。

估算算法效率的方法称为算法分析。算法分析的目的在于尽可能少的占用计算机的资源。对于我们而言，计算机资源主要指执行时间和存储空间。

比较两个算法的效率有很多方法。比如我们可以将两个算法都写成程序，然后比较它们运行的实际情况。但由于程序并不是算法直接对应的结果，无法避免一些与算法无关的干扰（如编码的优劣等）。而且编写程序也是比较花费精力的事情，尤其是在算法复杂、编码繁琐的情况下。另一种算法比较的做法是在算法设计出来以后，直接对算法进行分析，估算出它的时间效率和空间消耗。由于程序运行时间和计算机本身的运行速度有关，因此我们一般只关心问题规模扩大时算法时空消耗的增长情况。我们把执行时间的增长情况称为时间复杂度，把存储空间的增长情况称为空间复杂度。

3.3.1 时间复杂度

在对运行时间进行估算时，我们用 n 表示问题的规模，用"基本操作"表示一个运行时间不依赖于操作数的操作。比如，一个赋值语句、一次加法运算、一次乘法运算或一次比较运算都可以看作是一个基本操作。这样在估算的时候，我们只需估算算法所需要执行的基本操作的数量即可。比如：

- x+=5;是一个基本操作，占用一个单位时间；
- for(i=0;i<n;i++)x+=5;中，x+=5 被重复执行了 n 次，我们可以认为它占用了 n 个单位时间（这里忽略了改变 i 所花费的时间）；
- for(i=0;i<n;i++);、for(j=0;j<n;j++)x+=5;中，x+=5 被重复执行了 n*n 次，我们可以认为它占用了 n^2 个单位时间（同样忽略改变 i 和 j 所花费的时间）。

通常情况下，一个算法中基本操作的数量和问题规模 n 之间存在某个函数关系 f(n)，因此，算法的时间可被记作 T(n)=O(f(n))，表示随着问题规模 n 的增大，算法执行时间的增长速度不会比 f(n)的增长速度差，它表示的是运行时间的上限。通常这种表示法被称为"渐进时间复杂度"。

当 n 趋向于无穷大时，我们可以认为下列两式是相等的：

- $n=n+100$
- $n^2=n^2+100n$

因此在考虑增长率的时候，我们可以忽略 f(n) 中的常数项和低次项，例如 $f(n)=5n^5+3n^3+7n^2+12$ 可以被简化为 $f(n)=n^5$，其时间复杂度也就简化为 $O(n^5)$。这样简化后虽然忽略了一部分的项，但更容易看出算法执行时间的增长情况。

在算法设计中，常见的时间复杂度包括 O(1)、O(n)、$O(\log_2 n)$、$O(n\log_2 n)$、$O(n^2)$、$O(n^3)$、$O(2^n)$、O(n!)等。当 n 很大的时候，$O(1) < O(\log_2 n) < O(n) < O(n\log_2 n) < O(n^2) < O(n^3) < O(2^n) < O(n!)$。一般认为，时间复杂度为 $O(2^n)$ 和 O(n!)的算法很难在短时间内得到结果。表 3-5 列出了在某单位时间内各种不同时间复杂度的算法所能达到的最大数据规模。

表 3-5　时间复杂度与数据规模(近似)

时间复杂度	O(n)	$O(n\log_2 n)$	$O(n^2)$	$O(n^3)$	$O(2^n)$	O(n!)
最大数据规模	20 000 000	1 000 000	4 500	200	20	10

对于有些算法，随着输入数据的不同，其算法的时间复杂度也会有变化，对于这些算法，我们一般需要分别分析其最优情况、最差情况和平均情况下的时间复杂度。比如快速排序是一种不稳定的排序方法，在理想情况下，它的时间复杂度是 $O(n\log_2 n)$；而在最坏情况下，它的时间复杂度能够达到 $O(n^2)$。

3.3.2　空间复杂度

与时间复杂度类似，空间复杂度是对算法所需存储空间的度量。在估算空间复杂度的时候，我们也需要先找到数据规模 n 和空间消耗之间的函数 f(n)，那么算法的空间消耗被记作 S(n)=O(f(n))，表示随着问题规模 n 的增大，算法的空间消耗的增长速度不会比 f(n)的增长速度差。这种表示法被称为"渐进空间复杂度"。

比如在穷举法求最大公约数的算法中，我们仅需要存储 3 个简单变量，因此其空间复杂度为 O(1)；而在排序算法中，我们一般需要存诸参与排序的 n 个数字，因此其空间复杂度为 O(n)。

3.3.3　时空的转换

很多时候，一个算法很难同时在时间和空间上都达到最优；甚至在更多情况下，两者间是相互矛盾的。用空间换时间和用时间换空间是在算法设计过程中经常被使

用的两个手段。比如在求 K 阶水仙花数的问题中，需要不断计算各位数字的 K 次方，效率比较低；而我们知道，数字只有 0～9 这十个，因此，完全可以将这十个数字的 K 次方做成一个静态表存储起来，这样原来的累乘操作就被转换为读取数组元素的操作，程序效率大大提高，这就是用空间换时间。而对于某些搜索的问题，其解空间的扩展可能会非常的快（比如指数级），造成存储空间的不足，这时就可以考虑用时间换空间。

3.3.4 算法分析及优化举例

例 3-2 丑数是指该数除了 1 以外，最多有 2、3、5、7 四种因子，比如：630＝2×3×3×5×7 就是一个丑数，而 22＝2×11 则不是一个丑数。现在请你编程输出第 n 个丑数。

方法一：本题最基本的思路就是穷举，从 1 开始，逐个数字进行尝试，如果该数字的因子只有 2、3、5、7 四种，则计数器加 1；否则取下一个数继续尝试，直到计数器到达 n 为止。对于该算法，不需要存储额外的内容，其空间复杂度为 O(1)；但由于不能确定需要试到哪个数字才能找够 n 个丑数，因此其时间复杂度无法衡量。

方法二：采用构造法来求丑数。由于丑数的因子只有 2、3、5、7 四种，因此，某一个丑数的 2、3、5、7 倍数一定也是一个丑数。我们需要使用一个数组来存放构造出的所有丑数，此数组大小为 n。然后再使用四个同样大小数组存放丑数的 2、3、5、7 倍数。首先将 1 存入丑数数组；然后将其 2、3、5、7 倍数存入相应的倍数数组；再从 4 个倍数数组中取出最小的数存入丑数数组，并将此数的 2、3、5、7 倍数存入相应的倍数数组后，从所有的倍数数组删除此数。重复上面的操作，直到生成第 n 个丑数为止。图 3-4 演示了用构造法求丑数的前三步（粗体字表示所有倍数表中的最小值）。

丑数	1			
2 倍数	**2**			
3 倍数	3			
5 倍数	5			
7 倍数	7			

→

丑数	1	2		
2 倍数	4			
3 倍数	**3**	6		
5 倍数	5	10		
7 倍数	7	14		

→

丑数	1	2	3	
2 倍数	**4**	6		
3 倍数	6	9		
5 倍数	5	10	15	
7 倍数	7	14	21	

图 3-4 构造法求丑数过程演示

对于这个思路，其空间占用主要是 5 个数组，因此其空间复杂度为 O(5n)。从执行时间来看，生成 n 个丑数需要 O(n) 的时间复杂度；而在生成过程中，数组元素的删除操作又是 O(n) 的时间复杂度，因此其总的时间复杂度为 $O(n^2)$。

优化一：由于对数组元素的删除操作始终是在数组的头部进行，因此，如果将原来的把后面的元素逐个往前移改为把头指针往后移的话，删除操作就只需 O(1) 的时间复杂度，而整个程序的时间复杂度也就降为 O(n) 了。图 3-5 演示了改进后的删

除操作，其中小黑点表示每个倍数表的头位置。在实际编程过程中，我们只需使用四个变量就可以表示这四个倍数表的头位置。

丑数	1			
2 倍数	.2			
3 倍数	.3			
5 倍数	.5			
7 倍数	.7			

→

丑数	1	2		
2 倍数	2	.4		
3 倍数	.3	6		
5 倍数	.5	10		
7 倍数	.7	14		

→

丑数	1	2	3	
2 倍数	2	.4	6	
3 倍数	3	.6	9	
5 倍数	.5	10	15	
7 倍数	.7	14	21	

图 3-5　进行优化一后的删除操作

优化二：从图 3-5 可以发现，倍数表和丑数表同一列的元素是一一对应的倍数关系，因此完全可以不存储这些倍数表，只需存储每个倍数表头的位置。在需要取某个倍数表的头元素时，将其头位置与其倍数相乘即可。图 3-6 演示了省略倍数表后的情况，直接用四个变量来存储每个倍数表的头位置。

丑数	1			
2 倍数	1			
3 倍数	1			
5 倍数	1			
7 倍数	1			

→

丑数	1	2		
2 倍数	2			
3 倍数	1			
5 倍数	1			
7 倍数	1			

→

丑数	1	2	3	
2 倍数	2			
3 倍数	2			
5 倍数	1			
7 倍数	1			

图 3-6　进行优化二后的删除操作

经过这样的优化，我们把丑数问题的时间复杂度和空间复杂度全部降为 O(n)。

表 3-6 给出了四种算法在某计算机实际运行时的时间消耗情况。其中算法 2、3 当 n 较大时，在早期的 TC 环境中可能会出现空间不足的情况。

表 3-6　求丑数问题算法执行时间对比表

n	结果	算法 1	算法 2	算法 3	算法 4
100	450	0.00	0.00	0.00	0.00
500	32 928	0.00	0.00	0.00	0.00
1 000	385 875	0.10	0.00	0.00	0.00
2 000	7 077 888	1.08	0.00	0.00	0.00
3 000	50 176 000	8.06	0.04	0.00	0.00
4 000	228 614 400	39.45	0.06	0.00	0.00
4 500	438 939 648	77.60	0.08	0.00	0.00

3.4 C语言程序的基本结构

C语言程序由一个或多个函数组成。其中 main() 函数是必需的，当程序运行时会首先调用 main() 函数，再由 main() 函数调用其他函数。其一般形式如图 3-7 所示。

```
预处理指令部分
全局变量声明部分
int main(参数表) {
    ……;
    return 0;
}
返回类型  f1(参数表) {
    ……;
}
……
```

图 3-7 C语言程序的一般形式

下面这段代码就是一个简单的C语言程序。

```
/* 3-1.c 用枚举法求解最大公约数问题 */
/* 预处理指令部分 */
#include <stdio.h>  /* printf 和 scanf 需要 stdio 库 */
#define  MIN(A,B) ((A) < (B) ? (A) : (B))  /* 定义求较小值的宏 */

/* 主程序部分 */
int main() {
    int a,b,x;  /* 变量声明 */

    scanf("%d %d",&a,&b);  /* 读入 a 和 b */
    x = MIN(a,b);  /* 将 a、b 中的较小值赋给 x */
    while((a % x) || (b % x)) x--; /* 循环测试,找最大公约数 */
    printf("%d\n",x);  /* 输出最大公约数 */
    return 0;  /* 返回 0 */
}
```

3.4.1 预处理指令

C语言程序在编译前由预处理器根据预处理指令对程序代码做相应的修改。C

语言的预处理指令以“#”开头，我们最常用的预处理指令包括 #include 和 #define。

#include 指令使程序可以访问库(库是一些实用函数和符号的集合。C 语言标准要求所有 C 实现中提供特定的标准库，用户也可以自建库。每个库都拥有一个以“.h”结尾的头文件)，使预处理器在编译前将所需库的头文件中的声明插入到程序中。#include 指令一般有两种形式：#include <标准库头文件.h> 和 #include "非标准库头文件.h"。比如：

- #include <stdio.h>
- #include "mylib.h"
- #include "c:\\mylib\\lib1.h"

在这里，标准库的头文件一般都不需要带路径；而对于非标准库的头文件，如果它不在编译器的搜索路径中，则必须包含路径名(完整路径名或相对路径名)。

#define 指令用于定义符号常量或宏。比如：

- #define PI 3.14159

此预处理指令定义了一个符号常量 PI，其值为 3.14159。在编译之前，预处理器会对程序中所有的 PI 用 3.14159 这个值来替代。

- #define MIN(A,B) ((A) < (B) ? (A) : (B))

此预处理指令定义了一个宏 MIN。在编译之前，预处理器会对程序中有此宏的地方进行替换。如将 MIN(a + 3,b) 替换成语句((a+3)<(b)? (a+3):(b))。

3.4.2 main 函数

main 函数是 C 语言程序开始执行的地方，每个 C 语言程序都有一个 main 函数，由 main 函数在需要的时候调用其他函数。在 ANSI C 标准中规定，main 函数的返回类型必须是 int 类型的(否则在编译的时候会有警告信息)，当 main 函数执行完后，会返回一个整数(通常返回 0 表示正常退出，返回其他值表示有异常)。main 函数根据其是否有参数一般有如下三种形式：

```
/* 不带参数的 main 函数 */
int main(void) {
    ……;
    return 0;
}

/* 带参数的 main 函数，argc 为参数的个数，argv 为参数数组 */
int main(int argc,char * argv[]) {
    ……;
```

```
    return 0;
}

/* 带不确定参数的 main 函数 */
int main() {
    ......;
    return 0;
}
```

3.4.3 保留字

在C语言中，有一些字具有特定的含义，不能用于其他用途，这些字称为保留字。表3-7中列出了标准C中所定义的所有保留字。

表3-7 标准C的保留字

auto	double	int	struct
break	else	long	switch
case	enum	register	typedef
char	extern	return	union
const	float	short	unsigned
continue	for	signed	void
default	goto	sizeof	volatile
do	if	static	while

C语言中的保留字全部用小写表示。某些C语言版本还会提供一些额外的保留字。

3.4.4 标准标识符

标准标识符与保留字类似，在C语言中也具有特殊含义，但是它们允许被重新定义。一旦重新定义了一个标准保留字，那么你就不能使用它原有的定义了。比如printf和scanf是在标准库中定义的标准标识符，但你完全可以自己重新定义printf和scanf的含义。

3.4.5 用户标识符

除了标准标识符外，C语言同样允许用户自定义标识符，比如：a、b和x。在C语言中，对与用户自定义标识符有如下要求：

- 只能由字母(a～z,A～Z)、数字(0～9)和下划线(_)组成；
- 不能以数字开头；

• 不能和保留字同名。

比如，以下这些都是合法的标识符：

i、year、loop_count、PI、_size、_size_A

而以下这些就不是合法的标识符了：

1year、int、size－A、user's

虽然C语言中并没有强制规定标识符的长度限制，但这并不意味着你可以无所顾忌的使用超长的标识符。虽然有人认为长标识符有利于更好的描述标识符的用处，增强程序的可读性，但事实上，过长的标识符（比如30个字符以上）并没有太大的优势。通常情况下，标识符的名称只要简洁、容易理解即可。比如一个局部循环控制变量完全可以使用像i这样简洁的名称而不一定非得用 loop_count 这样的名称。

3.4.6　大写与小写字母

在C语言中是严格区分大写字母与小写字母的。比如 do 是保留字，而 Do、DO 和 dO 等都不是。通常情况下，C语言中所有保留字、标准库函数名和普通标识符都只用小写字母表示，而符号常量名、宏名则通常全部用大写的字母表示。

3.4.7　注释

在C语言中，我们可以用符号"/ *"和"* /"来标示一段注释，"/ *"表示注释开始，"* /"表示注释结束。如：

/ * 此处是一段注释 * /

注释可以放在程序的任意位置，它既能单独成行，也可以和语句写在同一行上，如：

• printf("%d\n",x);/ * 输出最大公约数 * /

• printf/ * 甚至可以嵌入语句内部 * /("%d\n",x);

注释还可以是多行的，如：

```
/ * 第一行注释
第二行注释 * /
```

但注释不允许出现嵌套的情况。比如：在一个函数 f() 中包含有注释信息，现在想将整个 f() 函数都作为注释，将产生编译错误：

```
/ *
int f() {
  printf("Hello World! \n");   / * 输出 Hello World! * /
}
 * /
```

在 ANSI C 99 标准中，允许在C程序中使用C++的行注释符"//"。从"//"符

号开始一直到行尾(回车之前)的所有内容都是注释。比如:

```
• printf("Hello World! \n"); // 输出 Hello World!
```

"//"注释符支持嵌套。在 Dev　C++ 中,默认支持"//"注释符(其"编辑"菜单中的"注释"命令就是使用"//"注释符)。但在不支持 C 99 标准的编译器中使用此注释符时会提示语法错误。

3.4.8 程序风格

C语言对于程序书写格式的限制较小,因此形成了不同的程序风格。其中最基本的是缩进、花括号的位置以及换行等。比如下面几段代码都能编译并运行,但风格各异。

```
/* 第一段 K&R 风格 */
int main (void) {
        printf("Hello World! \n");
        return 0;
}

/* 第二段 ANSI 风格 */
int main(void)
{
        printf("Hello World! \n");
        return 0;
}

/* 第三段 GNU 风格 */
int main(void)
  {
    printf("Hello World! \n");
    return 0;
  }

/* 第四段 */
int main
(
) { printf
("Hello World! \n"
```

```
);return 0;}
```

很明显，前面三段虽然风格各异，但可读性都比较好，而第四段的可读性就较差。对于 C 语言的初学者而言，养成良好的程序书写风格非常重要。一般我们可以采用 K&R 或 ANSI 的编程风格。

本章小结

算法＋数据结构＝程序，算法是程序的灵魂。算法具有有穷性、确定性、可行性、输入和输出五大性质。算法的描述可以使用自然语言、流程图、N－S 图或伪代码等多种方式实现。其中流程图、N－S 图和伪代码是比较常用的描述方法。为了保证算法描述的结构性，一般只采用四种基本结构的连接和嵌套。对于一个比较复杂的算法，可以将其分解为若干部分，先分别描述，最后再合并起来。

算法分析是算法设计的一个重要环节，通过算法分析，可以在编程之前对算法的执行效率有一个大致的了解。衡量算法效率通常有两个指标：时间复杂度和空间复杂度。通常使用其与问题规模 n 之间的数量关系来估算时间复杂度和空间复杂度。时间复杂度与空间复杂度是对立统一的，用空间换时间和用时间换空间是算法优化中的两种常用手段。

C 语言程序由一个或多个函数所构成，其中 main() 函数是必须的，它是整个程序的入口。C 语言严格区分大小写，但对代码的书写却没什么限制，不过养成一个良好的 C 语言编程风格至关重要。

第 4 章 数据类型、运算符与表达式

通过前面的学习我们已经看到，程序中使用的各种变量都应预先加以声明，即"先声明，后使用"。对变量的声明包括三个方面：数据类型、存储类型、作用域。在本章中，我们只介绍基本数据类型声明；其他声明在以后各章中将陆续介绍。

4.1 数据类型与大小

例 4-1 求两个自然数之差。

```
#include <stdio.h>                 /*预编译命令*/
int main()                         /*主函数*/
{                                  /*函数体开始*/
int a,b,c;                         /*变量定义*/
printf("Input A and B:");          /*提示输入*/
scanf("%d,%d",&a,&b);              /*输入变量值*/
c=a-b;                             /*求差*/
printf("A-B is %d\n",c);           /*输出结果*/
}                                  /*函数体结束*/
```

此程序中，int a,b,c 为变量定义部分，int 定义了 a,b,c 为整数类型。在程序设计中，数据类型确定了该数据的形式、取值范围以及所能参与的运算。

C 语言提供了以下几种基本数据类型：整型、实型、字符型、枚举类型。

int、float、double、char 均为表示数据类型的关键字。还可以在这些基本数据类型的前面加上一些限定符：short、long、unsigned、signed 用来扩充基本数据类型的意义，从而准确地适应各种情况的需要（见表 4-1）。

表 4-1　基本数据类型表

类型	说明	字节	数值范围
[signed]char	字符型	1	$-128\sim127$　$(-2^7\sim2^7-1)$
unsigned char	无符号字符型	1	$0\sim255$　$(0\sim2^8-1)$
[signed]short[int]	短整型	2	$-32768\sim32767$　$(-2^{15}\sim2^{15}-1)$
unsigned short[int]	无符号短整型	2	$0\sim65535$　$(0\sim2^{16}-1)$
[signed]int	整型	4	$-2147483648\sim2147483647$　$(-2^{31}\sim2^{31}-1)$
unsigned [int]	无符号整型	4	$0\sim4294967295$　$(0\sim2^{32}-1)$
[signed]long[int]	长整型	4	$-2147483648\sim2147483647$　$(-2^{31}\sim2^{31}-1)$
unsigned long[int]	无符号长整型	4	$0\sim4294967295$　$(0\sim2^{32}-1)$
[signed]long long[int]	超长整型	8	$-9223372036854775808\sim9223372036854775807$ $(-2^{63}\sim2^{63}-1)$
float	单精度浮点型	4	$-3.4\times10^{38}\sim3.4\times10^{38}$(约 6 位有效数字)
double	双精度浮点型	8	$-1.7\times10^{308}\sim1.7\times10^{308}$(约 12 位有效数字)

注意：

① 表中的[ ]表示其中的部分可以省略。表中各类型占用的字节数是在 ANSI C 下的值；

② short 只能修饰 int，且 short int 可省略为 short；

③ unsigned 和 signed 用于限定 char 和任意的整型。一般情况下，默认为 signed。一个 unsigned 修饰的变量只能存放不带符号的数据，即不能存放负数。无符号变量可存放的数据范围比同类型带符号的变量存放的数据范围要大 1 倍；

④ long 只能修饰 int，且可省略。

例 4-2　编程计算半径为 R 的圆的面积和周长。

这是一个简单问题，按数学方法可分以下几步进行处理：

① 从键盘输入半径的值 R；

② 用公式 $S=\pi R^2$ 计算圆的面积；

③ 用公式 $C=2\pi R$ 计算圆的周长；

④ 输出计算结果。

```
#include <stdio.h>                  /* 预编译命令 */
int main()                          /* 主函数 */
{                                   /* 函数体开始 */
float s,c,r;                        /* 变量定义部分 */
printf("Input R:");                 /* 提示输入半径的值 */
scanf("%f",&r);                     /* 输入变量 r 的值 */
s=3.14*r*r;                         /* 求圆的面积 */
c=2*3.14*r;                         /* 求圆的周长 */
printf("s=%f\n",s);                 /* 输出圆的面积 */
printf("c=%f\n",c);                 /* 输出圆的周长 */
}                                   /* 函数体结束 */
```

此程序中,float 定义 s,c,r 为实型变量。

4.2 常量与变量

4.2.1 常量和符号常量

在程序执行过程中,值不能被改变的量称为常量。如 123,3.15,'A',"Hello",均是常量。在C语言中常量有整型常量、实型常量、字符型常量、字符串常量和符号常量5种类型。

在C语言中可以用一个标识符来代表一个常量,这个标识符就称为符号常量。可以利用宏定义#define 来定义符号常量。例如:

```
#define PI 3.14159
#define ID "102343-3852396-y3v4x5a"
```

则 PI 与 ID 是符号常量,在程序中它们的值不能被改变。符号常量的使用为编写程序提供了很多好处:

① 程序中可用符号常量来代替一串不易记忆的数字或字符串;

② 通过标识符就知道该常量的意思,即见名知义;

③ 增加了程序的可读性。

我们将例 4-2 中的圆周率用 PI 表示,则 PI 的值可以定义为常量。

```
#include <stdio.h>                  /* 预编译命令 */
#define PI 3.14159                  /* 定义 PI 为常量,值为 3.14159 */
int main()                          /* 主函数 */
```

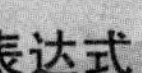

```
{                                   /* 函数体开始 */
float s,c,r;                        /* 变量定义部分 */
printf("Input R:");                 /* 提示输入半径的值 */
scanf("%f",&r);                     /* 输入变量 r 的值 */
s=PI*r*r;                           /* 求圆的面积 */
c=2*PI*r;                           /* 求圆的周长 */
printf("s=%f\n",s);                 /* 输出圆的面积 */
printf("c=%f\n",c);                 /* 输出圆的周长 */
}                                   /* 函数体结束 */
```

4.2.2　变量

程序中除了使用常量外，还需要变量。变量用于保存一些不断变化的值和从外部接收数据、保存中间结果及最终结果，这些都无法用常量来实现。

例 4-3　由键盘输入两个正整数 *a* 和 *b*，编程交换这两个变量的值。

此程序可以看成有两个一样的杯子，一个杯子里装的是水(A)，一个杯子里装的是酒精(B)，要把这两个杯子里的东西互换需按以下步骤进行：

① 取一个空杯子(C)作为过渡，把装有水的杯子(A)里的水倒入空杯子(C)中；

② 把装有酒精的杯子(B)里的酒精倒入原来装水的杯子(A)；

③ 把过渡杯子(C)里的水倒入原来装酒精的杯子(B)中。

```
#include <stdio.h>                  /* 预编译命令 */
int main()                          /* 主函数 */
{                                   /* 函数体开始 */
int a,b,c;                          /* 变量 a,b,c 为整型 */
printf("Input a,b:");               /* 提示输入 a,b 的值 */
scanf("%d,%d",&a,&b);               /* 输入变量 a,b 的值 */
c=a;                                /* 把 a 的值送给 c */
a=b;                                /* 把 b 的值送给 a */
b=c;                                /* 把 c 的值送给 b */
printf("%d %d\n",a,b);              /* 输出 a,b 的值 */
}                                   /* 函数体结束 */
```

在程序执行过程中，a,b,c 的值是可以改变的。

4.3 算术运算符

4.3.1 算术运算符简介

例 4-4 输入两个整数，求这两个数的余数。

```
#include <stdio.h>                    /* 预编译命令 */
int main()                            /* 主函数 */
{                                     /* 函数体开始 */
int a,b;                              /* 变量 a,b 为整型 */
printf("Input a,b");                  /* 提示输入 a,b 的值 */
scanf("%d,%d",&a,&b);                 /* 输入变量 a,b 的值 */
printf("%d\n",a%b)                    /* 输出 a 除以 b 的余数 */
}                                     /* 函数体结束 */
```

此程序中，%为C语言中一个算术运算符。常用的算术运算符加、减、乘、除和求余在C语言中分别使用+、-、*、/、%表示。这5个运算符的优先级为：*=/=%>+=-；优先级相同时按从左向右的顺序运算。

在C语言中，加、减、乘与通常数学运算中定义相同，几乎可用于C语言内定义的所有数据类型；只有除运算较为特殊，详述如下：

• 除法运算：

对整型或字符类型的数据进行除运算时，小数部分将被截掉，因为整型数据不能保存小数部分，其被看成是“整除运算”；若除数或被除数有一个是实数，则被看成是“实数除法”。例如：

```
int a = 5/2;
```

结果，a 等于 2，而不是 2.5。

```
char ch = 101; int a = ch / 3;
```

结果，a 的值为 33。

注意：“整除”和“实除”是不同的可能大家会以为，之所以 5/2 的结果是 2，是因为我们把它的值赋给一个整型变量 a，其实真正的原因并非如此，举例如下：

```
float a;
a = 5/2;
```

虽然 a 被声明为实型，但执行这条程序后，a 的值仍然是 2.000 000，非 2.5。事实上，精度丢失在计算 5/2 时就发生了。所以，准确的写法是：

- float a= 5.0 / 2;
- float a = 5 / 2.0;
- float a = 5.0 / 2.0;

也就是说,除数与被除数中至少需要有一个被明确指定为实型,除运算才能得到小数部分。即 5 和 5.0 虽然数值大小一样,但 5.0 被当成实型数,而 5 被当成整型数。

- 求模运算

%代表进行求余数运算,求余数也称"求模"。其操作对象只能是整型数,而其他四种运算符对 int、float、double、char 都适用。下面是求余操作的例子:

int a = 5 % 2;

结果 a=1,即 5 除以 2,余数为 1。

4.3.2　算术表达式

常数或变量加上算术运算符就构成算术表达式。例 4-1、例 4-2 中 a－b,3.14 * r * r 都是算术表达式。计算算术表达式遵循算术运算符优先级与结合性。

4.4　类型转换

变量的数据类型是可以转换的,转换的方法有两种:一种是自动转换;一种是强制转换。

自动转换发生在不同数据类型的量混合运算时,由编译系统自动完成。自动转换遵循以下规则:

① 若参与运算的量的类型不同,则先转换成同一类型,然后进行运算。

② 转换按数据长度增加的方向进行,以保证精度不降低。如 int 型数据和 long 型数据混合运算时,先把 int 型数据转成 long 型后再进行运算。

③ 所有的浮点运算都是以双精度进行的,即使仅含 float 型单精度量运算的表达式,也要先转换成 double 型,再作运算。

④ char 型和 short 型参与运算时,必须先转换成 int 型。

⑤ 在赋值运算中,赋值号两边数据的类型不同时,赋值号右边量的类型将转换为左边量的类型。如果右边量的数据类型长度比左边长,将丢失一部分数据,这样会降低精度,丢失的部分按四舍五入的规则向前舍入。

```
int main()
{
```

```
float PI=3.14159;                 /*定义PI为实型且赋初值为3.14159*/
int s,r=5;                        /*定义s,r为整型且赋初值为5*/
s=r*r*PI;                         /*计算面积*/
printf("s=%d\n",s);               /*输出面积*/
}
```

输出：

s=78

本例程序中，在执行 s=r*r*PI 语句时，r 和 PI 都被转换成 double 型计算，结果也为 double 型。但由于 s 为整型，故最终结果为整型，舍去了小数部分。

强制类型转换是通过类型转换运算来实现的，一般形式为：(类型说明符)（表达式），其功能是把表达式的运算结果强制转换成类型说明符说明的类型。例如：

(float)a 把 a 转换为实型；(int)(x+y) 把 x+y 的结果转换为整型。

在使用强制转换时应注意以下问题：

① 类型说明符和表达式都必须加括号(单个变量可以不加括号)，如把(int)(x+y)写成(int)x+y，则含义变成将 x 转换成 int 型之后再与 y 相加。

② 无论是强制转换或是自动转换，都只是为了本次运算的需要而对变量的数据长度进行的临时性转换，不改变数据声明时对该变量定义的类型。

```
int main()
{
float f=5.75;
printf("(int)f=%d,f=%f\n",(int)f,f);     //将float f强制转换成int f。
}
```

本例表明，f 虽被强制转为 int 型，但只在运算中起作用，是临时的，f 本身的类型并不改变。因此，(int)f 的值为 5(删去了小数)，而 f 的值仍为 5.75。

4.5 自增与自减运算符

自增 1 运算符记为“++”，其功能是使变量的值自增 1；自减 1 运算符记为“--”，其功能是使变量值自减 1。自增 1、自减 1 运算符均为单目运算，有以下几种形式：

++i：i 自增 1 后再参与其他运算。

--i：i 自减 1 后再参与其他运算。

i++：i 参与运算后，i 的值再自增 1。

i--：i 参与运算后，i 的值再自减 1。

在理解和使用上容易出错的是 i++和 i--，特别是当它们出现在较复杂的表达式或语句中时，因此应仔细分析。

```
int main()
{
int i=5;
printf("%d\n",++i);
printf("%d\n",--i);
printf("%d\n",i++);
printf("%d\n",i--);
printf("%d\n",-i++);
printf("%d\n",-i--);
}
```

这个例子中，*i* 的初值为 5；

第 2 行，*i* 加 1 后输出故为 6；

第 3 行，*i* 减 1 后输出故为 5；

第 4 行，输出 *i* 为 5 之后再加 1(为 6)；

第 5 行，输出 *i* 为 6 之后再减 1(为 5) ；

第 6 行，输出 *i* 为-5 之后再加 1(为 6)；

第 7 行，输出 *i* 为-6 之后再减 1(为 5)

4.6　按位运算符

在很多系统程序中常要求在位(bit)一级进行运算或处理。C 语言提供了位运算的功能，这使得 C 语言也能像汇编语言一样用来编写系统程序。C 语言提供了 6 种位运算符：& 按位与、|按位或、^按位异或、~取反、<<左移、>>右移。

按位与运算符“&”是双目运算符。其功能是将参与运算的两数对应的二进制位相与。只有对应的两个二进位制均为 1 时，结果位才为 1；否则为 0。参与运算的数以补码形式出现。

例如，9&5 可写成如下形式：00001001 (9 的二进制补码) & 00000101 (5 的二进制补码) = 00000001 (1 的二进制补码)，可见 9&5=1。

按位与运算符通常用来对某些位清 0 或保留某些位。例如把 a 的高八位清 0，保留低八位，可作 a&255 运算（255 的二进制补码为 0000000011111111）。

```
int main()
{
int a=9,b=5,c;
c=a&b;
printf("a=%d\nb=%d\nc=%d\n",a,b,c);
}
```

按位或运算符"|"是双目运算符。其功能是将参与运算的两数对应的二进制位相或。只要对应的两个二进制位有一个为 1 时，结果位就为 1。参与运算的两个数均以补码形式出现。

例如，9|5 可写成如下形式：00001001|00000101 = 00001101（13 的二进制为补码），可见 9|5=13

```
int main()
{
int a=9,b=5,c;
c=a|b;
printf("a=%d\nb=%d\nc=%d\n",a,b,c);
}
```

按位异或运算符"^"是双目运算符。其功能是将参与运算的两数对应的二进制位相异或。当两数对应的二进制位相异时，结果为 1。参与运算的数以补码形式出现。

例如 9^5 可写成算式如下：00001001^00000101 = 00001100（十进制为 12）

```
int main()
{
int a=9,b=5,c;
c=a^b;
printf("a=%d\nb=%d\nc=%d\n",a,b,c);
}
```

求反运算符"～"为单目运算符，具有右结合性。其功能是将参与运算的数的各二进制位按位求反。例如～(0000000000001001)的结果为 1111111111110110。

左移运算符"<<"是双目运算符。其功能把"<< "左边的运算数的各二进制位全部左移若干位，由"<<"右边的数指定移动的位数，高位丢弃，低位补 0。例如，a<<4 是把 a 的各二进位向左移动 4 位，若 a=00000011（十进制 3），左移 4 位后为

00110000(十进制 48)。

右移运算右移运算符“>>”是双目运算符。其功能是把“>> ”左边的运算数的各二进制位全部右移若干位，“>>”右边的数指定移动的位数。例如，设 a=15，a>>2 表示把 000001111 右移 2 位，成为 00000011(十进制 3)。需要说明的是，对于有符号数，在右移时，符号位将随之移动。当原数为正数时，最高位补 0；而原数为负数时，最高位是补 0 或是补 1 取决于编译系统的规定，大部分系统规定为补 1。

```
int main()
{
unsigned a,b;
printf("input a number:");
scanf("%d",&a);
b=a>>5;
b=b&15;
printf("a=%d\tb=%d\n",a,b);
}
```

4.7　变量赋值

4.7.1　赋值符号与赋值表达式

简单赋值运算符记为“=”，由“=”连接的式子称为赋值表达式。其一般形式为：变量=表达式。例如，x=a+b 赋值表达式的功能是先计算表达式的值，再赋给左边的变量。赋值运算符具有右结合性，因此 a=b=c=5 可理解为 a=(b=(c=5))。

在其他高级语言中，赋值构成一条语句，称为赋值语句。而在 C 语言中，把“=”定义为运算符，从而组成赋值表达式。凡是表达式可以出现的地方均可出现赋值表达式。例如，式子 x=(a=5)+(b=8)是合法的，它的意义是把 5 赋予 a，8 赋予 b，再把 a，b 相加，和赋给 x ，故 x 应等于 13。

在 C 语言中也可以构成赋值语句。按照 C 语言规定，任何表达式在其末尾加上分号就构成语句。因此 x=8；a=b=c=5；都是赋值语句，在前面各例中我们已大量使用过了。

如果赋值运算符两边的数据类型不相同，系统将自动进行类型转换，即把赋值号右边的类型换成左边的类型。具体规定如下：

① 实型赋给整型，舍去小数部分。

② 整型赋给实型,数值不变,但将以浮点数形式存放，即增加小数部分(小数部分的值为0)。

③ 字符型赋给整型,由于字符型占一个字节，而整型占两个字节,故将字符的ASCII码值放到整型的低八位中,高八位为0。

④ 整型赋给字符型,只把低八位赋给字符型。

```
int main()
{
int a,b=322;
float x,y=8.88;
char c1='k',c2;
a=y;
x=b;
c2=b;
b=c1;
printf("%d,%f,%d,%c",a,x,b,c2);
}
```

本例说明了赋值运算中类型转换的规则。a为整型,被赋实型量y=8.88后只取整数8。x为实型,被赋整型量b=322后增加了小数部分。整型量b赋给c2后取其低八位变成字符型(b的低八位为01000010,即十进制66,其ASCII码值对应于运算B),字符型量c1赋给b变为整型。

在赋值运算符"="之前加上其他二目运算符可构成复合赋值符。如:

+=,-=,*=,/=,%=,<<=,>>=,&=,^=,|=。

构成复合赋值表达式的一般形式为:变量+双目运算符=表达式,它等效于:变量=变量+运算符+表达式。

例如:a+=5 等价于 a=a+5

x*=y+7 等价于 x=x*(y+7)

r%=p 等价于 r=r%p

复合赋值符这种写法对初学者可能不习惯,但十分有利于编译处理,能提高编译效率并产生质量较高的目标代码。

4.7.2 变量赋值的要素

将右边表达式的值赋值给左边变量时,如果两边的类型不一致,要进行类型转换,转换的结果总是将右边的类型转换成左边的类型(隐式强制转换)。

```
int x;
float y=5.35;
```

x＝y＋1.5；　　　　　/＊x 的结果为 6＊/

注意：

① 当左边类型的精度低于右边类型的精度时，可能出现精度损失，甚至会出现一个无意义的值；

② 将字符型数据赋值给整型变量时，是将其 ASCII 码值赋给整型变量。

4.8　常用数学函数

4.8.1　三角函数

1. acos

函数申明：acos (double x)；

用途：返回给定的 X 的反余弦函数。

2. asin

函数申明：asin (double x)；

用途：返回给定的 X 的反正弦函数。

3. atan

函数申明：atan (double x)；

用途：返回给定的 X 的反正切函数。

4. sin

函数声明：sin (double x)；

用途：返回给定的 X 的正弦值。

5. cos

函数声明：cos (double x)；

用途：返回给定的 X 的余弦值。

6. tan

函数声明：tan (double x)；

用途：返回给定的 X 的正切值。

7. atan2

函数声明：atan2 (double y,double x)；

用途：返回给定的 X 及 Y 坐标值的反正切值。

注意：所有参数必须为弧度制。

4.8.2 其他函数

1. atof

函数名：atof (const char *s)；

功能：把字符串转换成浮点数。

用法：double atof(const char *nptr)；

示例：

```
#include <stdlib.h>
#include <stdio.h>
int main(void)
{
float arg, * point=&arg;
float f;
char * str = "12345.67";
f = atof(str);
printf("string = %s float = %f\n",str,f);
return 0;
}
```

2. ceil 和 floor

函数名：ceil
　　　　floor

功能：向上舍入；
　　　向下舍入。

用法：double ceil(double x)；
　　　double floor(double x)；

示例：

```
#include<math.h>
int main(void)
{
double number = 123.54;
double down,up;
down = floor(number);
up = ceil(number);
printf("original number %5.2lf\n",number);
printf("number rounded down %5.2lf\n",down);
```

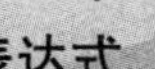

```
printf("number rounded up %5.2lf\n",up);
return 0;
}
```

输出：

```
original number 123.54
number rounded down 123.00
number rounded up 124.00
```

3. fabs

函数名：fabs

功能：求浮点数 x 的绝对值。

用法：fabs(double x);

4. fmod

函数名：fmod

功能：计算 x 对 y 的模，即 x/y 的余数。

用法：double fmod(double x,double y);

示例：

```
#include <stdio.h>
#include <math.h>
int main(void)
{
double x = 5.0,y = 2.0;
double result;
result = fmod(x,y);
printf("The remainder of (%lf / %lf) is %lf\n",x,y,result);
return 0;
}
```

5. abs

函数名：abs

功能：返回整型数的绝对值。

用法：Abs(number)

number 参数可以是任意有效的数值表达式。如果 number 包含 Null，则返回 Null；如果是未初始化的变量，则返回 0。

4.8.3 幂指数

1. exp

函数名:exp

功能:返回 e 的 n 次幂。

用法:exp (double x);

2. frexp

函数名: frexp

功能: 把一个双精度数分解为尾数的指数。

用法: double frexp(double value,int *eptr);

示例:

```
#include <math.h>
#include <stdio.h>
int main(void)
{
  double mantissa,number;
  int exponent;
  number = 12.0;
  mantissa = frexp(number,&exponent);
  printf("The number %lf is ",number);
  printf("%lf times two to the ",mantissa);
  printf("power of %d\n",exponent);
  return 0;
}
```

输出:The number 12.000000 is 0.750000 times two to the power of 4

这表示 $12.000000=0.750000*2^4$。

3. log

函数名:log

功能:求自然对数函数 ln(x)。

用法:double log(double x);

示例:

```
#include <math.h>
#include <stdio.h>
int main(void)
{
```

```
    double result;
    double x = 8.6872;
    result = log(x);
    printf("The natural log of %lf is %lf\n",x,result);
    return 0;
}
```

而根据换底公式有 $\log_x y=\ln(y)/\ln(x)$，因此我们可以利用自然对数函数求以任意数为底的对数。

4. ldexp

函数名：ldexp

功能：计算 value *（2 的 exp 幂 ）。

用法：double ldexp(double value,int exp);

示例：

```
#include <math.h>
#include <stdio.h>
int main(void)
{
    double value;
    double x = 2;
    /* ldexp raises 2 by a power of 3 then multiplies the result by 2 */
    value = ldexp(x,3);
    printf("The ldexp value is: %lf\n",value);
    return 0;
}
```

输出：$2*2^3=16$

5. log10

函数名：log10

功能：返回以 10 为底的对数。

用法：log10 (double x);

6. sqrt

函数名：sqrt

功能：返回指定数的平方根。

用法：sqrt (double x);

7. modf

函数名：modf

功能：把一个数分解为指数和尾数。

用法：double modf(double value,double *iptr);

示例：

```
#include <math.h>
#include <stdio.h>
int main(void)
{
double fraction,integer;
double number = 100000.567;
fraction = modf(number,&integer);
printf("The whole and fractional parts of %lf ",number);
printf("are %lf and %lf\n",integer,fraction);
return 0;
}
```

8. pow

函数名：pow

功能：返回指定数的指定次幂。

用法：pow (double x,double y);(返回 x 的 y 次幂)

4.8.4 双曲函数

1. cosh

函数名：cosh

功能：返回指定角度的双曲余弦值。

用法：double cosh (double x);(其中参数 x 必须为弧度制)

2. sinh

函数名：sinh

功能：返回指定角度的双曲正弦值。

用法：double sinh (double x);(其中参数 x 必须为弧度制)

3. tanh

函数名：tanh

功能：回指定角度的双曲正切值。

用法：double tanh (double x);(其中参数 x 必须为弧度制)

本章小结

本章主要介绍了 C 语言中数据与数据计算的基本概念和规则。本章的内容是 C 语言的基本语法元素，需要在理解的基础上记忆和熟练。

第 5 章 数据输入输出的概念及在 C 语言中的实现

5.1 printf 函数（格式输出函数）

在 C 语言中，所有的数据输入、输出都是由库函数完成的。本节介绍 printf 函数和 putchar 函数。printf 函数称为格式输出函数，功能是按用户指定的格式把指定的数据显示到显示器屏幕上。在前面的例题中我们已多次使用过这个函数。

5.1.1 printf 函数调用的一般形式

printf 函数是一个标准库函数，它的函数原型在头文件“stdio.h”中。printf 函数调用的一般形式为：printf("格式控制字符串"，输出表列)。其中格式控制字符串用于指定输出格式，由格式字符串和非格式字符串两种组成。格式字符串是以%开头的字符串，在%后面有各种格式字符，以说明输出数据的类型、形式、长度、小数位数等，如“%d”表示按十进制整型输出，“%ld”表示按十进制长整型输出，“%c”表示按字符型输出等。后面将专门给予讨论。非格式字符串在输出时照原样输出，在显示中起提示作用。输出表列中给出了各个输出项，要求格式字符串和各输出项在数量和类型上应该一一对应。

例 5-1

```
int main()
{
int a=88,b=89;
printf("%d %d\n",a,b);
printf("%d,%d\n",a,b);
printf("%c,%c\n",a,b);
printf("a=%d,b=%d",a,b);
```

```
}
```

输出：

```
88 89
88,89
X,Y
a=88,b=89
```

本例中四次输出了 a,b 的值,但由于格式控制串不同,输出的结果也不相同。第一行的输出语句格式控制串中,两个格式串%d 之间加了一个空格(非格式字符),所以输出的 a,b 的值之间有一个空格。第二行的 printf 语句格式控制串中加入了非格式字符",",因此输出的 a,b 值之间有一个逗号。第三行的格式控制串要求按字符型输出 a,b 的值,因此输出的是其 ASCII 码值对应的字符。第四行中添加了非格式字符串"a=%d"和"b=%d"。

5.1.2　格式字符串

Printf 函数的格式字符串的一般形式为[标志][输出最小宽度][.精度][长度]类型。其中方括号[]中的项为可选项,各项的意义介绍如下：

1. 类型

类型字符用以表示输出数据的类型,其格式字符和意义如表 5-1 所示：

表 5-1　类型格式字符及意义

类型格式字符	意　义
d	以十进制形式输出带符号整数(正数不输出符号)
o	以八进制形式输出无符号整数(不输出前缀 0)
x	以十六进制形式输出无符号整数(不输出前缀 0x)
u	以十进制形式输出无符号整数
f	以小数形式输出单、双精度实数
e	以指数形式输出单、双精度实数
g	以%f、%e 中较短的输出宽度输出单、双精度实数
c	输出单个字符
s	输出字符串

2. 标志

标志字符有一、十、#、空格四种，其意义如表 5-2 所示：

表 5-2　标志格式字符及意义

标志格式字符	意　　义
一	结果左对齐，右边填空格
十	输出符号(正号或负号)。输出值为正时冠以空格，为负时冠以负号
#	对 c,s,d,u 类无影响；对 o 类，在输出时加前缀
o	对 x 类，在输出时加前缀 0x；对 e,g,f 类，当结果有小数时才给出小数点

3. 输出最小宽度

用十进制整数表示输出的最少位数。若实际位数多于定义的宽度，则按实际位数输出；若实际位数少于定义的宽度则补以空格或 0。

4. 精度

精度格式符以“.”开头，后跟十进制整数。如果输出的是数字，则表示小数部分的位数；如果输出的是字符，则表示输出字符的个数。若实际位数大于所定义的精度，则截去超过的部分。

5. 长度

长度格式符有 h,l 两种。h 表示按短整型输出，l 表示按长整型输出。

例 5-2

```
int main(){
int a=15;
float b=138.3576278;
double c=35648256.3645687;
char d='p';
printf("a=%d,%5d,%o,%x\n",a,a,a,a);
printf("b=%f,%lf,%5.4lf,%e\n",b,b,b,b);
printf("c=%lf,%f,%8.4lf\n",c,c,c);
printf("d=%c,%8c\n",d,d);
}
```

输出：(□代表一个空格)

```
a=15,□□□15,17,f
b=138.357620,138.357620,138.3576,1.383576e+002
c=35648256.364569,35648256.364569,35648256.3646
d=p,□□□□□□□□p
```

本例第一行中以四种格式输出整型变量 a 的值，其中“%5d”要求输出宽度为 5，而 a 值为 15 只占两位，故补三个空格。第二行中以四种格式输出实型变量 b 的值。其中“%f”和“%lf ”格式的输出结果相同，说明“l”字符对“f”类型无影响。“%5.4lf”指定输出宽度为 5，精度为 4；由于实际长度超过 5，故按实际位数输出，小数位数超过 4 位的部分被截去。第三行输出双精度实数，“%8.4lf”由于指定精度为 4 位，故截去超过 4 位的部分。第四行输出字符型变量 d，其中“%8c”指定输出宽度为 8，故在输出字符 p 之前补 7 个空格。

5.2　scanf 函数（格式输入函数）

C 语言的数据输入也是由函数语句完成的。本节介绍从键盘上输入数据的函数 scanf 和 getchar。scanf 函数称为格式输入函数，即按用户指定的格式从键盘上把数据输入到指定的变量之中。

5.2.1　scanf 函数的一般形式

scanf 函数是一个标准库函数，它的函数原型在头文件“stdio.h”中。与 printf 函数相同，scanf 函数的一般形式为：scanf("格式控制字符串"，地址表列)；其中，格式控制字符串的作用与 printf 函数相同，但不能显示非格式字符串，也就是不能显示提示字符串。地址表列中给出各变量的地址，地址由地址运算符“&”与变量名组成。例如，&a，&b 分别表示变量 a 和变量 b 的地址。这个地址是编译系统在内存中给变量 a，b 分配的地址，不必关心具体是多少。在使用 sacnf 读入数据并写入变量时，一定要在变量名前面写一个 & 符号，否则会得不到想要的结果，而且在编译时不会报错，这是很多初学者容易犯的错误，一定要注意避免。

例 5-3

```
int main(){
int a,b,c;
printf("input a,b,c\n");
scanf("%d%d%d",&a,&b,&c);
printf("a=%d,b=%d,c=%d",a,b,c);
}
```

在本例中，由于 scanf 函数本身不能显示提示字符串，故先用 printf 语句在屏幕上输出提示，请用户输入 a、b、c 的值；再执行 scanf 语句，等待用户输入。用户输入 7、8、9 后按下回车键。在 scanf 语句的格式串中，由于没有非格式字符在“%d%d%d”

之间作输入时的间隔，因此在输入时要用一个以上的空格或回车键作为两个输入数之间的间隔。

如：7 8 9

或：7

8

9

5.2.2 格式字符串

scanf 函数的格式字符串的一般形式为：%［输入数据宽度］[长度]类型。其中有方括号[]的项为可选项。各项的意义如下：

1. 类型

表示输入数据的类型，其格式符和意义如表 5-3 所示。

表 5-3 类型格式字符及意义

类型格式字符	意　义
d	输入十进制整数
o	输入八进制整数
x	输入十六进制整数
u	输入无符号十进制整数
f 或 e	输入实型数(用小数形式或指数形式)
c	输入单个字符
s	输入字符串

2. “*”

“*”表示当该输入项读入后不赋给相应的变量，也就是说跳过该输入值。如 scanf("%d %*d %d",&a,&b)；当输入为 1 2 3 时，把 1 赋予 a，2 被跳过，3 赋予 b。其在调试的时候可以应用。

3. 宽度

用十进制整数指定输入的宽度(即字符数)。例如，scanf("%5d",&a);。

输入：

12345678

只把 12345 赋予变量 a，其余部分被截去。如 scanf("%4d%4d",&a,&b);，输入 12345678 将把 1234 赋予 a，而把 5678 赋予 b。

4. 长度

长度格式符有 l 和 h，l 表示输入长整型数(如%ld)和双精度浮点数(如%lf)；h 表示输入短整型数。

使用scanf函数必须注意以下几点：

① scanf函数没有精度控制，如scanf("%5.2f",&a)；是非法的，不能企图用此语句输入小数位数为2的实数。

② scanf函数要求给出变量地址，如给出变量名则会出错。如scanf("%d",a)；是非法的，应改为scnaf("%d",&a)。

③ 在输入多个数值数据时，若格式控制串中没有非格式字符作输入数据之间的间隔则可用空格、TAB键或回车键作间隔。C语言编译时在碰到空格、TAB键、回车键或非法数据(如输入“12A”给“%d”，A即为非法数据)时，即认为该数据结束。

④ 在输入字符数据时，若格式控制串中无非格式字符，则认为所有输入的字符均为有效字符。例如：scanf("%c%c%c",&a,&b,&c)；

输入为d e f，则把‘d’赋予a，‘ ’赋予b，‘e’赋予c。

只有当输入为def时，才会把‘d’赋于a，‘e’赋予b，‘f’赋予c。如果在格式控制中加入空格作为间隔，如scanf ("%c %c %c",&a,&b,&c)；则输入时各数据之间可加空格。

例5-4

```
int main(){
char a,b;
printf("input character a,b\n");
scanf("%c%c",&a,&b);
printf("%c%c\n",a,b);
}
```

输入：

M□N

输出：

M□

由于scanf函数"%c%c"中没有空格，输入M□N，结果输出M和空格。当输入改为MN时，则可输出M、N两个字符。

例5-5

```
int main(){
char a,b;
printf("input character a,b\n");
scanf("%c %c",&a,&b);
printf("\n%c%c\n",a,b);
}
```

本例 scanf 格式控制串"%c %c"之间有空格,故输入的数据之间可以有空格。

如果格式控制串中有非格式字符,则输入时也要输入该非格式字符。

例如:scanf("%d,%d,%d",&a,&b,&c);中用非格式符“ ,”作间隔符,故输入时应为:5,6,7。

又如:scanf("a=%d,b=%d,c=%d",&a,&b,&c);,则输入应为:a=5,b=6,c=7。

如输入的数据与输出的类型不一致,虽然能够通过编译,但结果将不正确。

例 5-6

```
int main(){
int a;
printf("input a number\n");
scanf("%d",&a);
printf("%ld",a);
}
```

由于输入语句定义的数据类型为整型,而输出语句的格式串中说明为长整型,因此输出结果可能和输入的数据不符。修改程序如下:

```
int main(){
long a;
printf("input a long integer\n");
scanf("%ld",&a);
printf("%ld",a);
}
```

输出:

```
input a long integer
1234567890
1234567890
```

当输入数据改为长整型后,输入、输出数据类型相等。

5.3 字符数据的输入输出

5.3.1 putchar 函数(字符输出函数)

putchar 函数是字符输出函数,其功能是在显示器上输出单个字符。其一般形

式为：putchar(字符变量)。例如：

putchar('A')；输出大写字母 A。

putchar(x)；输出字符变量 x 的值。

putchar('\n')；换行。

对控制字符则执行控制功能，不在屏幕上显示。

使用本函数前必须用文件包含命令：#include<stdio.h>

例 5-7

```
#include<stdio.h>
int main(){
char a='B',b='o',c='k';
putchar(a);
putchar(b);
putchar(b);
putchar(c);
putchar('\t');
putchar(a);
putchar(b);
putchar('\n');
putchar(b);
putchar(c);
}
```

输出：

```
Book	Bo
ok
```

5.3.2　getchar 函数(字符输入函数)

getchar 函数的功能是从键盘上输入一个字符。其一般形式为：getchar()；。通常把输入的字符赋予一个字符变量，构成赋值语句。如：

```
char c;
c=getchar();
```

例 5-8

```
#include<stdio.h>
int main(){
char c;
printf("input a character\n");
```

```
c=getchar();
putchar(c);
}
```

请试运行这个程序，体会 getchar()和 putchar()这两个函数。

使用 getchar 函数应注意以下几个问题：

① getchar 函数只能接受单个字符，输入数字也按字符处理。输入多于一个字符时，只接收第一个字符。

② 使用函数前必须包含文件“stdio.h”。

例 5-9

```
int main(){
char a,b,c;
printf("input character a,b,c\n");
scanf("%c %c %c",&a,&b,&c);
printf("%d,%d,%d\n%c,%c,%c\n",a,b,c,a-32,b-32,c-32);
}
```

本程序作用是输入三个小写字母，输出其 ASCII 码值和对应的大写字母。

例 5-10

```
int main(){
int a;
long b;
float f;
double d;
char c;
printf("%d,%d,%d,%d,%d",sizeof(a),sizeof(b),sizeof(f),
sizeof(d),sizeof(c));
}
```

本程序的作用是输出各种数据类型的字节长度。

本章小结

本章中我们介绍了 C 语言中输入、输出的概念和几种常用的函数，同时体会了 C 语言的灵活性，这给程序编写带来了很大的便利，但也使程序查错相对困难。应注意到 printf 和 scanf 在格式上的共通之处；putchar 和 getchar 也有相似点。在记忆这几个语句时可以加以归纳，在使用时应当注意到其中的不同。例如 scanf 中的变量名前要加 & 符号。应通过适当的练习，熟练掌握这几个语句，在编程时加以运用。

在 C＋＋中提供了流输入输出语句 cin 和 cout，限于篇幅在此不详细介绍，有兴趣的同学可以加以探索。

第 6 章 选择结构程序设计

6.1 关系运算符和关系表达式

6.1.1 关系运算符及其优先次序

在程序中经常需要比较两个量的大小关系，以决定程序下一步的工作。比较两个量大小关系的运算符称为关系运算符。在C语言中有以下关系运算符：< 小于，<= 小于或等于，> 大于，>= 大于或等于，== 等于，！= 不等于。

关系运算符都是双目运算符，其结合性均为左结合。关系运算符的优先级低于算术运算符，高于赋值运算符。在六个关系运算符中，<、<=、>、>=的优先级相同，==和！=的优先级相同，且前者高于后者。

6.1.2 关系表达式

关系表达式的一般形式为：表达式，关系运算符表达式。例如，a+b>c-d，x>3/2，'a'+1<c，-i-5*j==k+1；都是合法的关系表达式。由于表达式也可以是关系表达式，因此允许出现嵌套的情况，例如，a>(b>c)，a！=(c==d)等。关系表达式的取值是“真”和“假”，用“1”和“0”表示。如5>0的值为“真”，即为“1”；(a=3)>(b=5)，由于3>5不成立，故其值为假，即为“0”。

例 6-1

```
void main()
{
char c='k';
int i=1,j=2,k=3;
float x=3e+5,y=0.85;
printf("%d,%d\n",'a'+5<c,-i-2*j>=k+1);
```

```
printf("%d,%d\n",1<j<5,x-5.25<=x+y);
printf("%d,%d\n",i+j+k==-2*j,k==j==i+5);
}
```

在本例中求出了各种关系运算符的值。字符型变量是以对应的 ASCII 码参与运算的。对于含多个关系运算符的表达式，如 k==j==i+5，根据运算符的左结合性，先计算 k==j，不成立，其值为 0；再计算 0==i+5，也不成立，其值也为 0，故表达式值为 0。

6.2　逻辑运算符和逻辑表达式

6.2.1　逻辑运算符及其优先次序

C 语言中提供了三种逻辑运算符 &&(与运算)、||(或运算)、!(非运算)。与运算符 && 和或运算符||均为双目运算符。具有左结合性；非运算符! 为单目运算符，具有右结合性。

按照照运算符的优先顺序可以得出：

a>b && c>d 等价于(a>b) && (c>d)

! b==c||d<a 等价于((! b)==c)||(d<a)

a+b>c && x+y<b 等价于((a+b)>c) && ((x+y)<b)

逻辑运算的值也分为“真”和“假”两种，用“1”和“0”来表示。其求值规则如下：

① 参与与运算 && 的两个量都为真时，结果才为真；否则为假。例如，5>0 && 4>2，由于 5>0 为真，4>2 也为真，故相与的结果也为真。

② 参与或运算||的两个量只要有一个为真，结果就为真；两个量都为假时，结果才为假。例如：5>0||5>8，由于 5>0 为真，相或的结果也就为真

③ 参与非运算! 的量为真时，结果为假；参与运算量为假时，结果为真。例如：!(5>0)的结果为假。

虽然 C 编译在给出逻辑运算值时，以“1”代表“真”，“0 ”代表“假”。但在判断一个量是“真”还是“假”时，以“0”代表“假”，以非“0”代表“真”。例如：由于 5 和 3 均为非“0”，因此 5&&3 的值为“真”，即为“1”。；5||0 的值为“真”，即为“1”。

6.2.2　逻辑表达式

逻辑表达式的一般形式为：表达式 逻辑运算符 表达式。其中的表达式可以是逻辑表达式，从而形成了嵌套的情形。例如：(a&&b)&&c 根据逻辑运算符的左结

合性，可写成 a&&b&&c 。逻辑表达式的值是式中各种逻辑运算的最后值，以“1”和“0”分别代表“真”和“假”。

例 6-2

```
void main()
{
char c='k';
int i=1,j=2,k=3;
float x=3e+5,y=0.85;
printf("%d,%d\n",! x*! y,!!! x);
printf("%d,%d\n",x||i&&j-3,i<j&&x<y);
printf("%d,%d\n",i==5&&c&&(j=8),x+y||i+j+k);
}
```

本例中!x和!y分别为 0，!x*!y也为 0，故其输出值为 0。由于 x 为非 0，故!!!x的逻辑值为 0。对 x|| i && j-3，先计算 j-3 的值，为非 0；再求 i && j-3 的值，为 1，故 x||i&&j-3 的值为 1。对 i<j&&x<y，由于 i<j 的值为 1；x<y 为 0，故表达式的值为 1，与 0 相与，故为 0。对 i==5&&c&&(j=8)，由于 i==5 为假(值为 0)，再进行两次与运算，所以整个表达式的值为 0。对于 x+y||i+j+k，由于 x+y的值为非 0，故整个或表达式的值为 1。

6.2.3 条件运算符

在条件语句中，只执行单条赋值语句时，常可使用条件表达式来实现。这样不但使程序简洁，也提高了运行效率。

条件运算符为?:，它是一个三目运算符，即有三个参与运算的量。其中?:是一对运算符，不能分开单独使用。由条件运算符组成条件表达式的一般形式为：表达式 1? 表达式 2：表达式 3。

其求值规则为：如果表达式 1 的值为真，则以表达式 2 的值作为条件表达式的值，否则以表达式 3 的值作为条件表达式的值。

例如条件语句：

```
if(a>b) max=a;
else max=b;
```

可改写成条件表达式 max=(a>b)? a:b;该语句的语义是：如 a>b 为真，则把 a 赋予 max；否则把 b 赋予 max。

条件运算符的运算优先级低于关系运算符和算术运算符；高于赋值符。因此 max=(a>b)? a:b 可以去掉括号写为 max=a>b? a:b。

条件运算符的结合方向是自右至左。

例如：a>b? a：c>d? c：d 应理解为 a>b? a：(c>d? c：d)。这也是条件表达式嵌套的情形，即其中的表达式 3 又是一个条件表达式。

例 6-3

```
void main()
{
int a,b,max;
printf("\n input two numbers: ");
scanf("%d%d",&a,&b);
printf("max=%d",a>b? a:b);
}
```

6.3 if 语句

6.3.1 if 语句

用 if 语句可以构成分支结构。它根据给定的条件进行判断，以决定执行某个分支程序段。C 语言的 if 语句有三种基本形式。

第一种形式为基本形式

if(表达式) 语句；

其语义是：如果表达式的值为真，则执行其后的语句；否则不执行该语句。

例 6-4 输入两个整数，输出其中的大数。

```
void main()
{
int a,b,max;
printf("\n input two numbers: ");
scanf("%d%d",&a,&b);
max=a;
if (max<b) max=b;
printf("max=%d",max);
}
```

本例程序中，输入两个数 a，b。把 a 先赋予变量 max，再用 if 语句判别 max 和 b 的大小，如 max 小于 b，则把 b 赋予 max，最后输出 max 的值。

第二种形式为 if—else 形式

```
if(表达式)
语句 1；
else
语句 2；
```

其语义是:如果表达式的值为真,则执行语句 1;否则执行语句 2 。

例 6-5 用 if-else 语句实现例 6-4。

```
void main(){
int a,b;
printf("input two numbers: ");
scanf("%d%d",&a,&b);
if(a>b)
printf("max=%d\n",a);
else
printf("max=%d\n",b);
}
```

本例改用 if—else 语句判别 a,b 的大小,若 a 大则输出 a;否则输出 b。

第三种形式为 if—else—if 形式

前两种形式的 if 语句一般用于两个分支的情况。当有多个分支选择时,可采用 if—else—if 语句,其一般形式为:

```
if(表达式 1)
语句 1；
else if(表达式 2)
语句 2；
else if(表达式 3)
语句 3；
…
else if(表达式 m)
语句 m；
else
语句 n；
```

其语义是:依次判断表达式的值,当某个值为真时,则执行其对应的语句。然后跳到整个 if 语句之外继续执行程序。如果所有的表达式均为假,则执行语句 n 。然后执行后续程序。

例 6-6 判别键盘输入字符的类别

```
#include"stdio.h"
void main()
{
char c;
printf("input a character：");
c=getchar();
if(c<32)
printf("This is a control character\n");
else if(c>='0'&&c<='9')
printf("This is a digit\n");
else if(c>='A'&&c<='Z')
printf("This is a capital letter\n");
else if(c>='a'&&c<='z')
printf("This is a small letter\n");
else
printf("This is an other character\n");
}
```

本例可以根据输入字符的 ASCII 码值来判别类型。由 ASCII 码表可知，ASCII 值小于 32 的为控制字符；在“0”和“9”之间的为数字；在“A”和“Z”之间的为大写字母；在“a”和“z”之间的为小写字母，其余的为其他字符。这是一个多分支选择问题，用 if—else—if 语句判断输入字符 ASCII 码值所在的范围，分别给出不同的输出。例如输入“g”，输出显示它为小写字符。

在使用 if 语句中应注意以下问题：

① 在三种形式的 if 语句中，if 关键字之后均为表达式，且通常是逻辑表达式或关系表达式；但也可以是其他表达式，如赋值表达式等；甚至可以是一个变量。例如，if(a=5)语句；，if(b)语句；都是允许的，只要表达式的值为非 0，即为“真”。由于 if(a=5)…；中表达式的值永远为非 0，所以其后的语句总是要执行的，虽然这种情况在程序中不一定会出现，但在语法上是合法的。

又如有程序段如下：

```
if(a=b)
printf("%d",a);
else
printf("a=0");
```

本例把 b 的值赋予 a，如为非 0，则输出该值；否则输出字符串“a=0”。这种用法在程序中是经常出现的。

② 在 if 语句中，条件表达式必须用括号括起来，在语句之后必须加分号。

③ 在 if 语句的三种形式中，所有语句都应为单条语句。如果要想在满足条件时执行一组（多个）语句，则必须把这一组语句用{}括起来组成一个复合语句。要注意的是：在}之后不能再加分号。例如：

```
if(a>b){
a++;
b++;
}
else{
a=0;
b=10;
}
```

6.3.2 if 语句的嵌套

当 if 语句中的执行语句又是 if 语句时，则构成了 if 语句嵌套的情形。其一般形式如下：

```
if(表达式)
if 语句;
```

或者为：

```
if(表达式)
if 语句;
else
if 语句;
```

嵌套内的 if 语句可能是 if－else 形成，这将会出现多个 if 和多个 else 重叠的情况，这时要特别注意 if 和 else 的配对问题。例如：

```
if(表达式 1)
if(表达式 2)
语句 1;
else
语句 2;
```

其中的 else 究竟与哪一个 if 配对呢？

应该理解为：	还是应理解为：

if(表达式 1)
   if(表达式 2)
	if(表达式 1)
	   if(表达式 2)

```
语句 1;                    语句 1;
else                       else
语句 2;                    语句 2;
```

为了避免这种二义性，C 语言规定，else 总是与它前面最近的 if 配对。因此对上述例子应按前一种情况理解。

例 6-7　比较两个数的大小关系。

```
void main(){
int a,b;
printf("please input A,B: ");
scanf("%d%d",&a,&b);
if(a!=b)
if(a>b) printf("A>B\n");
else printf("A<B\n");
else printf("A=B\n");
}
```

本例中用了 if 语句的嵌套结构。采用嵌套结构是为了进行多分支选择，例 6-7 有三种选择，即 A>B、A<B 或 A=B。这种问题用 if－else－if 语句也可以完成，而且程序更加清晰。因此，在一般情况下，较少使用 if 语句的嵌套结构，以使程序更便于阅读、理解。可将例 6-7 改写如下：

```
void main(){
int a,b;
printf("please input A,B: ");
scanf("%d%d",&a,&b);
if(a==b) printf("A=B\n");
else if(a>b) printf("A>B\n");
else printf("A<B\n");
}
```

6.4　switch 语句

C 语言还提供了另一种用于多分支选择的语句——switch 语句，其一般形式为：

```
switch(表达式){
```

```
case 常量表达式 1：语句 1；
case 常量表达式 2：语句 2；
…
case 常量表达式 n：语句 n；
default ：语句 n+1；
}
```

其语义是:计算表达式的值,并逐个与其后的常量表达式的值相比较。当表达式的值与某个常量表达式的值相等时，即执行其后的语句;然后不再进行判断,转而执行后面所有 case 后的语句。表达式的值与所有 case 后的常量表达式的值均不相同时,则执行 default 后的语句。

例 6-8 输入一个数字,判断它是星期几,并输出对应的英文单词。

```
void main(){
int a;
printf("input integer number: ");
scanf("%d",&a);
switch (a){
case 1:printf("Monday\n");
case 2:printf("Tuesday\n");
case 3:printf("Wednesday\n");
case 4:printf("Thursday\n");
case 5:printf("Friday\n");
case 6:printf("Saturday\n");
case 7:printf("Sunday\n");
default:printf("error\n");
}
}
```

本程序是要求输入一个数字,输出一个英文单词。但是当输入 3 之后,却执行了 case 3 及以后的所有语句,输出了 Wednesday 及以后的所有单词,这当然是不可以的。为什么会出现这种情况呢? 这是由于 switch 语句有一个特点。在 switch 语句中,“case 常量表达式”只相当于一个语句标号，表达式的值和某标号相等则转向该标号执行,但不能在执行完该标号的语句后自动跳出整个 switch 语句,所以出现了继续执行所有后面 case 语句的情况。这是与前面介绍的 if 语句是完全不同的,应特别注意。为了避免上述情况，C 语言提供了 break 语句,专用于跳出 switch 语句。break 语句只有关键字 break 没有参数,在后面将详细介绍。修改例 6-8,在每一条

case 语句之后增加一条 break 语句，使每一次执行之后均可跳出 switch 语句，从而避免输出不应有的结果。修改如下：

```
void main(){
int a;
printf("input integer number: ");
scanf("%d",&a);
switch (a){
case 1:printf("Monday\n");break;
case 2:printf("Tuesday\n"); break;
case 3:printf("Wednesday\n");break;
case 4:printf("Thursday\n");break;
case 5:printf("Friday\n");break;
case 6:printf("Saturday\n");break;
case 7:printf("Sunday\n");break;
default:printf("error\n");
}
}
```

在使用 switch 语句时，还应注意以下几点：

① case 语句后的各常量表达式的值不能相同，否则会出现错误。

② 在 case 后，允许有多个语句，它们可以不用{}括起来。

③ 各 case 和 default 子句的先后顺序可以变动，这不会影响程序执行结果。

④ default 子句可以省略。

6.5　程序举例

例 6-9　输入三个整数，输出最大数和最小数。

```
void main(){
int a,b,c,max,min;
printf("input three numbers: ");
scanf("%d%d%d",&a,&b,&c);
if(a>b)
{max=a;min=b;}
```

```
else
{max=b;min=a;}
if(max<c)
max=c;
else
if(min>c)
min=c;
printf("max=%d\nmin=%d",max,min);
}
```

本例中,首先比较输入的a,b的大小,并把大数装入max,小数装入min中。然后再分别与c比较,若max小于c,则把c赋予max;如果c小于min,则把c赋予min。因此max内总是最大数,而min内总是最小数。最后输出max和min的值。

例 6-10 输入一个表达式,求它的值。

```
void main(){
float a,b,s;
char c;
printf("input expression: a+(-,*,/)b \n");
scanf("%f%c%f",&a,&c,&b);
switch(c){
case '+': printf("%f\n",a+b);break;
case '-': printf("%f\n",a-b);break;
case '*': printf("%f\n",a*b);break;
case '/': printf("%f\n",a/b);break;
default: printf("input error\n");
}
}
```

本例可用于四则运算求值。switch语句用于判断运算符,然后输出运算值。当输入的运算符不是+,-,*,/时,给出错误提示。

6.6 语句与程序块

在C语言中,分号是语句结束的标识符,表明一条语句结束。

用一对花括号“{”“}”把一组语句括在一起就构成一个程序块(也叫复合语句)，程序块在语法上等同于单条语句。

本章小结

本章主要介绍了分支结构在 C 语言中的实现形式。这章内容对于初学者来讲有一定难度,同学们在理解本章内容的时候应该多,借助流程图,这样编写程序的思路一定会清晰很多。

第 7 章 循环控制

在设计算法的过程中，经常会出现需要重复执行算法中某些步骤的情况，比如在用穷举法求最大公约数的算法中，如果当前尝试的数字 x 不是 a 和 b 的公约数，则需要重复执行 x-－的操作，直到找到 a 和 b 的最大公约数。那么在C语言中是如何处理重复操作的情况的呢？是否需要将重复的语句写上若干遍呢？我们先来看一个例子：

例 7-1 整数王国里居住着大量的正整数，为了缓解都城的住房压力，国王想把一些“无用”的正整数迁到城外，但如何确定正整数是“无用”的呢？宰相提议：除了 1 以外的所有正整数，如果它能被表示为 a×b 的形式(a，b＞1)，而 a 和 b 也都是正整数的话，那么这个数字就是“无用”的。比如：120 可以被表示为 2×60 的形式，因此 120 就是“无用”的；而 13 除了 1×13 外不存在其他 a×b 的形式，因此 13 就不是“无用”的。现在，请你判断某个正整数 n(1＜n≤1 000 000)是否“无用”。输入数据仅一行，包含一个正整数 n；输出数据仅一行，如果该数“无用”则输出“Yes!”，否则输出“No!”。

问题分析：要判断一个正整数 n 能否被表示成 a×b 的形式，我们只能逐个数的进行尝试。首先看 n 能否被表示成 $2\times b_1$ 的形式，然后再试 n 能否被表示成 $3\times b_2$ 的形式……由于乘法存在交换律，a×b 和 b×a 是等价的。我们可以假设 a 始终是不大于 b 的，这样我们就可以得到 a 的取值范围为 $2\sim\sqrt{n}$，本题就演变为不断地尝试 n%a，看余数是否为 0。如果余数是 0，那么 n 就是“无用”的；如果当所有的 a 都尝试过，而且没出现余数为 0 的情况，那么这个 n 就不是“无用”的。我们可以得到如图 7-1 所示的流程图。

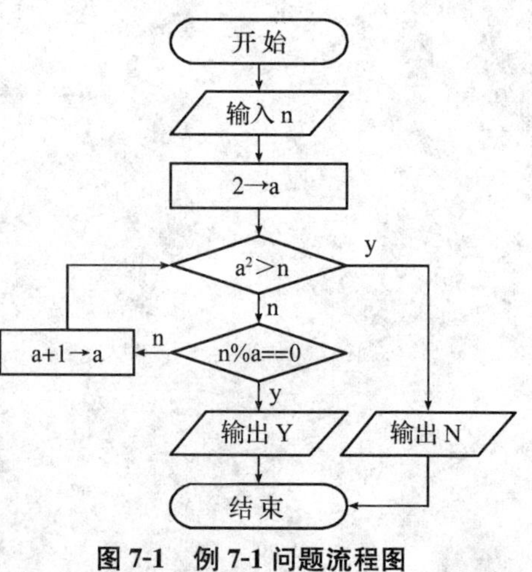

图 7-1 例 7-1 问题流程图

那么这个流程图如何转化为代码呢？这就要用到循环控制。

7.1　循环结构介绍

C 语言一共提供了三种循环控制语句，用于反复执行某一组指令直到达到某种条件为止。这三个语句分别为：for 语句、while 语句和 do while 语句。根据条件判断的位置，我们一般把循环分为两大类：当型循环（for、while）和直到型循环（do while）。

7.1.1　while 语句

while 语句的条件判断位于整个循环的最上方。如果初始条件成立则进行循环，直到条件不成立为止；如果初始条件就不成立，则不做循环。

在 C 语言中，while 语句格式如下：

```
while(condition) statement;
```

其中 condition 为条件控制部分，statement 为循环体。当 condition 为真时执行循环体；当 condition 为假时，执行 while 语句的后继语句。图 7-2 给出了 while 语句的流程图。

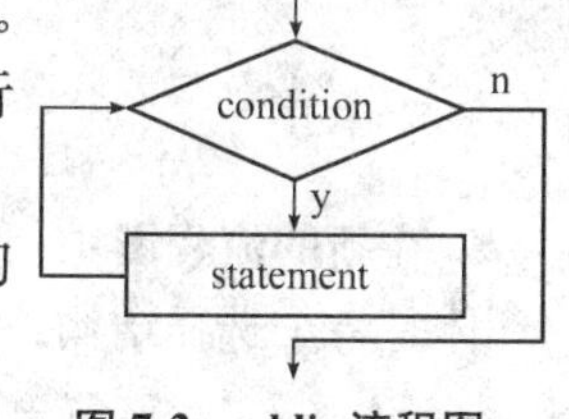

图 7-2　whlie 流程图

当循环体部分包含多条语句的时候，需要使用复合语句的形式：

```
while(condition) {
    statement;
}
```

现在我们来看看如何用 while 语句解决例 7-1。通过观察图 7-1 我们发现，虽然在流程图中存在循环的部分，但它的循环体不明确，整个循环的结构不清晰，不能和 while 语句的流程图匹配起来。那该怎么办呢？通过仔细分析整个问题的流程图我们发现，主要问题出在当 n% a == 0 成立时，流程图直接跳出循环，而 while 语句只能在条件判断处跳出循环，因此，我们需要对算法进行一些修改。首先设置一个标记 flag，设其值为真时表示从未被整除；然后把循环控制条件从 $a^2>n$ 改为 $(a^2>n)$ && flag。当 n% a == 0 成立时，不是直接跳出循环，而是将 flag 改为假。这样再回到条件判断后，其结果一定是假，从而离开循环。离开循环后，根据 flag 的值来判断是否发生过被整除的情况。流程图如图 7-3 所示。

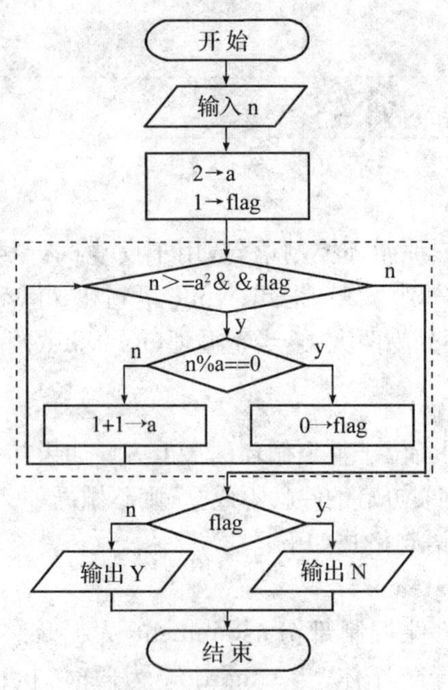

图 7-3　例 7-1 修改后的流程图

在新的流程图中，我们可以清楚地看到其中的 while 循环结构（虚线部分），其循环体是一个选择结构。因此我们可以得到如下的代码：

```
/* 7-1a.c 整数王国问题 */
#include <stdio.h>

int main() {
    int n,a = 2,flag = 1;  /* 变量声明和初始化 */
    scanf("%d",&n);  /* 读入 n */
    while((n >= a * a) && flag) {  /* 循环尝试 */
        if (n % a == 0) {  /* 能否被整除 */
            flag = 0;  /* 被整除,更改标记以退出循环 */
        } else {
            a++;  /* 未被整除,尝试下一个数 */
        }
    }  /* 循环结束 */
    if (flag) {  /* 检查标记 */
        printf("No! \n");  /* 不是"无用"的,输出"No!" */
    } else {
        printf("Yes! \n");  /* 是"无用"的,输出"Yes!" */
```

```
    }
    return 0;
}
```

7.1.2　for 语句

在众多的 while 循环中，有一类循环经常出现，这类循环中都有一个特殊的变量来控制循环的运行（比如例 7-1 中的变量 a）。对于这类循环，C 语言提供了一个更为方便的循环语句：for 语句。

在 C 语言中，for 语句的一般格式为：

```
for (init; condition; increment) statement;
```

其中 init 为初始化部分，一般是一个赋值语言，用于给循环控制变量赋初值；condition 为条件判断部分，一般是一个关系表达式，用于控制何时退出循环；increment 为增值部分，用于定义每次循环后如何改变循环变量的值；statement 为循环体。for 语句与 while 语句一样，条件成立时，执行循环体，直到条件不成立。图 7-4 给出了 for 语句所对应的流程图。

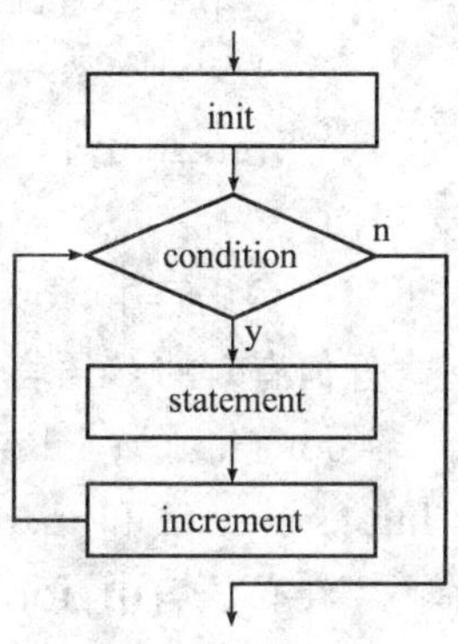

图 7-4　for 语句流程图

当循环体部分包含多条语句的时候，需要使用复合语句的形式：

```
for (init; condition; increment) {
    statement;
}
```

对比 while 语句的流程图，很容易看出，for 语句与下面的 while 语句是等价的：

```
init;
while(condition) {
        statement;
        increment;
}
```

在例 7-1 的算法中，变量 a 恰恰就是这么一个循环控制变量。因此例 7-1 中的程序就可以被改写成如下形式的 for 语句。

```
/* 7-1b.c 整数王国问题 */
#include <stdio.h>

int main() {
    int n,a,flag = 1;  /* 变量声明和初始化 */
    scanf("%d",&n);  /* 读入 n*/
    for (a = 2; (n >= a * a) && flag; a++) {  /* 循环尝试 */
```

```
        if (n % a == 0) {   /* 能否整除 */
            flag = 0;   /* 被整除,更改标记退出循环 */
        }
    }  /* 循环结束 */
    if (flag) {   /* 检查标记 */
        printf("No! \n");   /* 不是"无用"的,输出"No!" */
    } else {
        printf("Yes! \n");   /* 是"无用"的,输出"Yes!" */
    }
    return 0;
}
```

在C语言中,for语句的三个循环控制部分(init、condition和increment),可以包含任何有效的C语言表达式。比如:

```
for (init(); isLoop(); next()) …;
```

init、condition和increment部分分别调用了一个函数来完成相关的功能。

在C语言中,for语句除了一般形式外,还存在着一些变形,这些变形在一定程度上丰富了for循环的功能,为其提供了灵活性和适用性。

变形一:同时初始化多个变量。比如在例7-1中,变量flag的初始化是在定义的时候完成的,我们也可以把flag的初始化放到for循环中。相应的代码如下:

```
for (a = 2,flag = 1; (a * a <= n) && flag; a++) {
    if (n % a == 0) flag = 0;
}
```

我们可以看到,在init部分,我们用逗号(,)连接两个初始化语句。

变形二:多循环控制变量。有些循环中,我们可能需要多个循环控制变量同时对循环进行控制。比如当我们需要反转一个字符串的时候,我们可以采用从两头向中间靠拢的方法,这就需要通过设置头和尾两个指针来实现。

```
for (i = 0,j = strlen(s) - 1; i < j; i++,j--) {
    ch = s[i];   /* 交换i和j所指向的字符 */
    s[i] = s[j];
    s[j] = ch;
}
```

其中,i是头指针,j是尾指针。在交换了i和j位置的字符后,i往后移动一个字符,同时j往前移动一个字符。

变形三:省略循环定义的某些部分。在C语言中,for循环的所有控制循环的表

达式都是可选的，这样我们就可以在编程的过程中，根据实际需要省略其中的一个或多个部分。我们来看下面几个例子：

```
int i = 0,s = 0;
for (; i <= 10; i++) s += i;
```

省略 init 部分。适用于循环控制变量不需要赋初值或之前已赋过初值。上面这段代码中，循环控制变量 i 的初值在 for 之前已经有了。

```
for (ch = getchar(); ch != 'q';) {
    ch = getchar();
}
```

省略 increment 部分。适用于循环控制变量不需要增值的情况。上面这段代码中，循环控制变量 ch 是通过键盘输入得到的，没有增值，循环将执行到用户键入 q 键为止。

```
for (i = 0; ; i++) {
    …;
}
```

省略 condition 部分。由于没有了条件判断，for 循环将永远执行下去，因此，这时在 for 循环内部一定要有能中断循环的语句(如 break 语句，请参看第 7.3 节循环中断语句)。

```
for (; ;) printf("Endless loop! \n");
```

三个部分全部省略。这时我们会得到一个无限循环(如上面的代码将在屏幕上不停的输出“Endless loop!”)。当然我们可以通过在循环体内添加中断语句来中断这个无限循环。例如，下面这段代码将一直执行到用户键入字母 q 为止。

```
char ch;
for (; ;) {
    if ((ch = getchar()) == 'q') break;
}
```

变形四：省略循环体。在某些特殊的情况下，循环是可以不需要循环体的，我们来看下面这两个循环：

```
for (i = 0; s[i] == ' '; i++);
```

这个循环可以找到字符串 s 中前导空格后的第一个有效字符的位置。

```
for (t = 0; t < 100000; t++);
```

这个循环唯一的作用就是延时。

变形五：在 init 部分声明变量。只有在最新的 ANSI C 99 标准中，for 循环的循环控制变量才可以像 C++ 一样直接在 init 部分声明，这时，其作用域被限制在 for 循环内部，即该循环控制变量为该 for 循环的局部变量。

比如：for (int i = 0; i < 10; i++) s += i;

在不支持 C 99 标准的编译器中使用这种写法，会产生编译错误。Dev-C++ 的 C 编译器默认情况下不支持这种用法。

7.1.3 do while 语句

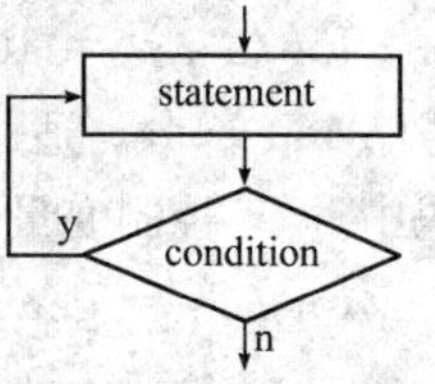

图 7-5 do while 流程图

do while 语句与 while、for 语句不同，其条件判断位于整个循环结构的底部（见图 7-5），因此，无论初始条件如何，do while 循环的循环体至少会被执行一次。

在 C 语言中，do while 语句的格式为：

```
do {
    statement;
} while(condition);
```

当 statement 部分只有一条语句的时候，花括号可以被省略：

```
do
    statement;
while(condition);
```

但这样写会降低程序的可读性，对于不是很熟悉 C 语言结构的人来说，上面这条语句可能被理解为两条语句：do statement;和 while(condition)。

do while 语句可以转化为等价的 while 语句：

```
statement;
while(condition) statement;
```

也可以转化为等价的 for 语句：

```
statement;
for (; condition; ) statement;
```

但是，while 语句和 for 语句并不一定都能转换为等价的 do while 语句。

7.2 循环的嵌套

例 7-2 现在国王决定按照例 7-1 中描述的规则将所有“无用”的正整数迁出，他想知道在范围X～Y(1 < X ≤ Y ≤ 1 000 000)中(包含 X 和 Y)共有多少正整数要迁出。

问题分析：既然我们已经知道如何判断一个整数 n 是否“无用”了，那么要统计 X～Y 区间内需要迁出的整数的个数，只要将 X～Y 区间内的每一个数字都判断一下

就可以了。而枚举 X～Y 范围内的每一个整数是一个循环结构，因此我们可以得到如图 7-6 所示的流程图。

在这个流程图中，一共出现了两个循环结构(图中虚线框所示部分)，其中一个循环结构完全被另一个循环结构所包含。像这种一个循环被另一个循环完全包含的情况我们称为循环的嵌套。

在 C 语言中，三种循环语句都直接可以任意嵌套，比如在 while 循环中可以包含 for 循环，而在 for 循环中又可以包含 do while 循环。根据循环嵌套的深度不同，我们可以将其分为二重循环、三重循环等。

在例 7-2 中，内层循环是例 7-1 中的那个循环结构，而外层循环是新增的枚举 X～Y 范围内所有正整数的循环结构。枚举 X～Y 范围内的正整数我们可以使用如下的 for 语句方便地实现：

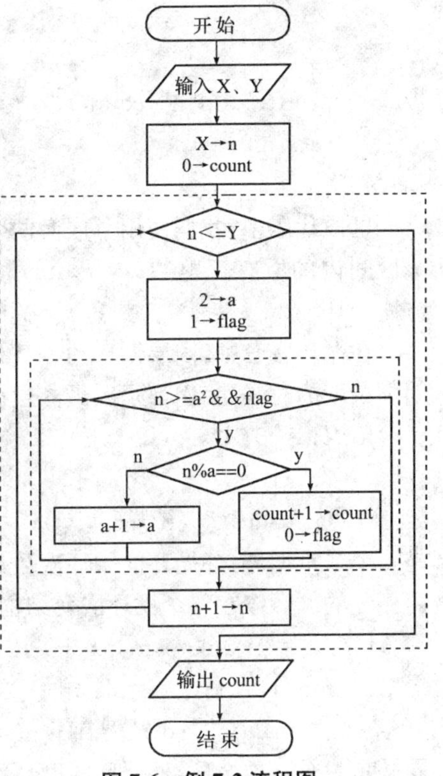

图 7-6　例 7-2 流程图

```
for (n = X;n<= Y; n++) {
    …;
}
```

然后我们只需把原来判断某一个 n 是否是“无用”的代码嵌入这个 for 语句中即可。下面我们给出例 7-2 的代码。

```
/* 7-2.c 整数王国问题 */
#include <stdio.h>

int main() {
    int X,Y,n,count = 0,a,flag;   /* 变量声明和初始化 */
    scanf("%d %d",&X,&Y);   /* 读入 X 和 Y */
    for (n = X;n<= Y; n++) {   /* 外层循环 */
        for (a = 2,flag = 1; (n >= a * a) && flag; a++) {   /* 内层循环 */
            if (n % a == 0) {
                count++;   /* 总数加 1 */
                flag = 0;   /* 修改标记,退出内层循环 */
            }
```

```
        }
    }
    printf("%d\n",count);   /* 输出结果 */
    return 0;
}
```

这段代码中，我们使用了嵌套两个 for 语句：外层的 for 语句用于实现枚举 X～Y 区间内的所有正整数；内层 for 语句用于枚举当前正整数 n 的所有可能的拆分方法。

在循环嵌套中，内层循环的循环体的执行次数是最多的。通常在估算算法的时间复杂度的时候，我们都是以最内层循环的循环体的执行次数作为估算的量。比如：

```
for (i = 0; i < n; i++)
    for (j = 0; j < n; j++)
        printf("%d %d",i,j);
```

是一个二重循环，外循环的循环次数是 n 次，内循环本身的循环次数也是 n 次，因此，内循环的循环体在整个循环嵌套结构中需要执行 n×n 次。又如：

```
for (i = 1; i <= n; i++)
    for (j = 1; j <= i; j++)
        printf("%d %d",i,j);
```

同样是一个二重循环，外循环的循环次数还是 n 次，而内循环每次的循环次数是不同的，由外循环的循环控制变量的值来确定。而外循环的循环控制变量的值从 1 变化到 n，因此，内层循环的循环次数也是从 1 变化到 n。这样，内层循环的循环体的执行次数就是 $1+2+3+\cdots+n=n*(n+1)/2$。

7.3 循环中断语句

在例 7-1 问题的算法分析阶段，根据习惯我们首先得到了如图 7-1 所示的流程图，但由于其中存在着直接退出循环的流程，而 C 语言的三种循环结构都不允许从循环体内直接跳出循环，因此，我们在不得已的情况下增加了 flag 标记用于控制循环的退出。但这样做不仅在一定程度上增加了程序理解的难度，而且会使得循环结构的条件判断部分变得复杂。为了方便 C 语言程序员更快、更简便地实现算法，C 语言特别提供了几个循环中断语句，用以控制循环的进行。

7.3.1　break 语句

break 语句会忽略循环体中余下的还未执行的部分，直接退出当前循环，并转向当前循环的下一条语句继续执行。图 7-7 给出了当型和直到型循环中 break 语句的流程示意图。

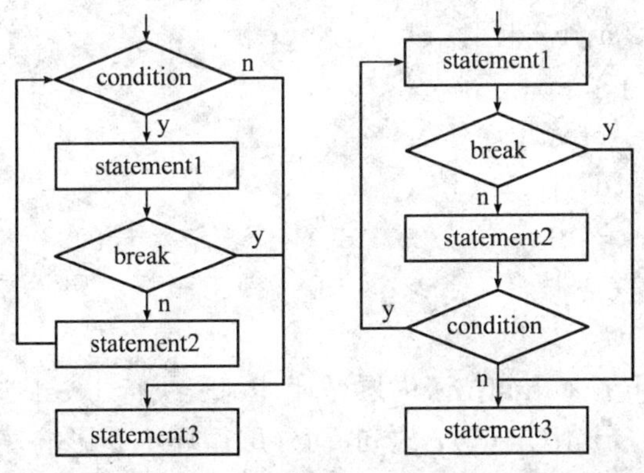

图 7-7　当型和直到型循环中的 break 语句流程图

从流程图中我们可以看出，执行 break 语句和条件控制不成立时都是转到 statement3 语句继续执行，因此一般在 statement3 部分会有条件判断语句来判断循环是从 break 退出的还是正常退出的。下面给出例 7-1 问题使用 break 语句的代码。

```
/* 7-1c.c 整数王国问题 */
#include <stdio.h>

int main() {
    int n,a;  /* 变量声明和初始化 */
    scanf("%d",&n);  /* 读入 n */
    for (a = 2;n>= a * a; a++) {  /* 循环尝试 */
        if (n % a == 0) break; /* 如果能整除直接退出循环 */
    }
    /*
     * 判断循环是正常退出还是由 break 语句退出。
     * 如果由 break 语句退出，则此时 a * a >n 一定不成立；
     * 如果是正常退出，则此时 a * a >n 一定成立。
     */
    if (a * a > n) {
        printf("No! \n");  /* 非 break 退出，不是"无用"的，输出"No!" */
    } else {
```

```
        printf("Yes! \n");   /* break 退出,是"无用"的,输出"Yes!" */
    }
    return 0;
}
```

在循环嵌套时，break 语句只能中断当前的循环。比如：

```
for (i = 0; i < n; i++) {
    for (j = 0; j < n; j++) {
        if (j > i) break;
        printf("%d",j);
    }
    printf("\n");
}
```

在这段代码中，break 语句位于内层循环，因此，执行 break 语句后，内层循环被中断，程序转而执行 printf("\n")；语句；而外层循环不受影响，继续执行，直到 i >=n 为止。

7.3.2 continue 语句

continue 语句也能忽略循环体中还未被执行的语句，但它并不马上退出当前循环，而是返回循环的条件判断部分，重新进行条件判断。图 7-8 给出了当型和直到型循环中 continue 语句的流程图。

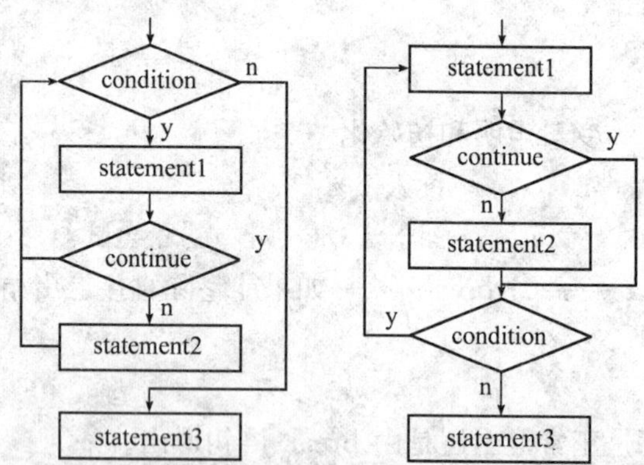

图 7-8 当型和直到型循环中的 continue 语句流程图

对于 for 语句而言，continue 并不是直接跳转到 condition 部分的，而是跳转到 increment 部分。执行完 increment 部分的语句后，才转到 condition 部分。比如：

```
for (i = 1; i <= 10; i++) {
    if (i % 5 == 0) continue;
    printf("%d ",i);
```

```
}
```

这段代码中,如果 i 能被 5 整除,则执行 continue 语句,这时会跳过 printf 语句转而执行 i++ 语句,也就是说能被 5 整除的数字不输出。因此最后屏幕上可以得到"1 2 3 4 6 7 8 9 "这样一串数字。如果把这段代码中的 continue 改为 break,即:

```
for (i = 1; i <= 10; i++) {
    if (i % 5 == 0) break;
    printf("%d ",i);
}
```

那么在第一次整除后,循环就被中断了,在屏幕上只能得到"1 2 3 4 "这样的一串数字。

例 7-3　国王把所有"无用"的正整数都搬迁到城外去以后,他又开始担心了。他想知道,是不是所有被搬迁出去的正整数都可以由两个留在城里的大于 1 的正整数相加得到呢?

问题分析:由问题描述我们可知,对于给定的"无用"的 n,我们需要找到等式 n= a + b,且 a 和 b 都必须大于 1 且不是"无用"的。对于这样的问题,我们还是用枚举法解决。由于加法也是满足交换律的,因此,我们可以假设 a <= b,这样 a 的取值范围就是 2~n/2。对于这个范围内所有的 a,先判断其是否"无用",若其"无用"则直接取下一个 a 进行尝试。若其不是"无用",再判断 n- a 是否"无用",若"无用"则继续取下一个 a 进行尝试;否则即找到满足条件的等式,结束循环。因此,我们可以得到如图 7-9 所示的流程图。

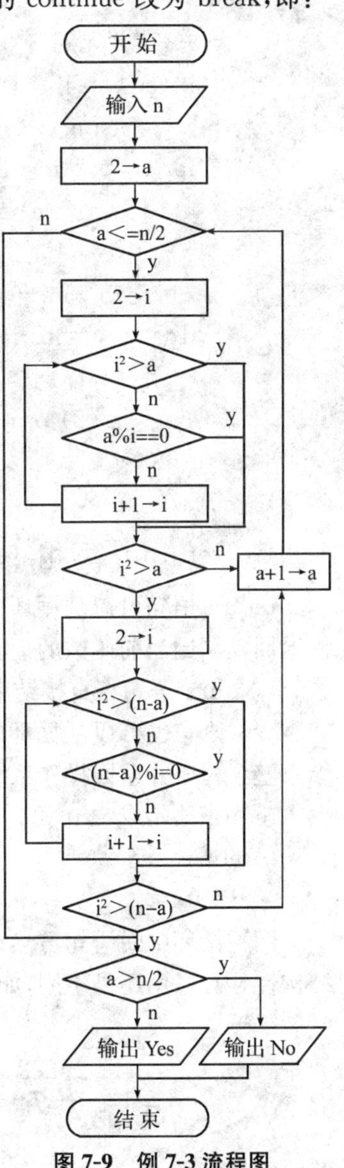

图 7-9　例 7-3 流程图

从流程图中我们看到,当 a 是"无用"的时候,直接取下一个 a 然后返回条件判断的地方,正好符合 continue 的流程。下面我们来看一下代码:

```
/* 7-3.c 整数王国问题 */
#include <stdio.h>

int main() {
    int n,a,i;
    scanf("%d",&n);
    /* 从 2 到 n/2 枚举 a */
    for (a = 2; a <=n/ 2; a++) {
```

```
        /* 判断 a 是否“无用” */
        for (i = 2; a >= i * i; i++) {
            if (a % i == 0) break;
        }
        /* 若“无用”,直接取下一个 a */
        if (a >= i * i) continue;
        /* 判断 n- a 是否“无用” */
        for (i = 2;n- a >= i * i; i++) {
            if ((n - a) % i == 0) break;
        }
        /* 若 a 和 n- a 都不是“无用”的,则退出循环 */
        if (i * i >n- a) break;
    }
    if (a <=n/ 2) printf("Yes! \n"); else printf("No!");
    return 0;
}
```

7.3.3 return 语句和 exit 语句

return 语句可以从循环中直接退出。与 break 语句不同的是,return 语句将直接退回到调用当前函数的地方(即直接结束当前函数)。如果当前函数是 main() 函数时,return 语句将直接结束整个程序并返回操作系统。

exit 语句也可以从循环中直接退出。与 return 语句不同的是,exit 语句将直接结束整个程序并返回操作系统。

return 语句或 exit 语句通常带有一个整数作为返回的参数。如:

- return -1;
- exit 0;

四种循环中断语句虽然在一定程度上简化了程序代码,但同时也破坏了程序的结构性,因此,用还是不用,如何用是需要我们仔细思考和总结的。

7.4 程序举例

例 7-4 陶陶家的院子里有一棵苹果树,每到秋天树上就会结出 n 个苹果。苹果成熟的时候,陶陶就会跑去摘苹果。陶陶有个 30 cm 高的板凳,当她不能直接用手摘

到苹果的时候，就会踩到板凳上再试试。现在已知每个苹果到地面的高度以及陶陶把手伸直的时候能够达到的最大高度，请帮陶陶算一下她能够摘到的苹果的数目。假设她碰到苹果，苹果就会掉下来。输入数据共分两行，第一行包含两个正整数 N(5≤N≤200) 和 M(100≤M≤150)，表示苹果的数目和陶陶伸手能达到的最大高度(以 cm 为单位)。第二行包含 n 个 100 到 200 之间(包含 100 和 200)的正整数，表示每个苹果的高度(以厘米为单位)。输出数据仅一个整数，表示陶陶能摘到的苹果的数目(改编自 NOIP 2005 普及组复赛第一题)。

问题分析：根据题意描述，陶陶能够达到的最大高度应该是其站到板凳上把手伸直时所达到的高度，即为其手伸直时能达到的最大高度加上 30 cm，只要不超过这个高度的苹果都应该可以摘到。由于苹果数目和陶陶把手伸直时能够达到的最大高度是先输入的，因此我可以先计算出陶陶站在板凳上能够达到的最大高度，然后只需要逐个的读入这 n 个苹果的高度，判断其是否超过陶陶能够到的最大高度，如未超过，则将总数加 1。也就是说，只要重复做 n 次读入和判断的操作即可。

完整的程序如下：

```
/* 7-4.c 陶陶摘苹果 */
#include <stdio.h>

int main() {
    int n,m,sum = 0,i,x;   /* 变量声明 */
    scanf("%d %d",&n,&m); /* 读入苹果数和伸手高度 */
    m += 30;   /* 计算踩上板凳后的伸手高度 */
    for (i = 0; i < n; i++) {   /* 逐个处理 n 个苹果 */
        scanf("%d",&x);   /* 读入当前苹果的高度 */
        if (x <= m) sum++;   /* 如果能够到，则总数加 1 */
    }
    printf("%d\n",sum);   /* 输出总数 */
    return 0;
}
```

例 7-5　银行近期推出了一款新的理财计划“重复计息储蓄”。储户只需在每个月月初存入固定数额的现金，银行就会在每个月月底根据储户账号内的金额算出该月的利息并将利息存入用户账号。现在，如果某人每月存入 K 元，请你帮他计算一下，N 个月后，他可以获得多少收益。输入数据仅一行，包含两个整数 K(100≤K≤10 000)、N(1≤N≤48)和一个小数 P(0.001≤P≤0.01)，分别表示每月存入的金额、存款时间和存款利率。输出数据仅一个数字，表示可以得到的收益。

问题分析：首先我们需要了解这个“重复计息储蓄”是如何计算利息的。假设每

个月存入 1 000 元，存款利率是 1%，存款时间是 6 个月，那么我们可以得到表 7-1。

表 7-1　存款计息明细表(精确到 0.01 元)

月份	上月余额	本月存入	本月账户	本月利息	本月结余
1	0.00	1 000.00	1 000.00	10.00	1 010.00
2	1 010.00	1 000.00	2 010.00	20.10	2 030.10
3	2 030.10	1 000.00	3 030.10	30.30	3 060.40
4	3 060.40	1 000.00	4 060.40	40.60	4 101.00
5	4 101.00	1 000.00	5 101.00	51.01	5 152.01
6	5 152.01	1 000.00	6 152.01	61.52	6 213.53

从表中我们可以看到，本月利息＝(上月余额＋本月存入)×P；本月结余＝上月余额＋本月存入＋本月利息＝(上月余额＋本月存入)×(1＋P)；每个月的本月结余就是下个月的上月余额。因此要计算 n 个月后的收益，只要将计算本月结余的公式重复执行 n 次即可。如果用 s 表示上月余额，那么计算本月结余的语句如下：

s = (s + K) * (1 + P)

由于问题是要求收益是多少，所以还需要在最后一个月的本月结余中扣除 n 个月存入的所有本金，因此，收益为 s －n * K。

完整的程序如下：

```
/* 7-5.c 重复计息储蓄 */
#include <stdio.h>

int main() {
    int n,k,i;      /* 变量声明 */
    float s = 0,p;
    scanf("%d %d %f",&k,&n,&p);
    for (i = 0; i < n; i++)   /* 重复计算 n 个月 */
        s = (s + k) * (1 + p);   /* 计算每月结余 */
    s -=n * k;   /* 计算最终的收益 */
    printf("%.2f\n",s);   /* 输出收益 */
    return 0;
}
```

例 7-6　在学习乘法运算的时候，我们一般都要先背诵“九九乘法表”。现在请你编程，按样例形式输出一个 N×N 乘法表。

1
2 4
3 6 9
4 8 12 16
……

问题分析：根据乘法表的规则，样例所示的乘法表也可以被改写成如下的形式：

1×1
2×1 2×2
3×1 3×2 3×3
4×1 4×2 4×3 4×4
……
N×1 N×2 N×3 N×4 …… N×N

由于 C 语言在输出时，只能从当前位置开始往右输出，或者使用回车到下一行开头，整个输出过程中不能有后退的情况，因此，乘法表的输出顺序一定是：1，回车，2，空格，4，回车，3，空格，6，空格，9，回车……实际上就是一行一行从上往下输出。如果我们能找到一个统一的方法输出一行数据，那么要输出整个乘法表就只需用如下循环就可以了：

```
for (i = 1; i <= n; i++);/* 输出第 i 行数字 */
```

那么是否存在统一的方法呢？我们再来仔细观察一下乘法表，我们发现，整个乘法表每一行的数字是不一样多的，但每一行的数字的数目恰好和其行号是一样的，即第 i 行有 i 个数字。其次，每一行的这些数字都是由两个数字相乘得到，而其中第一个数字是一样的，就是行号；第二个数字各不相同，但却是从 1 逐个变化到 i 的。也就是说，第 i 行的 i 个数字都可以用 i * j 这个形式表示，且 j 从 1 递增到 i。因此我们可以使用循环来重复输出 i * j。考虑到数字和数字之间需要空格隔开，其代码如下：

```
for (j = 1; j <= i; j++) printf("%d ",i * j);
```

这样就可以得到第 i 行这 i 个数字了，然后加上一个 printf("\n")；语句输出一个回车，第 i 行就输出完成了。输出第 i 行数字的代码为：

```
for (j = 1; j <= i; j++) printf("%d ",i * j);
printf("\n");
```

将其整合到输出所有行的循环中，得到如下代码：

```
for (i = 1; i <= n; i++) {   /* 循环处理每一行 */
    for (j = 1; j <= i; j++)    /* 循环输出一行内的所有数字 */
        printf("%d ",i * j);
```

```
    printf("\n");  /* 输出回车 */
}
```

这样的代码段完全已经可以输出一个 N×N 乘法表了，但它有一个小小的瑕疵，就是每一行最后一个数字和回车之间存在一个多余的空格，那么怎么把这个空格去除呢？我们知道，在第 i 行的 i 个数字中，前 i－1 个数字后面都要有一个空格，唯独第 i 个数字后面不需要空格，因此我们不妨把第 i 个数字单独处理，这样输出第 i 行数字的代码就被修改为：

```
for (j = 1; j < i; j++)  /* 循环输出前 i - 1 个数字 */
    printf("%d ",i * j);  /* 输出一个数字和一个空格 */
printf("%d\n",i * i);  /* 输出最后一个数字和回车 */
```

当然，也可以把第一个数字单独处理，其代码如下：

```
printf("%d",i);  /* 输出第一个数字 */
for (j = 2; j <= i; j++)  /* 循环输出后 i - 1 个数字 */
    printf(" %d",i * j);  /* 输出一个空格和一个数字 */
printf("\n");  /* 输出回车 */
```

完整的程序如下：

```
/* 7-6.c N*N 乘法表 */
#include <stdio.h>

int main() {
    int n,i,j;
    scanf("%d",&n);
    for (i = 1; i <= n; i++) {  /* 循环处理每一行 */
        for (j = 1; j < i; j++)  /* 循环输出前 i - 1 个数字 */
            printf("%d ",i * j);  /* 输出一个数字和一个空格 */
        printf("%d\n",i * i); /* 输出最后一个数字和回车 */
    }
    return 0;
}
```

7.5 常见错误

对于 C 语言中的循环结构，初学者容易在编程过程中出现如下的一些错误：

(1) 在 for 语句或 while 语句的括号后面加分号(;),这会使得响应的循环成为没有循环体的循环,而真正的循环体却成为循环的下一条语句。而且,这样的错误在编译时无法被编译器检查出来。比如:

```
for (i = 0; i < 10; i++);
    printf("%d",i);
```

这段代码会使得循环空循环 10 后输出最后的 i 的值(而不是每次循环都输出 i 的值)。又如:

```
i = 0;
while(i < 10);
    i ++;
```

这段代码会使得 while 循环变成一个无限循环。

(2) for 语句中,逗号(,)和分号(;)使用混乱。比如

```
for (i = 0,i < 10,i++) printf("%d",i);
```

把该用分号(;)隔开的三个部分用逗号(,)隔开,这个错误会在编译的过程中引发“语法错误(syntax error)”的提示。又如:

```
for (i = 0; j = 10; i <= j; i++; j--) printf("%d %d",i,j);
```

这段代码把该用逗号(,)连接的两个 init 表达式用分号(;)隔开了,这个错误也会在编译的过程中引发“语法错误(syntax error)”的提示。

(3) 遗漏 do while 语句条件判断之后的分号(;)。比如:

```
i = 0;
do {
    printf("%d",i++);
} while(i < 10)
```

这个错误会在编译的过程中引发“语法错误(syntax error)”的提示。

(4) 遗漏 for 语句、while 语句或 do while 语句中的括号。比如:

```
for i = 0; i < 10; i++ printf("%d",i);
while i < 10 printf("%d",i);
```

这些错误会在编译的过程中引发“语法错误(syntax error)”的提示。

(5) 循环的条件错误。有时画流程图或进行算法分析的时候,并不一定是条件成立时进入循环。在这种情况下,在编写代码的时候一定要将条件变为反条件。比如如图 7-1 所示的流程图中,循环是 $a^2>n$ 不成立的分支;但是在代码中,我们必须将这个条件反过来写成 a * a <=n 或 n>= a * a。

(6) 错误的估算 for 循环的循环次数。通常情况下,C 语言中 for 语句的循环控制变量都是从数字 0 开始的,和日常生活中从数字 1 开始不一致,因此很容易造成条

件判断语句的错误(比如把 < 写成 <=),这样就会造成循环次数的错误。请仔细比较下面这几个 for 语句:

```
for (i = 0; i < n; i++) printf("%d",i); /* 输出 0~n-1 */
for (i = 0; i <= n; i++) printf("%d",i); /* 输出 0~n */
for (i = 1; i < n; i++) printf("%d",i); /* 输出 1~n-1 */
for (i = 1; i <= n; i++) printf("%d",i); /* 输出 1~n */
```

(7) 在条件判断部分使用赋值运算符(=)而不是相等运算符(==)。这个错误无法被编译器所发现,而且会造成循环逻辑的混乱,从而在运行时出现各种奇怪的问题。比如:

```
while(flag = 0) {
    …;
}
```

这段程序的原意是如果 flag 的值为 0 就进入 while 循环,但由于将相等运算符写成了赋值运算符,使得循环变成了 while(0),因此这个循环一次也不会被执行。

(8) 在判断两个实数相等时直接使用相等运算符(==)。由于计算机内某些实数无法精确的表示,导致直接使用相等运算符进行比较可能会出现死循环的情况。因此,对于两个实数是否相等一般采用比较其差的绝对值是否小于某一极小数(如 10^{-10})。

(9) ++ 或 -- 运算被写成 + 或 -。如果 i++ 或 i-- 被写成 i+ 或 i-,会在编译的过程中引发“语法错误(syntax error)”的提示;但是如果把 ++i 或 --i 写成 +i 或 -i 则无编译错误!

本章小结

循环是一种重要的程序控制结构,它允许程序反复地执行某一组指令直到符合某个条件为止。被反复执行的这组指令称为循环体。被测条件必须在第一次条件判断之前就被明确的设置。在循环内应该至少有一条可以改变被测条件的指令,以保证一旦进入循环后能够退出。

在 C 语言中共提供了三种循环语句,分别为 for 语句、while 语句和 do while 语句。for 语句和 while 语句的条件判断位于整个循环结构的最顶部,而 do while 语句的条件判断位于整个循环结构的最底部。for 语句和 while 语句的循环体可能一次也不被执行,但 do while 语句的循环体至少被执行一次。三种循环之间可以相互嵌套,实现多重循环。通常情况下,for 语句和 while 语句比 do while 语句使用得更为频繁。

为了编写代码的方便,在 C 语言中提供了四种循环中断语句,允许在循环体内部

直接中断循环的运行并转到相应的位置继续执行。循环中断语句在提供编程便利的同时，一定程度上破坏了程序的结构性。

习题 7

7.1　已知 $\pi/4 = 1 - 1/3 + 1/5 - 1/7 + \cdots$。请用此公式的前 n 项之和估算 π 的近似值。

7.2　已知 $e = 1 + 1/1! + 1/2! + 1/3! + \cdots$，其中 $x! = 1 * 2 * 3 * \cdots * x$。请你计算 e 的近似值，要求最后一项的值小于 10^{-6}。

7.3　我国第五次全国人口普查报告指出，截止到 2000 年 11 月 1 日零时，我国共有人口 129 533 万人，年平均增长率为 1.07%。按此增长率，20 年后我国会有多少人口？多少年后，我国的人口可以达到 15 亿人？

7.4　读入一个以句号“.”结尾的字符串，统计其中字母和数字的个数。

7.5　读入一个以分号“;”结尾的表达式，检查其中的圆括号是否匹配。

7.6　从键盘读入 n 个数字，计算其总和、平均值、最大值和最小值。

7.7　从键盘读入若干个数字，若是正数则输出其算术平方根；否则结束程序。

7.8　“辗转相除”求最大公约数是一种比较高效的求最大公约数的算法，下面的两个例子演示了“辗转相除”的运算过程。现请你编程实现这个算法。

518 和 252：
518 % 252 = 14
252 % 14 = 0
518 和 252 的最大公约数为 14。

517 和 252：
517 % 252 = 13
252 % 13 = 5
13 % 5 = 3
5 % 3 = 2
3 % 2 = 1
2 % 1 = 0
517 和 252 的最大公约数为 1。

7.9　如果一个三位数各位数字的立方和等于其本身，我们称此三位数为“水仙花数”。请你编程输出所有的“水仙花数”。

7.10　已知公鸡 5 元一只，母鸡 3 元一只，小鸡 1 元三只。现有 100 元钱，要买 100 只鸡，请问公鸡、母鸡和小鸡各可以买多少只(输出所有可能情况)？

7.11　要将一张 100 元的钞票，换成等值的 10 元、5 元、2 元、1 元的小额钞票。要求每次换成 40 张小额钞票，每种至少一张。编程输出所有可能的换法。

7.12　已知某射击运动员 5 发子弹共打出 X 环($0 \leqslant X \leqslant 50$)。请你编程输出此运动员每发子弹各打了多少环(输出所有可能情况)？

7.13　有一小型四位数字密码锁，每一位都可能是 1～5 之间的数字(包括 1 和

5)。现已知当前密码没有重复的数字,请编程输出当前密码的所有可能情况。

7.14　输入图形行数,编程打印如下图形(这些图形当前的行数都是 5):

① 三角形

```
    *
   ***
  *****
 *******
*********
```

② 菱形

```
  *
 ***
*****
 ***
  *
```

③ 平行四边形

```
**********
 **********
  **********
   **********
    **********
```

④ 上下三角形

```
********* *
 ******* ***
  ***** *****
   *** *******
    * *********
```

⑤ 双三角形

```
    *         *
   ***       ***
  *****     *****
 *******   *******
********* *********
```

⑥ 空心正方形

```
* * * * *
*       *
*       *
*       *
* * * * *
```

7.15　编程输出如下图形:

```
        A
      A   B
    A   B   C
  A   B   C   D
 ...          ...
A   B   ...   Y   Z
```

第 8 章　数据组织与处理

8.1　数据组织

我们知道，在 C 语言中提供了大量简单的数据类型，如 int、char、float 等，我们可以通过声明变量的方式来申请存储相应数据类型的数值所需的存储空间，比如：

```
int i;
char ch;
float r;
```

这些变量虽然具有不同的数据类型，但它们却拥有一个相同的特征：每个变量只能存储一个相应的数据类型的数值。通常我们把这种不能再拆分或分开为内置数据类型的变量称为原子变量(atomic variable)或标量变量(scalar variable)。虽然使用原子变量就可以解决几乎所有的问题，但对于有些问题，单使用原子变量却十分低效。比如我们需要处理一个班级所有学生的考试成绩。假设班内有 50 位学生，每位学生有 5 门课程的成绩，这时候我们就需要 250 个原子变量来存储所有学生的原始成绩；如果需要计算个人总分，那么还需要 50 个原子变量，这样我们就需要 300 原子变量。单定义这 300 个原子变量就是一个不小的工程，更不用说其他的计算了。如果学生人数、考试科目再增加一些，需要处理的类型再多一些，那就需要成千上万个原子变量，这绝对是一个噩梦。有没有其他高效的方法呢？

我们不妨先来看一个例子。我们每个人都是一个个体，不能再被拆分，这和原子变量很类似。我们每个人都有自己的名字，这类似于变量的变量名。我们通过姓名可以找到某一个特定的人，这类似于通过变量名访问变量的值。但有时我们会把一些相关的人组成一个整体，比如小组、班级、年级等；同时给这个整体一个名字，比如高二(1)班。根据需要，我们既可以一下子找出这个整体中的所有个体，也可以单独地找出这个整体中的某个个体。那么在程序设计中是否也能建立这种整体呢？比

如，对于上面处理成绩的问题，如果我们既能以班级为单位，建立一块内存区域来统一存储所有学生的成绩；同时又能够单独读取某一位学生的成绩，则程序应该可以简单很多。在程序设计中，我们使用数据结构来实现上述设想。

数据结构（data structure）也称为聚合数据类型（aggregate data type）。它的数值能够被分解为独立的数据元素，每一个数据元素是原子的或其他的数据结构。同时，它提供一种定位这个数据结构中独立的数据元素的访问方案。

在本章中，我们先学习所有数据结构中最简单的结构——数组（array），它可以用来存储和处理一组具有相同数据类型的数值，形成一个逻辑组合。例如，由于同一门课程的成绩的数据类型都是相同的，因此，我们可以将一个班级 50 位同学的同一门课程的成绩看作是一个组，5 门课程就是 5 个组，个人总分也是一个组，每一个组都可以被创建为一个数组。由于所有成绩的数据类型都是相同的，我们可以把所有人的所有成绩看成是一个组，这样只要一个数组就可以了。

对于不同的数据分组形式，其数据间的逻辑结构是不同的。当我们把所有学生的某一门课的成绩看成是一个组时，我们通常会使用一个一维列表来表示这门课程的成绩，比如：

数学	89	95	78	…	96	88	82

这个列表就可以看作是所有学生某一门课程的成绩，每个数字表示某个学生这门课程的成绩，这些成绩依某种次序排列。

而当我们把所有学生的所有课程的成绩看成是一个组时，我们通常会使用一个二维表格来表示这些成绩，比如：

数学	89	95	78	…	96	88	82
语文	78	79	78	…	86	68	72
英语	74	83	81	…	97	62	68
物理	83	71	85	…	79	60	83
化学	88	70	93	…	91	88	88

在这个表格里，每一行代表一门课程所有学生的成绩，每一列代表某一学生各门课程的成绩。

根据逻辑结构的不同，在 C 语言中，数组被分为一维数组、二维数组和多维数组。

一维数组用来存储和处理逻辑结构为一维列表的数据。在 C 语言中，一维数组会占用内存中一段连续的存储空间。假设每个成绩的数据类型为 int，那么其所占用的内存空间就可能如图 8-1 所示。

12 000	12 004	12 008	…	12 188	12 192	12 196
89	95	78	…	96	88	82

图 8-1　一维数组内存结构示意图

其中,每一个小格子表示一个 int 所需的存储空间(4 个字节),格子内的数字表示该内存空间存储的数值,格子上方的数字表示该内存空间的起始地址。第一个格子存储第一位同学的成绩;第二个格子紧跟着第一个格子,存储第二位同学的成绩;而第三个格子又紧跟着第二个格子,存储第三位同学的成绩。依此类推,直到最后一个格子存储最后一位同学的成绩。

在 C 语言中,我们使用数组的名字表示数组在内存中的起始位置,用下标表示每一个数组元素在数组中的偏移。假设我们使用 math 作为数组的名字,那么图 8-1 可以被表示为如图 8-2 所示的形式。

	0	1	2	…	47	48	49
math	89	95	78	…	96	88	82

图 8-2　math 数组的存储结构示意图

其中,math 作为数组名表示数组在整个内存空间的起始位置,0～49 表示数组中每一个元素的下标。在 C 语言中,所有数组下标的起始值都是 0,这个值被编译器固定且不允许被改变,虽然其他高级语言(如 Pascal 语言、BasiC 语言等)允许程序员改变。尽管强制下标从 0 开始和我们日常表示的习惯不同,但这样做却可以提高访问单独元素的速度。

从图 8-3 中我们可以看出,要访问 math 数组的元素 2,计算机只需要将 math 数组的起始地址加上 2 个元素所需的存储空间就可以得到元素 2 的起始地址,无需再做额外的转换,提高了访问的速度。

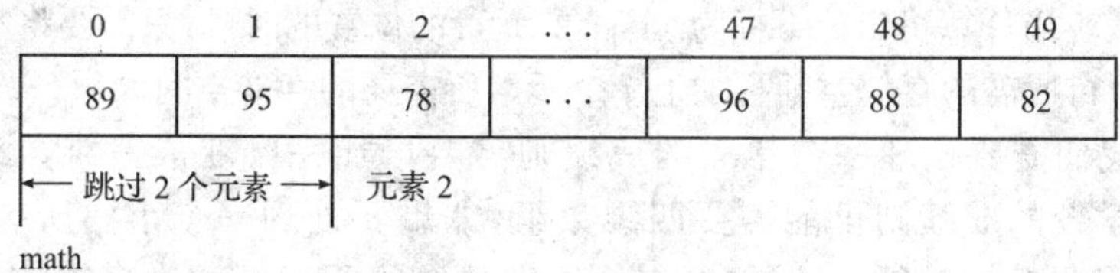

图 8-3　访问 math 数组元素 2

对于 5 门课程的成绩,我们可以建立 5 个独立的一维数组来存储和处理这些数据。在这 5 个数组中,下标相同的元素是属于同一位学生的,通常我们把这样的数组称为并行数组。当并行数组的元素的数据类型是一样的时候,我们通常可以将其合并为一个二维数组。

二维数组用来存储和处理逻辑结构为二维表格的数据。由于表格具有行列结构,因此需要使用两个下标来表示元素的偏移。

	0	1	2	……	47	48	49
0	89	95	78	……	96	88	82
1	78	79	78	……	86	68	72
2	74	83	81	……	**97**	62	68
3	53	71	85	……	79	60	83
4	88	70	93	……	91	88	88

图 8-4　表格结构的二维下标

既然有了两个下标，那么这两个下标该怎样排列呢？是先行后列，还是先列后行？比如图 8-4 中粗体字元素的下标是 (2,47) 还是 (47,2) 呢？在 C 语言中，采用先行后列的表示方法，即下标 (i,j) 表示第 i 行第 j 列的元素。因此，图 8-4 中粗体字元素的下标应该是 (2,47)。虽然二维数组的逻辑结构是一个表格，但在计算机内存中，二维数组仍旧被表示为一个列表的形式(见图 8-5)。

0					1					…	4				
0	1	…	48	49	0	1	…	48	49	…	0	1	…	48	49
89	95	…	88	82	78	79	…	68	72	…	88	70	…	88	88

图 8-5　二维数组在内存中的存储形式

从图中我们可以发现，如果我们把虚线部分看作一个整体的话，那么这个二维数组就变成了一个由 5 个元素组成的一维数组，而每个元素又是一个由 50 个元素组成的一维数组。因此我们可以把二维数组理解为一个元素类型为一维数组的一维数组，这样第一个下标就表示是哪一个一维数组，而第二个下标表示在此一维数组中的哪一个元素。当计算机定位下标为 (i,j) 的元素的位置的时候，只需要将数组的起始地址加上 i 行所需的存储空间再加上 j 个元素所需要的存储空间。

如果我们需要处理一个年级的成绩则需要增加一维变成三维数组，如果要处理一个学校的成绩则可能需要四维数组，如果要处理一个市内所有学校的成绩则可能需要五维数组……通常，二维以上的数组我们统称为多维数组，对于多维数组的理解我们可以采用与二维数组相似的理解方式。比如一个四维数组可以认为是一个元素类型为三维数组的一维数组。在 C 语言中，对数组的维数并没有设置上限。但在程序设计中，最常用的是一维和二维数组，三维以上的数组由于逻辑模型比较抽象而较少使用。

8.2 数据的处理与表达

8.2.1 声明数组

数组和普通的原子变量一样，在 C 语言中必须先声明才能使用。声明数组的命令格式为：

元素类型 数组名[第一维元素总数][第二维元素总数]…[第 n 维元素总数]

比如：

- int math[50]；
- float scroe[5][50]；
- float x[10][10][10]；

第一个声明定义了一个一维数组，这个数组的名字是 math，数组共有 50 个元素，元素的数据类型为 int；第二个声明定义了一个二维数组，这个数组的名字是 score，第一维有 5 个元素，第二维有 50 个元素，整个数组共有 5×50=250 个基本元素，元素的数据类型为 float；第三个声明定义了一个由 1 000(10×10×10) 个 float 类型的元素所组成的三维数组 x。

在定义数组的时候，一个常用且良好的编程习惯是在声明数组之前先定义表示数组元素个数的符号常量，比如：

```
#define STUDENTS 50
#define SUBJECTS 5
int math[STUDENTS];
int score[SUBJECTS][STUDENTS];
```

8.2.2 引用数组

在 C 语言中，对于原子变量我们可以在程序中引用其值或其内存地址。比如：

```
int a;
scanf("%d",&a);  /* 读入一个整型并存入为变量 a 所分配的内存地址 */
printf("%d",a);  /* 输出变量 a 的值 */
```

通过直接使用变量名 a 可以引用其数值，而通过 &a 可以获取其内存地址。但对于数组，直接用数组名只能得到对应内存的起始地址。那么我们该如何访问数组中的元素呢？前面我们说到，在数组中，下标表示元素相对于起始位置的偏移量，因此要访问数组元素我们需要提供所需访问元素的下标。比如，对于前面声明的 math

数组：

• math[0] 表示存储在 math 数组中下标为 0 的元素(即第 1 个元素)

• math[1] 表示存储在 math 数组中下标为 1 的元素(即第 2 个元素)

• math[49] 表示存储在 math 数组中下标为 49 的元素(即第 50 个元素)

如图 8-6 所示。

math[0]	math[1]	math[2]	…	math[47]	math[48]	math[49]
89	95	78	…	96	88	82

图 8-6　引用数组元素的值

而对于前面声明的 score 数组：

• score[0][0] 表示存储在 score 数组中下标为 (0,0) 的元素(即第 1 个元素)

• score[0][1] 表示存储在 score 数组中下标为 (0,1) 的元素(即第 2 个元素)

• score[0][49] 表示存储在 score 数组中下标为 (0,49) 的元素(即第 50 个元素)

• score[1][0] 表示存储在 score 数组中下标为 (1,0) 的元素(即第 51 个元素)

• score[4][49] 表示存储在 score 数组中下标为 (4,49) 的元素(即第 250 个元素)

math[0] 一般可读作"math 下标 0"或者"math 0",同样,math[1] 可读作"math 下标 1"或者"math 1"。score[0][0] 一般可读作"score 下标 0 0"或者"score 0 0",score[1][0] 可读作"score 下标 1 0"或者"score 1 0"。

同原子变量一样,我们也可以使用 & 来获取数组元素的内存地址。比如,对于前面声明的 math 数组：

• &math[0] 表示 math 数组中下标为 0 的元素(即第 1 个元素)的起始地址

• &math[1] 表示 math 数组中下标为 1 的元素(即第 2 个元素)的起始地址

• &math[49] 表示 math 数组中下标为 49 的元素(即第 50 个元素)的起始地址

其中,&math[0] 和 math 是等价的。如图 8-7 所示。

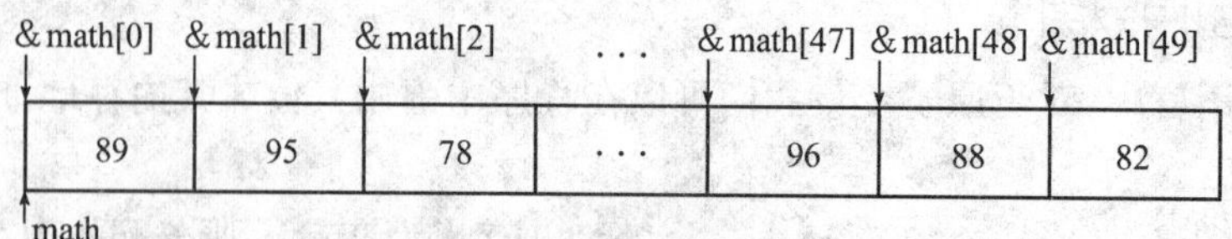

图 8-7　引用数组元素的地址

而对于前面声明的 score 数组：

• &score[0][0]表示 score 数组中下标为(0,0)的元素(即第 1 个元素)的起始地址

• &score[0][1]表示 score 数组中下标为(0,1)的元素(即第 2 个元素)的起始

地址

• &score[0][49]表示 score 数组中下标为(0,49)的元素(即第 50 个元素)的起始地址

• &score[1][0]表示 score 数组中下标为(1,0)的元素(即第 51 个元素)的起始地址

• &score[4][49]表示 score 数组中下标为(4,49)的元素(即第 250 个元素)的起始地址

其中,&score[0][0]和 score 是等价的。

下面的语句演示了对数组元素的引用:

• math[0] = 89;　/* 直接使用赋值语句对数组元素赋值 */

• scanf("%d ",&math[2]);　/* 使用 scanf() 函数输入数组元素,引用地址 */

• printf("%d",math[49]);　/* 使用 printf() 函数输出数组元素,引用值 */

当然,如果数组只能以上述方式对数组元素进行引用,那么如果要从键盘读入 50 个学生的数学成绩到 math 数组时,我们则需要几十个 scanf() 语句或者在一个 scanf() 语句中写上 50 个 %d,这样和直接使用原子变量几乎没什么区别了。

事实上,在 C 语言中,下标部分不一定必须是一个确定的整数,任何一个结果是整数的表达式都可以作为下标。比如,当 i 和 j 都是 int 数据类型时,下列对数组元素的引用都是有效的:

• math[i]
• &math[i]
• math[i + 1]
• score[i][j]

这样,由于数组中元素的下标是顺序排列的,因此我们可以借助 for 循环来完成对数组元素的访问。比如我们可以使用下面的代码完成从键盘读入 50 位学生的数学成绩并存储到 math 数组这一功能:

```
for (i = 0; i < 50; i++) scanf("%d",&math[i]);
```

下面的代码可以用于计算第一位同学所有课程的总分:

```
total = 0;
for (i = 0; i < 5; i++) total += score[i][0];
```

下面的代码将计算所有同学的总分并存入 total 数组:

```
int total[50];  /* 定义存储 50 位同学总分的数组 */
for (i = 0; i < 50; i++) {  /* 循环处理 50 位学生的成绩 */
    total[i] = 0;  /* 当前学生的总分归零 */
```

```
    for (j = 0; j < 5; j++)  /* 循环处理当前学生的 5 门课程的成绩 */
        total[i] += score[j][i];  /* 将每门课程的成绩累加到总分中 */
}
```

通常情况下，对于一维数组我们使用一重 for 循环即可，对于二维数组我们一般需要使用二重 for 循环嵌套，而对于 n 维数组则可能需要 n 重 for 循环嵌套。对于二维数组或多维数组，在使用 for 循环嵌套的过程中，一定要注意区分每一重 for 循环的循环变量表示的是数组中的哪一维。比如上面这段代码中，外循环的循环变量 i 表示的是学生，内循环的循环变量 j 表示的是课程。根据 score 数组的定义，第一维是课程，第二维是学生，因此，i 是第二维的下标，而 j 是第一维的下标。

值得注意的是，在 C 语言中，编译器是不检查所使用的下标值的，即不对下标的合法性进行检查。比如 math 数组定义时已声明由 50 个元素组成，其下标值的范围是 0～49，但如果程序中出现 math[50] 或 math[51] 这样的引用时，C 语言的编译器不会提示任何出错信息。当程序运行时，C 语言会根据计算规则计算出 math[50] 或 math[51] 所代表的元素的内存起始地址并试图访问该内存。有些时候，这样的访问会导致程序出错；但更多的时候，这样的访问是被允许的，程序可以从相应的内存地址读取数据并进行后续的处理，但由于该操作实际上是访问了其他数据，因此会导致程序的运行结果出现各种不可预计的后果。对于这样的错误，在后期调试过程中很难被发现。比如：

```
int a[5];
for (i = 0; i <= 5; i++) scanf("%d",&a[i]);
```

这是初学者很容易犯的错。在 C 语言中，声明数组 a[5] 表示整个数组只有五个元素，其下标为 0～4。而上面这段 for 循环的循环变量 i 的变化范围却为 0～5，比数组下标多出一个，这就会产生问题。正确的 for 循环语句应该是：

```
for (i = 0; i < 5; i++) scanf("%d ",&a[i]);
```

8.2.3 数组初始化

和原子变量一样，数组可以在函数外或函数内声明。在函数外声明的数组称为全局数组，在函数内声明的数组称为局部数组。例如：

```
int a[5];  /* 全局数组 */
static int b[5];  /* 静态全局数组 */

int main() {
    int c[5];  /* 局部数组 */
    static int d[5];  /* 静态局部数组 */
    …;
    return 0;
```

}

和原子变量一样，所有全局数组和静态数组（全局和局部）的所有数组元素的值在编译时会被置 0；而非静态的局部数组是程序运行时动态申请的，其数组元素的值不会被自动置 0，因此，对于非静态的局部数组，我们一般都需要对其进行初始化。

在 C 语言中，所有数组都可以像原子变量一样，在声明语句中明确的进行初始化，但初始化元素必须包含在一对花括号中，且只能由常量或常量表达式组成，元素之间用逗号（,）隔开。比如：

- int math[5] = { 89,95,79,63,92 };
- char words[5] = { 'a','e','i','o','u' };
- int score[2][3] = { { 89,95,79 },{ 78,79,78 } };

在初始化时，第一个数值被用于初始化元素 0，第二个数值被用于初始化元素 1，依此类推，直到所有的数值都被使用。比如对于数组声明：

```
int math[5] = { 89,95,79,63,92 };
```

初始化后，math[0] 的值为 89，math[1] 的值为 95，math[2] 的值为 79，math[3] 的值为 63，math[4] 的值为 92。

对于数组声明：

```
int score[2][3] = { { 89,95,79 },{ 78,79,78 } };
```

初始化后，score[0][0] 的值为 89，score[0][1] 的值为 95，score[0][2] 的值为 79，score[1][0] 的值为 78，score[1][1] 的值为 79，score[1][2] 的值为 78。

由于数组在内存中存储和初始化都是采用按行处理的顺序，因此，对于二维数组或多维数组而言，所有内部的大括号都是可以省略的。比如：score 数组声明也可以写成如下的形式：

```
int score[2][3] = { 89,95,79,78,79,78 };
```

当用于初始化的数值个数少于数组声明的元素个数时，前面的元素按规则初始化，多余的元素则将被全部置 0。比如：

```
int math[50] = { 89,95,79,63,92 };
```

这个声明中只提供了 5 个数值用于初始化，但数组元素却有 50 个，因此，math[0]～math[4] 使用提供的数值进行初始化，而 math[5]～math[49] 则全部被置 0。值得注意的是，在 C 语言中，没有重复指定一个初始化数值的方法，没有用前面元素的初始化数值初始化后面元素的方法，也没有不连续初始化数组元素的方法。

当初始化语句较长时，我们可以将初始化语句分成多行书写，比如：

```
int a[25] = { 1,2,3,4,5,6,7,8,9,10,  /* 第一行 */
              11,12,13,14,15,16,17,18,19,20,  /* 第二行 */
              21,22,23,24,25 };  /* 第三行 */
```

通常，用这种方法书写二维数组的初始化语句会比较清晰，比如：

```
int score[4][3] = { { 89,95,79 },
                    { 78,79,78 },
                    { 74,83,81 },
                    { 53,71,85 } };
```

当所有数组元素的初始化数值都包含在数组声明语句中时，数组的大小可以省略。比如：

- int math[] = { 89,95,79,63,92 };
- char words[] = { 'a','e','i','o','u' };
- int score[][] = { { 89,95,79 },{ 78,79,78 } };

这三个声明和之前的三个声明是完全等价的，系统会根据初始化数值的数量给数组申请所需的存储空间。

对于元素数据类型是 char 的一维数组而言，我们还可以使用如下的方法进行初始化：

```
char words[] = "aeiou";   /* 使用字符串初始化字符数组 */
```

但这个定义和之前的定义并不等价，它比原来的定义多一个元素 '\0'：

```
char words[] = { 'a','e','i','o','u','\0' };
```

除了可以在数组声明语句中初始化数组，我们还可以通过 for 循环语句或 memset() 函数来初始化数组。比如：

- for (i = 0; i < 50; i++) math[i] = 0; /* 全部置 0 */
- for (i = 0; i < 50; i++) math[i] = i + 1; /* 初始化数值为 1、2、3、… */
- for (i = 0; i < 50; i++) math[i] = i % 2; /* 初始化数值为 0、1、0、1、… */
- memset(math,0,sizeof(math)); /* 全部置 0 */

这几个语句都可以完成数组元素的初始化工作。相比而言，for 循环效率较低，但比较灵活，可以将数组元素初始化为相同的或不同的值，可以部分初始化，可以间隔初始化，只要能找到规律即可；memset() 效率较高，但只能将所有数组元素初始化为相同的值（通常是 0）。

8.2.4 数组元素的插入与删除

在 C 语言中，我们可以对数组元素进行随机的访问，可以根据需要读取或修改任何数组元素的值，这样的读取或修改只影响到相关的某个（或某些）元素，对其他元素并无影响。但对数组元素的插入和删除操作却涉及一系列的数组元素。

插入就是在数组的某个位置加入一个新的元素。但由于数组元素本身是顺序排

列的，在任意两个元素之间都不存在多余的空间，因此要插入一个元素到某两个元素之间，必须先腾出一个空位来，那么怎么才能腾出空位来呢？很简单，把要插入位置之后的所有数组元素都往后移动一位即可。图 8-8 演示了如何腾出一个空位。

图 8-8 在两个元素间腾出一个空位

为了防止在移动的过程中，后面的数值被前面的数值覆盖，因此移动的顺序一定是从后往前的。下面的代码演示了如何将数据 x 插入到数组 s 的下标 i 处。

```
for (j =n- 1; j >= i; j--) s[j + 1] = s[j];  /* 从后往前向后移动 */
s[i] = x;  /* 把 x 插入下标 i 处 */
n++;  /* 修改数组元素个数 */
```

删除操作与插入操作类似。当元素 i 被删除后，就多出了一个空位，因此需要将之后的元素全部往前移动一位，相关代码如下：

```
for (j = i; j < n; j++) s[j] = s[j + 1]; /* 从前往后向前移动 */
n--;  /* 修改数组元素个数 */
```

数组元素的插入和删除是非常常用的基本操作，但受数组存储结构的限制，其插入和删除操作的效率都是比较低的，当数据规模比较大的时候，移动数组元素将耗费大量的时间。在这种情况下，应考虑使用其他方法或其他数据结构。

8.3 应用举例

8.3.1 简单应用

例 8-1 Mr. Li 是一位优秀的教师，为了让每位学生能清楚地知道自己在班级中的学习情况，每次考试结束后，他都会将全班的考试成绩做一些统计和分析。以下是他常用的一些统计和分析的手段：

计算平均分：$\bar{x} = \dfrac{\sum x}{n}$；

计算标准差：$S = \sqrt{\dfrac{\sum (x-\bar{x})^2}{n}}$；

计算每位同学的标准分：$T = 50 + 10 * \dfrac{x-\bar{x}}{S}$。

现请你编程帮助 Mr. Li 完成这些统计和分析。

输入数据共两行，第一行是一个整数 n(10≤n≤60)，表示学生的人数；第二行包含 n 个 0～100 范围内的整数，表示每一位学生的成绩。输出数据共 n+2 行，第一行一个数字，表示平均分；第二行一个数字，表示标准差；第三行开始每行两个数字，第一个数字表示学生的序号，第二个数字表示该同学的标准分。

问题分析：根据题目中给出的计算公式，平均分、标准差和标准分的计算是有先后顺序的，即必须先算平均分，然后算标准差，最后才能算标准分。要计算平均分，首先需要计算总分，虽然总分的计算可以一边读入一边累加，无需保存原始分，但在平均分计算完成之后，计算标准差和标准分时需要原始分数参与运算，因此，原始分必须被保存。由于同学人数较多，不适宜使用简单变量，因此我们可以使用数组来存储原始分。

• 数组定义如下：

```
int score[60];  /* 使用 n 可能的最大值作为数组的容量 */
```

• 原始数据读入：

```
scanf("%d",&n);  /* 读入人数 */
for (i = 0; i < n; i++)  /* 使用循环依次读入 n 个成绩 */
scanf("%d",&score[i]);
```

• 平均分的计算如下：

```
sum = 0;  /* 总分清零 */
for (i = 0; i < n; i++) sum += score[i];  /* 累加总分 */
mean = (float)sum / n;  /* 求平均分 */
```

• 标准差的计算如下：

```
sum = 0;
for (i = 0; i < n; i++) sum += (score[i] - mean) * (score[i] - mean);
S = sqrt((float)sum / n);
```

• 标准分的计算如下：

```
for (i = 0; i < n; i++) T = 50 + 10 * (score[i] - mean) / S;
```

完整的代码如下：

```
/* 8-1.c 成绩统计 */
#include <stdio.h>
#define MAXN 60  /* 定义学生人数 */

int main() {
    int score[MAXN],n,sum = 0,i;
    float mean,S,T;

    scanf("%d",&n);
```

```
    for (i = 0; i < n; i++) {
        scanf("%d",&score[i]);  /* 读入原始分 */
        sum += score[i];  /* 累加总分 */
    }
    mean = (float)sum / n;  /* 计算平均分 */
    printf("%f\n",mean);  /* 输出平均分 */

    sum = 0;
    for (i = 0; i < n; i++)
        sum += (score[i] - mean) * (score[i] - mean);  /* 求(x-
mean)的平方和 */
    S = sqrt((float)sum / n);  /* 计算标准差 */
    printf("%f\n",S);  /* 输出标准差 */

    for (i = 0; i < n; i++) {
        T = 50 + 10 * (score[i] - mean) / S;  /* 计算标准分 */
        printf("%d %f\n",i + 1,T);  /* 输出标准分 */
    }
    return 0;
}
```

8.3.2　查找和排序

例 8-2　明明想在学校中请一些同学一起做一项问卷调查，为了实验的客观性，他先用计算机生成了 N 个 1 到 1 000 之间的随机整数(N≤100)，对于其中重复的数字，只保留一个，把其余相同的数去掉，不同的数对应着不同的学生的学号。然后再把这些数从小到大排序，按照排好的顺序去找同学做调查。请你协助明明完成“去重”与“排序”的工作。

输入数据共两行，第一行包含一个正整数 N，第二行包含 n 个 1 到 100 之间的随机整数。输出数据共两行，第一行一个整数，表示去重后随机数的个数，第二行包含若干个整数，表示“去重”和“排序”后的随机数序列。(NOIP 2006 普及组复赛第一题)

问题分析：本题的题意非常明确，就是给你 n 个整数，找出其中重复的数字并去除，然后再排序。本题涉及处理数据时常碰到的两个问题：查找和排序。查找用于确定一个特定的数值在数组中的位置，排序则是按照一定规则重新排序数组元素。

基于数组的查找和排序的算法很多，在这里介绍几种最常用的查找和排序的方法。

① 顺序查找

顺序查找是一种最基本的查找算法，其算法思路很简单：从数组的第一个元素（或最后一个元素）开始，利用循环逐个检查数组中的元素，查找到符合条件的元素，则根据题意做相应的处理。通常在顺序查找的过程中通过设置标记来表示查找是否成功。图 8-9 给出了顺序查找算法的流程图（从第一个元素开始，找到第一个匹配元素就退出）。

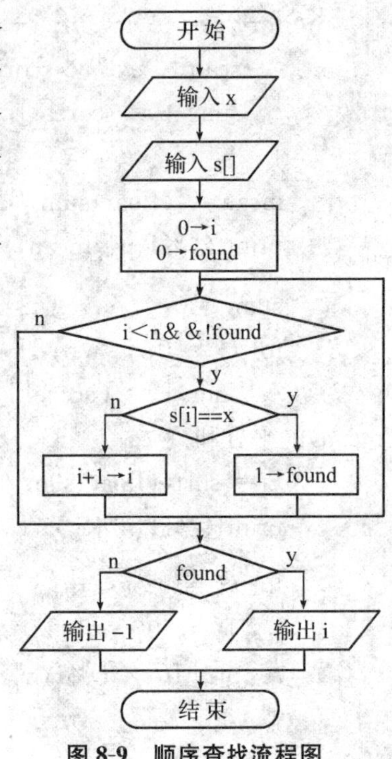

图 8-9　顺序查找流程图

顺序查找的代码片段大致如下：

```
/* 假设数组为 s[n],key 为要查找的数据 */
for (i = found = 0; (i < n) && ! found; ) {
    if (s[i] == key)   /* 是否匹配 */
        found = 1;   /* 更改标记 */
    else
        i++;   /* 取下一个元素 */
}
/* 如果找到输出相应元素的下标,
 * 如果找不到则输出 -1 */
if (found)
    printf("%d",i);
else
    printf("%d",-1);
```

顺序查找算法简单易学、适用范围广，但算法效率较低。在最坏的情况下，需要将所有元素全部比较一遍才能得到结果，因此，顺序查找算法的最差时间复杂度为 O(n)。对于随机数据，其平均时间复杂度为 O(n/2)。

② 二分查找。

二分查找又称折半查找，是对有序数据进行快速查找的一种算法。其基本算法思路为：取有序数据中间的那个数据和要查找的数据进行比较，如果两数相等，则查找结束；如果中间数比较大，那么要查找的数应该落在比中间数小的那一半，因此取那一半的中间数作为新的中间数继续比较；如果中间数比较小，那么要查找的数应该落在比中间数大的那一半，因此取那一半的中间数作为新的中间数继续比较；如果区间为空，则说明要查找的那个数不在此数列中。图 8-10 演示了二分查找的查找过程（假设要查找的数值为 6）。

	1	3	6	8	12	25	46	78	96
第一次	L				M				H
第二次	L	M		H					
第三次			L/M	H					

图 8-10　二分查找过程演示

在二分查找中，通常用 L、H 和 M 三个符号来表示区间的下界、上界和中间值。图 8-10 中，第一次比较时，下界指向 1，上界指向 96，中间值指向 12；6 比 12 小，因此修改上界指向 8，中间值指向 3，然后进行第二次比较；此时 6 比 3 大，因此修改下界指向 6，中间值也指向 6，然后进行第三次比较；此时 6 和 6 相等，因此查找结束。如果要查找的值为 7，则第三次比较后，7 比 6 大，修改下界指向 8，中间值也指向 8，进行第四次比较；此时 7 比 8 小，因此修改上界指向 6，此时出现上界小于下界的情况，说明区间已经不存在了，因此查找结束，数值 7 没有找到。图 8-11 给出了二分查找算法的流程图。

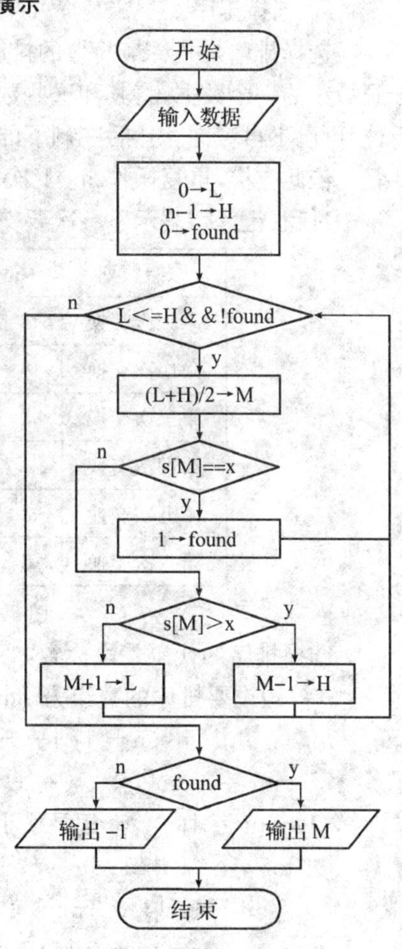

图 8-11　二分查找流程图

二分查找代码片段大致如下：

```
/* 假设数组为 s[n]，key 为要查找的数据 */
L = 0;  /* 初始下界 */
H =n− 1;  /* 初始上界 */
found = 0;  /* 标记未找到 */
while((L <= H) && ! found) {
    M=(L+H)/2;  /* 计算中间值 */
    if (s[M] == key)
        found = 1;  /* 修改标记 */
    else if (s[M] < key)
        L = M + 1;  /* 修改下界 */
    else
        H = M − 1;  /* 修改上界 */
}
if (found)
    printf("%d",M);  /* 找到，输出中间值 */
else
```

```
    printf("%d",-1);  /* 未找到,输出 -1 */
```

二分查找的效率非常高，其最坏情况下的时间复杂度为 $O(\log_2 n)$，而顺序查找在最坏情况下的时间复杂度为 O(n)，因此当 n 很大时，二分查找的效率要远远高于顺序查找。但要注意的是，二分查找只适用于有序的数据，如果数据本身是无序的，则必须通过排序算法将其排成有序序列后才能使用二分查找。

③ 选择排序。

选择排序是一种最简单的排序算法，其算法思路如下：首先从要排序的数据中找到最小的一个数据，将其和这些数据中的第一个数据交换，这时，最小的数据已经到位，可以不再考虑。然后在剩下的 n－1 个数据中查找最小的数据，交换到第二个位置。依此类推，重复操作 n－1 次后，整个排序就完成了。图 8-12 演示了选择排序的整个过程(粗体字表示下一次要交换的两个数字)。

原始数列	**16**	25	72	**8**	19	23	64
第一次交换	8	**25**	72	**16**	19	23	64
第二次交换	8	16	**72**	25	**19**	23	64
第三次交换	8	16	19	**25**	72	**23**	64
第四次交换	8	16	19	23	**72**	**25**	64
第五次交换	8	16	19	23	25	**72**	**64**
第六次交换	8	16	19	23	25	64	72

图 8-12　选择排序的过程演示

选择排序的代码片段大致如下(递增序)：

```
/* 假设要排序的数组为 num[n] */
for (i = 0; i <n- 1; i++) { /* 从头开始排序 */
    min = num[i];  /* 假设元素 i 为最小值 */
    mini = i;  /* 记录最小值的下标 */
    for (j = i + 1; j < n; j++) { /* 循环比较后面所有元素 */
        if (num[j] < min) {  /* 当前元素是否小于最小值 */
            min = num[j];  /* 更新最小值 */
            mini = j;  /* 更新最小值下标 */
        }
    }
    if (mini != i) {  /* 如果最小值不是元素 i,交换元素 i 和 最小值 */
        t = num[i];
        num[i] = num[mini];
```

```
        num[mini] = t;
    }
}
```

在选择排序中，需要进行大量的比较操作，无论原始数据是如何排列的，选择排序始终要进行 n(n−1)/2 次比较，同时，最多需要进行 n−1 次交换。因此，选择排序的时间复杂度为 $O(n^2)$。如果原始数据中存在相同的数值，排序的过程中，可能会改变这些相同的数值之间原有的先后顺序，因此，选择排序是一种“不稳定”的排序方法。

④ 冒泡排序。

冒泡排序与选择排序类似，都是先将最小值（或最大值）放到准确的位置；其区别在于：选择排序通过比较找到需要的数值后通过一次交换即可到位，而冒泡排序则通过不断比较、交换相邻两个元素逐步将其移动到位。当我们需要递增排序时，先将第一个数值和第二个数值作比较，如果第一个数值大于第二个数值则交换这两个数值；然后比较第二个数值和第三个数值，如果第二个数值大于第三个数值则交换这两个数值；依此类推，直到所有数值都比较过。这时，最大的那个数值一定被移到了最后。然后从头开始第二轮的比较、交换，但这次只要比较到倒数第二个数值即可。反复执行 n−1 轮后，排序即完成。图 8-13 演示了冒泡排序的整个过程（粗体字表示下一次要比较的两个数字）。

原始数列	**16**	**25**	72	8	19	23	64
第一轮	16	**25**	**72**	8	19	23	64
	16	25	**72**	**8**	19	23	64
	16	25	8	**72**	**19**	23	64
	16	25	8	19	**72**	**23**	64
	16	25	8	19	23	**72**	**64**
	16	**25**	8	19	23	64	72
第二轮	16	**25**	**8**	19	23	64	72
	16	8	**25**	**19**	23	64	72
	16	8	19	**25**	**23**	64	72
	16	8	19	23	**25**	**64**	72
	16	**8**	19	23	25	64	72

第三轮	8	**16**	**19**	23	25	64	72
	8	16	**19**	**23**	25	64	72
	8	16	19	**23**	**25**	64	72
	8	**16**	19	23	25	64	72
第四轮	8	**16**	**19**	23	25	64	72
	8	16	**19**	**23**	25	64	72
	8	16	19	**23**	**25**	64	72
第五轮	**8**	**16**	19	23	25	64	72
	8	**16**	**19**	23	25	64	72
第六轮	8	16	19	23	25	64	72

图 8-13　冒泡排序的过程演示

虽然理论上需要进行 n－1 轮的比较、交换操作，但通常，到了中间部分就已经排序完成了。比如，图 8-13 中，第三轮的第一次交换后整个排序就已经完成了，以后各轮都不再有交换操作。此特征可以作为冒泡排序的一个优化策略。

冒泡排序的代码大致如下(递增序)：

```
for (i = 0; i <n- 1; i++)   /* 循环 n-1 轮排序 */
    for (j = 1; j <n- i; j++)   /* 循环枚举每轮所需进行的比较 */
        if(num[j]<num[j-1]){   /* 如果相邻元素不符合排序要求则交换 */
            t = num[j];
            num[j] = num[j - 1];
            num[j - 1] = t;
        }
```

对于冒泡排序，其比较的次数仍然要达到 n(n－1)/2 次，而其交换的次数取决与原始数据的顺序。在最糟糕的情况下(原始数据的排列顺序正好与要求的排列顺序相反时)，冒泡排序的交换次数也到达了 n(n－1)/2 次，因此冒泡排序的时间复杂度是 $O(n^2)$。虽然选择排序和冒泡排序的时间复杂度相同，但大多数情况下，选择排序要优于冒泡排序。但对于特殊的数据，使用优化后的冒泡排序算法可以实现 O(n) 的时间复杂度。通常情况下，对于相同的数值，冒泡排序不会改变其原有的先后顺序，因此，冒泡排序是一种“稳定”的排序方法。

⑤ 插入排序。

插入排序是一种边读入边排序的排序算法，其基本思路如下：读入一个数值，在已读入的数据中找到此数值的存放位置，并将此数值插入到此位置。由于每个新读

入的数值都是插入到恰当的位置，因此，已读入的数据始终是有序的。当所有数据都读入完成时，排序也就完成了。图 8-14 演示了插入排序的整个过程。

原始数组							
读入 16	16						
读入 25	16	25					
读入 72	16	25	72				
读入 8	8	16	25	72			
读入 19	8	16	19	25	72		
读入 23	8	16	19	23	25	72	
读入 64	8	16	19	23	25	64	72

图 8-14　插入排序的过程演示

插入排序在读入一个数值后，首先需要通过顺序查找，找到插入该数值的位置；然后将此数值之后的所有元素全部往后移动一格，空出此位置；再将该数值放入该位置。由于，在读入第 i 个元素时，数组中一定有 i－1 个元素，因此，在查找位置和腾出空位时，都只要处理到第 i－1 个元素即可。

插入排序的代码大致如下(递增序)：

```
for (i = 0; i < n; i++) {
    scanf("%d",&x);   /* 读入数值 */
    for (j = 0; j < i; j++)   /* 在已读入的数据中查找插入的合适位置 */
        if (num[j] > x) break;   /* 找到位置 j 后结束循环 */
    for (k = i; k > j; k--)   /* 从后往前腾出空位 */
        num[k] = num[k - 1];
    num[j] = x;   /* 将 x 存入位置 j */
}
```

对于插入排序而言，其比较和移动总共所需的操作次数达到了 n(n－1)/2 次，因此插入排序的时间复杂度是 $O(n^2)$。通常情况下，对于相同的数值，插入排序不会改变其原有的先后顺序，因此，插入排序是一种“稳定”的排序方法。

基于上面这些查找和排序算法，下面我们来看如何实现例 8-2。“去重”并不是一个简单的查找过程，但其包含了查找，一般我们可以按照下面的方法“去重”：逐个读入 n 个随机数，每读入一个随机数后，在已保存的数据中检查此数是否已经存在，如果存在，则直接将此数抛弃；如果不存在，则将此数保存。假设随机数为：

5,15,8,5,9,8

判重时,先读入 5,此时没有数据被保存,因此肯定不会有重复,将 5 保存;然后读入 15,15 在已保存的数据 5 中未出现,将 15 保存;继续读入 8,8 在已保存的数据 5、15 中未出现,将 8 保存;继续读入 5,5 在已保存的数据 5、15、8 中出现,将其抛弃;继续读入 9,9 在已保存的数据 5、15、8 中未出现,将 9 保存;最后读入 8,8 在已保存的数据 5、15、8、9 中出现,将其抛弃。最后得到不重复的数列为:5,15,8,9。

由于读入的数据并不是有序的,因此不能使用二分查找,只能使用顺序查找。

题目中要求按从小到大排序,则是一个基本的排序过程。由于去重后已经得到一个没有重复随机数的数组,因此不能使用插入排序;而题目中 n 的规模很小,使用选择排序或冒泡排序都没有任何问题。

完整的程序代码如下:

```
/* 8-2a.c 明明的随机数 NOIP2006 普及组复赛第一题 */
#include <stdio.h>
#define MAXN 100   /* 定义数组元素的最大值 */

int main() {
    int num[MAXN], n, count = 0;
    int found, t, i, j, x;

    scanf("%d", &n);   /* 读入随机数的个数 */
    for (i = 0; i < n; i++) {   /* 循环读入随机数 */
        scanf("%d", &x);   /* 读入随机数 x */
/* 使用顺序查找检查读入的随机数 x 是否重复 */
    found = 0;   /* 假设未重复 */
    for (j = 0; j < count; j++) {
        if (num[j] == x) {   /* 如果重复 */
            found = 1;   /* 更改重复标记 */
            break;   /* 退出循环 */
        }
    }
    if (! found) num[count++] = x; /* 不重复,将 x 存入数组 */
}
/* 冒泡排序 */
    for (i = 0; i <n- 1; i++)
        for (j = 1; j <n- i; j++)
            if (num[j] < num[j - 1]) {
```

```
            t = num[j];
            num[j] = num[j - 1];
            num[j - 1] = t;
        }
/* 输出不重复的随机数总数 */
    printf("%d\n",count);
/* 输出排序后的随机数,为防止最后一个数字后有多余空格,分两段输出 */
    printf("%d",num[0]);  /* 先输出第一个元素 */
    for (i = 1; i < count; i++)  /* 循环输出其他元素 */
        printf(" %d",num[i]);
    printf("\n");  /* 输出回车 */
    return 0;
}
```

对于这个问题,如果使用插入排序,则效率会提高一些。插入排序的思路是:读入一个数值后,先查找其位置,然后将其插入。现在由于要去重,因此在查找位置的过程中,如果发现此数值已经存在,则直接丢弃此数值,继续读入下一个数值。

使用插入排序的完整代码如下:

```
/* 8-2b.c 明明的随机数 NOIP2006 普及组复赛第一题 */
#include <stdio.h>
#define MAXN 100  /* 定义数组元素的最大值 */

int main() {
    int num[MAXN],n,count = 0;
    int found,t,i,j,k,x;

    scanf("%d",&n);  /* 读入随机数的个数 */
    for (i = 0; i < n; i++) {  /* 循环读入随机数 */
        scanf("%d",&x);  /* 读入随机数 x */
        for (j = 0; j < count; j++)  /* 在已读入的数据中查找合适的位
置 */
            if (num[j] >= x) break;  /* 找到位置 j 后结束循环 */
        if (num[j] != x) {  /* 如果 x 没有出现过 */
            count++;  /* 不重复的随机数总数加 1 */
            for (k = count; k > j; k--)  /* 从后往前腾出空位 */
                num[k] = num[k - 1];
            num[j] = x;  /* 将 x 存入位置 j */
```

```
        }
    }
 /* 输出不重复的随机数总数 */
    printf("%d\n",count);
 /* 输出排序后的随机数,为防止最后一个数字后有多余空格,分两段输出 */
    printf("%d",num[0]);   /* 先输出第一个元素 */
    for (i = 1; i < count; i++)   /* 循环输出其他元素 */
        printf(" %d",num[i]);
    printf("\n");   /* 输出回车 */
    return 0;
}
```

例 8-3 某小学最近得到了一笔赞助，打算拿出其中一部分为学习成绩优秀的前 5 名学生发奖学金。期末，每个学生都有 3 门课的成绩：语文、数学、英语。先按总分从高到低排序；如果两个同学总分相同，再按语文成绩从高到低排序；如果两个同学总分和语文成绩都相同，那么规定学号小的同学排在前面。这样，每个学生的排序是唯一确定的。读入 n 名学生三门学科的成绩，按上述规则排序后，输出前 5 名学生的学号和总分。

输入数据共若干行，第一行一个整数 n(6≤n≤300)，表示学生人数；接下来 n 行，每行有三个整数，分别表示某一位学生语文、数学和英语这 3 门课程的成绩。其中，第 j+1 行表示学号为 j 的学生的成绩。输出数据共 5 行，每行两个整数，依次表示前 5 名的学生的学号和总分。(NOIP 2007 普及组复赛第一题)

问题分析：从题目描述我们可以知道，本题是一个排序的问题，但它的排序规则比较复杂，需要根据总分、语文成绩和学号这三个数据来决定排名的先后。对于这种需要多个数据来综合决定排序顺序的我们一般称为“多关键字排序”。根据关键字的优先级，可以将这些关键字分为第一关键字、第二关键字等。“多关键字排序”中数据的比较过程相对复杂些，通常先根据第一关键字进行比较，如不等，则此不等关系为这两个数据的不等关系；如相等，则须继续比较第二关键字，依次类推，直到比出两个数据的大小关系。对于本题，我们可以将比较两人先后次序的过程用如图 8-15 所示的流程表示（其中，s 表示总分，c 表示语文成绩，i、j 表示学号）。

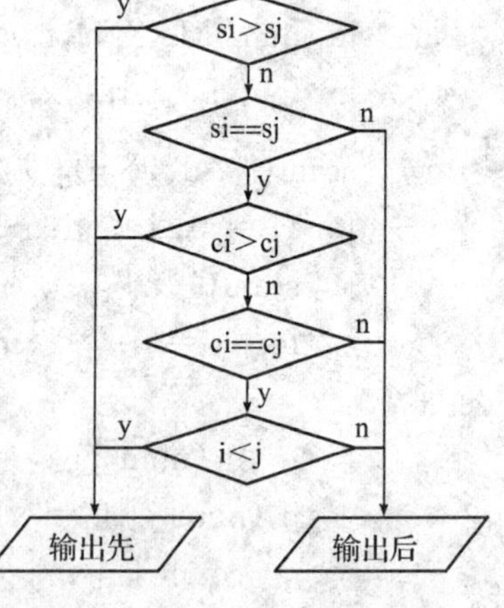

图 8-15 例 8-3 比较部分流程图

由于比较过程中需要使用语文成绩和总分，因此所有学生的语文成绩需要使用一个数组存储。而数学和外语成绩可以不用存储，直接将其和语文成绩相加得到总分后，使用一个数组将总分存储起来。

对于存储语文成绩和总分的数组而言，输入时，学号和数组下标是一一对应的，第 i 个学生的成绩就是数组的第 i 个元素。但由于排序过程中会进行交换操作，从而导致学号与数组下标无法对应起来，因此还需要用一个数组来单独存储学号。在排序的过程中，数据比较需要用图 8-15 这个相对复杂的比较过程来完成；而数据交换时，则需要同步交换总分、语文成绩和学号这三个数组中的数据（由于这三个数组相同下标的元素是属于同一个学生的，因此这三个数组是并行数组。为了保证其并行性，交换的时候必须同步交换）。

```
/* 8-3.c 奖学金 NOIP2007 普及组复赛第一题 */
#include <stdio.h>
#define MAXN 300

int main() {
    int c[MAXN],s[MAXN],o[MAXN];
    int n,x,y;
    int t,i,j,max;

    scanf("%d",&n); /* 读入学生人数 */
    for (i = 0; i < n; i++) {
        scanf("%d %d %d",&c[i],&x,&y); /* 读入三门课的成绩 */
        s[i] = c[i] + x + y;   /* 计算总分 */
        o[i] = i + 1;   /* 记录学号 */
    }
    for (i = 0; i <n- 1; i++) { /* 从头开始排序 */
        max = i;   /* 假设当前位置为最大值 */
        for (j = i + 1; j < n; j++) { /* 循环比较后面所有元素 */
            /* 当前位置是否大于最大值 */
            if ((s[j] > s[max]) ||
                ((s[j]==s[max])&&(c[j]>c[max]))||
                ((s[j]==s[max])&&(c[j]==c[max])&&(o[j]<o[max]))){
                max = j;   /* 更新最大值下标 */
            }
        }
        if (max != i) {   /* 如果最大值不是在位置 i,则同步交换三个数组 */
```

```
            t = s[i];  /* 交换 s[i] 和 s[max] */
            s[i] = s[max];
            s[max] = t;
            t = c[i];  /* 交换 c[i] 和 c[max] */
            c[i] = c[max];
            c[max] = t;
            t = o[i];  /* 交换 o[i] 和 o[max] */
            o[i] = o[max];
            o[max] = t;
        }
    }
    for (i = 0; i < 5; i++) /* 输出前 5 名学生的学号和总分 */
        printf("%d %d\n",o[i],s[i]);
    return 0;
}
```

8.4 常见错误

对于C语言中的数组，初学者在编程过程中容易产生如下一些错误：

① 使用圆括号而非方括号来标识下标。比如：

```
int a(5);
printf("%d",a(0));
```

这个错误会在编译的过程中引发“语法错误(syntax error)”的提示。

② 在二维或多维数组中使用逗号分隔下标。比如：

```
int a[3,4];
printf("%d",a[1,1]);
```

这个错误会在编译的过程中引发“语法错误(syntax error)”的提示。

③ 数值声明语句中，用于初始化的数值个数多余数组声明的元素个数。比如：

```
int a[3] = { 15,16,17,18 };
```

这个错误会在编译过程中引发一个警告。

④ 数组下标越界。比如：

```
int a[3];
```

```
printf("%d",a[3]);
```

这样的错误无法被 C 语言的编译器所识别。由于下标越界导致程序非法地访问了其他数据的存储空间,因此可能造成程序运行异常或出错。

⑤ 多维数组下标逻辑匹配错误。比如将 a[i][j] 错误地写成 a[j][i]。

这样的错误无法被 C 语言的编译器所识别,可能造成程序运行异常或出错。

⑥ 未初始化数组。比如:

```
int main() {
    int total[50],score[50][5],i,j;
    for (i = 0; i < 50; i++) {
        for (j = 0; j < 5; j++) {
            scanf("%d",&score[i][j]);   /* 读入成绩 */
            total[i] += score[i][j];   /* 累加到总分中 */
        }
    }
}
```

由于 total 是非静态局部数组,C 语言程序不会自动将其元素清零,因此没有初始化而直接进行累加运算会导致运算结果异常。

⑦ 错误计算 memset() 初始化后数组元素的值。比如:

```
int a[5];
memset(a,1,sizeof(a));
```

这段代码的原意是将 a 数组的 5 个元素全部初始化为 1,但事实上,5 个元素初始化后的值为 16843009。这是因为 memset 是以字节为单位进行初始化的,上面的代码执行后,a 数组所对应的内存空间(共 20 个字节)的每个字节都是“00000001”,但一个 int 数据类型为四个字节长度,所以,当我们访问数组 a 的元素的时候,会一下子取出四个字节,即二进制串“00000001 00000001 00000001 00000001”,转换为十进制就是 16843009。

本章小结

数组虽然是一种最简单的数据结构,但却有着十分重要的地位。队列、栈、图等数据模型都可以使用数组作为存储和表达的方式。同时有大量基于数组的经典算法,如查找、排序、图的最短路径等。

一维数组是最基本的数组形式,它可以用来存储和处理具有相同数据类型的列表。二维数组可以理解为元素的数据类型是一维数组的一维数组,可以用来存储和处理具有相同数据类型的表格。C 语言中,对于数组的维数没有限制。

数组通过声明语句给出数组名、元素个数和元素的数据类型。数组声明语句会通知编译器为数组准备一片连续的存储空间。我们使用下标来表示每一个元素相对于数组起始位置的偏移，使用数组名＋下标的方式来引用数组元素。任何非负的整数值或表达式都可以作为数组的下标，下标始终是从 0 开始的。对于数组元素，可以通过下标实现随机访问，也可以结合循环实现顺序访问。对于数组需要防范下标越界的情况以及多维数组可能出现的下标顺序错误的问题。数组元素的初始化可以在数组声明的同时进行，也可以在程序中进行。数组元素的插入和删除操作需要移动大量的无关数据，执行效率较低。

基于数组的查找和排序是两类最常用的算法。顺序查找简单明了，适用范围广，但效率较低；二分查找虽效率很高，但只适用于有序的数据。选择排序、冒泡排序和插入排序是三种最基本的排序算法，三者时间复杂度相近。选择排序是不稳定排序，冒泡排序和插入排序是稳定排序（当然也可以写成不稳定的）。

习题 8

8.1 读入 n 个随机数，将其倒序输出，并计算每个随机数与平均数之差。

8.2 读入一串字符，统计其中每个字符出现的次数。

8.3 读入一个 n×m 的数字矩阵，将其行列互换后输出。比如：

原始矩阵

1 2 3 4
5 6 7 8

互换后的矩阵

1 5
2 6
3 7
4 8

8.4 读入一个 n×m 的数字矩阵，找出每一行、每一列以及整个数组的最大值。

8.5 打印输出如下的数字三角形：

1
1 1
1 2 1
1 3 3 1
1 4 6 4 1
1 5 10 10 5 1
…

8.6 请编程实现矩阵的乘法运算。矩阵乘法的运算法则是：一个 m＊n 的矩阵和一个 n＊k 的矩阵相乘的结果是一个 m＊k 的矩阵，且结果矩阵的元素 (i,j) 的值等于第一个矩阵第 i 行各元素与第二个矩阵第 j 列对应元素乘积之和。比如：

1	3	5
7	9	11

×

6	0
2	0
4	1

=

1 * 6+3 * 2+5 * 4	1 * 0+3 * 0+5 * 1
7 * 6+9 * 2+11 * 4	7 * 0+9 * 0+11 * 1

=

32	5
104	11

8.7　请将 1～n^2按下面的方式填入 n×n 的表格中。

倒序填数

16	15	14	13
12	11	10	9
8	7	6	5
4	3	2	1

盘旋填数

1	2	3	4
8	7	6	5
9	10	11	12
16	15	14	13

蛇形填数

1	3	4	10
2	5	9	11
6	8	12	15
7	13	14	16

螺旋填数

1	2	3	4
12	13	14	5
11	16	15	6
10	9	8	7

8.8　读入 n 个随机数,分别使用三种排序算法对其排序,输出排序后的序列以及每个数字在原序列中的序号,体会排序算法的稳定性。

第9章 函数

9.1 函数

我们知道,C语言程序由一个或多个函数构成,其中 main() 函数是必须的,它是整个程序的入口。到目前为止,我们所涉及到的程序都是由单一的 main() 函数所构成的。如果我们把整个程序看作为一个产品的话,那么我们到目前为止所生产的都是由一个零部件所组成的简单产品。随着产品规模的增大,要开发仅有一个零部件构成的产品将越发困难。比如一台电脑主机并不是一个整体,它是由主板、中央处理器、内存、硬盘驱动器、显卡、声卡、网卡、电源、机箱等零部件组成。这些零部件相对独立,分别由不同的厂商进行生产,最后才被组装成一个整体。与此类似,随着程序复杂程度的提高,使用单一的 main() 函数将不利于程序的开发、调试。这时我们可用通过函数来将一个复杂的程序分隔成若干部分,分别进行设计、调试,最后再将这些部分进行整合。

对于一个生产好的零部件,我们一般不需要完整地了解其内部构造和工作方式,只需要了解这个零部件与其他零部件之间如何匹配即可。比如,当我们购买硬盘驱动器时,我们只需要知道其接口类型、容量等内容就可以了,至于其内部是如何工作的则并不重要。同样,使用函数编程时,我们更关心每个函数的输入输出,而不需要去了解其内部是如何实现这个功能的。函数类似于一个"黑匣子",它能接受一个或多个输入值,然后返回一个输出,而其中的运算过程并不需要手动操作。因此,在C语言中,很多常用的功能都是以函数的形式出现的,比如我们之前用到的标准输入输出函数 scanf() 和 printf()。为了使用的方便,这些函数被分类打包,形成C语言庞大的函数库。当我们在程序中需要使用其中某些功能时,只需要在程序中通过 #include 指令加入相应的库即可。C语言标准中所提供的函数库我们一般称为标准函数库,其中的函数称为标准函数。对于标准函数的使用,请参考附录A。

在C语言中，除了允许程序开发人员调用标准函数外，还允许程序开发人员编写自己的函数。下面我们就来学习如何编写函数。

9.1.1　函数原型

与C语言中的其他标识符一样，函数在被调用前必须先进行声明。声明函数最常用的方法是在主函数之前插入函数原型。函数原型语句的语法格式为：

retrun-type function-name(parameter-type-list)；

其中，return-type 是函数返回值的数据类型；function-name 是函数名，用来标识函数，不能重名；parameter-type-list 则定义了调用函数时所需提供的参数的个数、次序和各自的数据类型。下面我们来看几个函数原型：

- int max(int,int)；
- void draw-circle(float)；
- void output(void)；
- void print()；
- void print(int,…)；

第一个函数原型表明此函数名字为 max，数据类型是 int，共需要两个 int 数据类型的参数。第二个函数原型表明此函数名字为 draw-circle，无返回值，有一个 float 数据类型的参数。第三个函数原型表明此函数名字为 output，无返回值，无输入参数。第四个函数原型表明此函数名字为 print，无返回值，输入参数个数和类型不定。第五个函数原型表明此函数名字为 print，无返回值，至少有一个输入参数，且第一个参数为 int 数据类型。

为了保证函数原型在第一次调用该函数之前出现，通常我们把函数原型写在如图 9-1 所示的位置。

```
预处理指令
函数原型可以放在此处
变量声明
int main()   {
    函数原型也可以放在此处
    变量声明
    ……
return 0;
}
函数定义部分
```

图 9-1　函数原型的位置

对于一个大型的工程而言，函数原型经常会被放到头文件(.h 文件)中，这样更方便其他程序调用这些函数。

函数原型的使用可以帮助C语言编译器检查函数定义或函数调用过程中可能出现的一些错误,同时它还能在函数调用期间,将传递给这个函数的所有参数自动转换为函数原型中所声明的数据类型。

9.1.2 函数定义

编写函数的过程就是函数定义的过程。在C语言中,每个函数只能被定义一次(以函数名来区分)。和main()函数类似,C语言中所有的函数由两个部分组成:函数首部和函数体。函数首部的作用是确定函数返回值的数据类型、函数名和函数所需参数的个数、次序和类型。函数体中则包含函数处理的代码,用于实现将输入的参数转换为输出数据。比如:

```
int max(int a,int b)   /* 函数首部 */
{  /* 函数体开始 */
   int t;  /* 局部变量声明 */
   if (a >= b)
      t = a;
   else
      t = b;
   return t;  /* 返回值 */
}  /* 函数体结束 */
```

这部分代码定义了一个名为max的函数,它拥有两个int数据类型的参数a和b,并且返回一个int数据类型的值,其功能是找出参数a和b中的较大者。

在这里,特别要注意函数原型和函数首部的区别。在函数原型中,无需给出每个参数的名称,只需给出其数据类型即可;而在函数首部中,每个参数的数据类型和名称都需要给出。在函数首部参数表中的参数名称一般被称为形式参数(形参)。

在函数首部中,不可以省略参数的数据类型,比如下面的函数首部是错误的:

- int max(int a,b)

但是如果省略函数返回值的数据类型,编译器会认为其返回值是int数据类型的。下面的两个函数首部是等价的:

- int max(int a,int b)
- max(int a,int b)

这里要注意的是,函数原型中是不能省略返回值的数据类型的,否则会在编译时引发警告。同时如果函数原型与函数首部的返回值类型或参数表不一致,C语言编译器会认为是同一个函数被多次定义,从而导致编译错误。

如果函数定义出现在该函数所有调用之前,则可以省略函数原型。比如我们可以将图9-1中程序最后的函数定义部分移动到函数原型的位置,并保证这些函数定

义都符合先定义后调用的原则，这样函数原型就可以不省略了。事实上，很多小型的程序都是采取这种方式的。

函数体由左花括号“{”开始，包含函数处理所需的任何C语言语句，并以右花括号“}”结束。在函数体中一般会包含一条 return 语句来输出返回值。

9.1.3　函数调用

当函数被定义、声明后，我们就可以在其他函数中调用此函数了。调用函数时，只需使用函数名并把需要传递给这个函数的所有数据按照函数原型中定义的个数、次序和数据类型放到函数名后面的括号中即可。比如：

- max(15,30)
- max(n,m + 1)

在函数调用中，参数表内的参数称为实际参数(实参)。实参可以是具体的数值，也可以是任何符合条件的C语言表达式。

当调用函数时，C语言会根据被调用函数的参数表和局部变量向系统申请存储空间，然后参数表中的这些数值或表达式会被读取或计算，并将结果复制到刚才为这些参数所申请的存储空间中。这种参数传递的方式称为“按值传递”，它可以防止在函数调用过程中数据的不经意地修改。图 9-2 演示了这种参数传递方式。

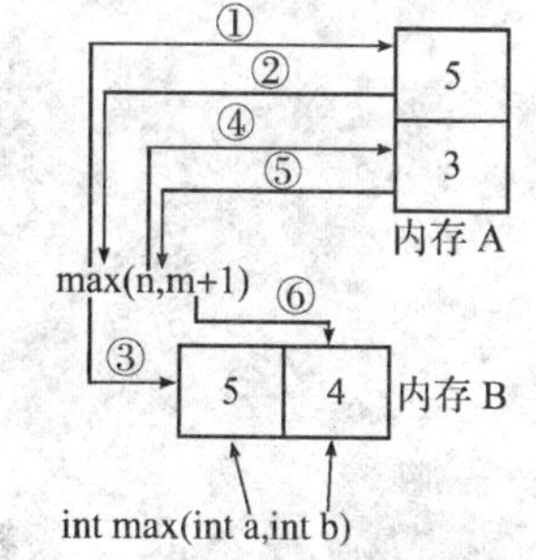

图 9-2　函数参数的按值传递

从图 9-2 可以看出，在调用 max() 函数时，先从内存 A 中读取实参的值并进行计算，然后将结果值存入内存 B 中。在 max() 函数内部使用参数时，访问的是内存 B。

9.1.4　函数返回值

在C语言中，函数可以通过 return 语句返回值。一个函数可以有若干个输入值，但最多只允许有一个返回值。返回值的数据类型在函数原型和函数首部中指定。return 语句的格式为：

return 表达式;

或者

return (表达式);

当程序执行到 return 语句时，表达式的值将首先被计算，然后这个值在被送回调用函数之前将自动转换为函数首部中定义的返回值数据类型，最后程序返回到调用函数处继续执行。return 语句中，表达式的值的数据类型与函数首部声明的数据类型必须是一致的；如果不一致，可能会产生一些不可预计的错误。

C语言强制规定了函数只能有一个返回值，但在实际编程的过程中，有时可能会

需要函数返回多个值，这时该如何处理呢？我们回想一下 scanf() 函数和 printf() 函数的用法：

- scanf("%d",&a)；
- printf("%d",a)；

这两个语句都是访问的变量 a，不同的是，scanf() 函数从键盘读入数据并存储到 a 中，使用 &a 作为参数；而 printf() 函数是从 a 中读取数据并输出，使用 a 作为参数。那么使用 a 或 &a 做参数有何区别呢？用 a 作为参数，在函数调用时，将 a 的值读出并复制到函数为参数 a 预留的内存空间；而用 &a 作为参数，在函数调用时，将变量 a 的内存地址读出并复制到函数为参数 a 预留的内存空间中。这样，在函数中，如果有修改变量 a 的值的语句，则使用 a 作为参数的函数将直接修改复制后的 a 的值，函数返回后原值不变；而使用 &a 作为参数的函数将根据保存的地址找到原来 a 的位置并修改其值，函数返回后原值改变。图 9-3 演示了这两种访问方式的区别。

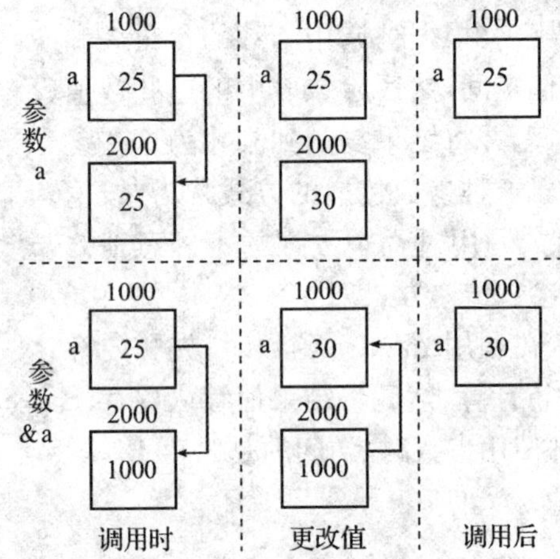

图 9-3　参数 a 与 参数 &a

因此，当我们需要返回多个值的时候，可以将多个变量作为传递地址类型的函数参数，通过在函数体修改这些变量的值来达到返回多个值的目的。比如：

```
void swap(int *a,int *b) {   /* 定义交换两个变量值的函数 */
    int t;
    t = *a;
    *a = *b;
    *b = t;
}
```

这个函数定义中，为了表示参数 a 和 b 传递的是地址，在函数首部的参数表中，参数 a 和 b 之前都有一个星号“*”。在函数体的代码中，a 和 b 表示取 a 和 b 的地

址，而 ＊a 和 ＊b 表示取 a 和 b 的值。关于星号“＊”和地址的更多内容请参考第 10 章指针。

调用 swap() 函数可以使用下面的语句：

• swap(&x,&y) /＊ 交换变量 x 和 y 的值 ＊/

9.1.5 数组参数

我们知道，数组元素可以在函数调用时作为参数传递给某个函数，比如：

• scanf("%d",&s[i]); /＊ 输入 s[i] ＊/

• printf("%d",s[i]); /＊ 输出 s[i] ＊/

一个数组元素就和一个简单变量一样。除此以外，C 语言还允许我们编写使用数组作为参数的函数。

在函数原型或函数首部中，如果某个参数是一个数组，则需要在此参数后加上一对空的方括号“[]”，比如：

• void fill-array(int [],int,int); /＊ 数组参数的函数原型 ＊/

• void fill-array(int list[],int n,int v) /＊ 数组参数的函数首部 ＊/

在函数原型中，数组名可以被省略，但方括号必须有。在函数首部中，表示数组的形参名后也必须带有方括号。

使用数组作为函数参数与使用简单变量不同，C 语言不会为这个数组建立一个副本，函数直接对原始数组进行操作，因此我们在原型中并不需要给出数组的元素个数。事实上，数组参数传递给函数的仅仅是这个数组的内存首地址。因此，上面的这个函数原型和函数首部有时也会被写成如下形式：

• void fill-array(int ＊,int,int); /＊ 指针表示数组参数的函数原型 ＊/

• void fill-array(int ＊list,int n,int v) /＊ 指针表示数组参数的函数原型 ＊/

下面的代码是完整的 fill-array() 函数定义：

```
void fill-array(int list[],int n,int v) {
    int i;
    for (i = 0; i < n; i++)
        list[i] = v;
}
```

使用二维数组或多维数组作为函数参数时，在函数原型或函数首部中，除了第一维的下标可以省略外，其他各维的下标均不能被省略。比如：

```
void fill-array(int list[][MAXM],int n,int m,int v) {
    int i,j;
    for (i = 0; i < n; i++)
        for (j = 0; j < m; j++)
```

```
        list[i][j] = v;
}
```

该函数首部中的 int list[][MAXM] 不能被简写成 int list[][]。

由于数组作为函数参数时，函数是直接对原始数组进行操作的，因此有时为了防止原始数组被修改，我们可以在函数原型或函数首部中加入限定词 const，从而通知编译器该数组只是函数的一个输入，函数不能修改该数组。比如：

```
int max(const int list[],int n) {
    int maxvalue,i;
    maxvalue = list[0];
    for (i = 1; i < n; i++)
        if (maxvalue < list[i]) maxvalue = list[i];
    return maxvalue;
}
```

这个函数的功能是求出数组元素的最大值，因此无需改动数组元素的值。为了避免误操作，在函数定义时就使用限定词 const 来表明 list 数组只是一个输入，在 max() 中所有试图修改 list 数组值的操作都将引发错误。

要特别注意的是，C 语言不允许数组作为函数的返回值！如下的函数原型是不允许的：

```
int[] add-array(const int a[],const int b[]);
```

如需返回数组类型，必须将其作为函数参数：

```
void add-array(const int a[],const int b[],int c[]); /* 返回 c 数组 */
```

9.1.6　标识符的作用域

标识符的作用域是指某个标识符可见或可被引用的程序区域。比如：

```
/* 9-a.c 标识符作用域演示 */
#include <stdio.h>
#define MAXN 100   /* 全局常量 MAXN */

/* swap() 函数，用于交换两个变量的值 */
void swap(int a,int b) {   /* 参数 a 和 b */
    int t;   /* 局部变量 t */
    t = a;
    a = b;
    b = t;
}
```

```
/* sort() 函数,冒泡排序 */
void sort(int list[],int n) {   /* 参数 list[] 和 n*/
    int i,j;   /* 局部变量 i 和 j */
    for (i = 0; i <n- 1; i++)
        for (j = 1; j <n- i; j++)
            if (list[j] < list[j - 1]) swap(list[j],list[j - 1]);
}

/* main() 函数,主函数 */
int main() {
    int i,n,list[MAXN];   /* 局部变量 i、n 和 list[] */
    scanf("%d",&n);
    for (i = 0; i < n; i++) scanf("%d",&list[i]);
    sort(list,n);
    for (i = 0; i < n; i++) printf("%d ",list[i]);
    return 0;
}
```

在这段代码中,MAXN 是全局常量,其作用范围是整个程序;swap() 函数中,参数 a、b 以及局部变量 t 的作用范围是 swap() 函数内部;sort() 函数中,参数 list[]、n 以及局部变量 i、j 的作用范围是 sort() 函数内部;而 main() 函数中,局部变量 i、n 和 list[] 的作用范围是 main() 函数内部。表 9-1 列出了上述标识符的作用域。

表 9-1　各标识符的作用域

名称	swap()中可见	sort()中可见	main()中可见
MAXN	是	是	是
a(形参)	是	否	否
b(形参)	是	否	否
t	是	否	否
list(形参)	否	是	否
n(形参)	否	是	否
i(sort 中)	否	是	否
j(sort 中)	否	是	否
i(main 中)	否	否	是
n	否	否	是
list(main 中)	否	否	是

因此,虽然在函数 main() 和 sort() 中存在同名的标识符 i、n 和 list,但由于其作用域不同,因此各自代表着不同的含义,具有不同的内存地址。在 C 语言中,一个作用域内的标识符不能重名,不同作用域内的标识符可以重名。对于重名的标识符,

一定要分别搞清楚作用域。

通常情况下，除了宏、符号常量、函数原型以外，几乎不应该使用全局变量。全局变量的使用会破坏函数彼此独立、相互隔绝的特性，降低程序的安全性，并增大调试的难度。特别是在一个较大的程序中，使用全局变量可能会带来灾难。比如下面的这段代码：

```
/* 9-b.c 使用全局变量的糟糕例子 */
#include <stdio.h>
int i;  /* 全局变量 */

int sum(int n) {
    int s;
    for (i = 1; i <= n; i++) s += i;   /* 计算 1~n 的累加和 */
    return s;
}

int main() {
    for (i = 1; i <= 10; i++)   /* 循环输出 1~10 各自的累加和 */
        printf("%d ",sum(i));
    return 0;
}
```

由于 i 是全局变量，且在 main() 函数和 sum() 函数中都不存在与 i 同名的变量，因此在 main() 函数和 sum() 函数中的 i 是同一变量。程序编译和运行都没有问题。但结果却不是我们希望的 1～10 各自的累加和，那么结果是什么呢？你能通过纸笔演算出来吗？

9.2 递归及其实现

9.2.1 递归的概念

因为每次调用函数时，C 语言会为函数的参数和局部变量申请新的存储空间，因此，函数调用其自身也是可能的。这种类型的函数称为递归函数。当函数直接调用其本身时，称为直接递归。当函数 f1() 调用函数 f2()，而函数 f2() 又反过来调用函数 f1() 时，称为间接递归。

那么这种递归调用有什么实际意义呢？我们先来看一个数学中的例子：n 的阶

乘表示 1×2×…×n 的积，用符号 n! 表示，因此：

0! = 1 （数学上强制规定的）

1! = 1

2! = 1 * 2 = 2

3! = 1 * 2 * 3 = 6

4! = 1 * 2 * 3 * 4 = 24

…

根据乘法的结合率，上面的这些式子可以进行如下变形：

0! = 1 （数学上强制规定的）

1! = (1) * 1 = 0! * 1 = 1

2! = (1) * 2 = 1! * 2 = 2

3! = (1 * 2) * 3 = 2! * 3 = 6

4! = (1 * 2 * 3) * 4 = 3! * 4 = 24

…

这样我们就发现，当 n> 0 时，n! 可以表示为 (n−1)! 和 n 的乘积，即

n! = (n−1)! * n （n > 0）

因此，数学上完整的阶乘可以被定义为如下的形式：

$$n! = \begin{cases} 1 & n=0 \\ (n-1)! & n>0 \end{cases}$$

在这个定义中，当 n= 0 时，此问题是一个简单的、可以直接求解的问题；而当 n > 0 时，此问题的求解需要借助于求解 n−1 问题，这就是一种递归。在数学上，递归是一种强有力的工具，它可以使问题的描述和求解变得简洁和清晰。

对于一个问题，如果它存在如下的特点，那么这个问题就适合用递归来求解：

- 该问题存在一个或多个简单情况，可以直接求解；
- 对于其他情况，该问题可以被分解为相对简单的相同问题。

比如对于求解 n! 问题，n = 0 时就是该问题的简单情况；当 n> 0 时，需要先将其分解为求 (n−1)! 这样一个相对简单的问题，然后继续分解为更简单的求 (n−2)! 问题，一直分解到 n= 0 这个简单情况为止。图 9-4 演示了 n! 问题的分解情况。

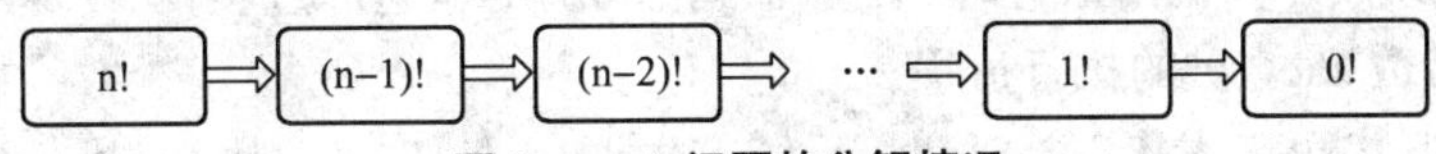

图 9-4 n! 问题的分解情况

9.2.2 编写递归函数

对于一个递归问题，在求解过程中必须时刻明确当前的问题规模，因此，对于递归函数而言，它的参数中至少要有一个参数是能够表示当前的问题规模的。

由于递归问题的解法中包含简单情况和非简单情况，因此，对于一个递归函数一

般都需要判断当前情况是否是简单情况。据此，有如下的一般形式：

```
if (是简单情况) {
    直接处理;
} else {
    使用递归重新定义该问题(分解);
}
```

基于以上两点，我们定义求 n! 的递归函数。首先，怎样表示问题的规模？对于 n! 问题而言，其问题规模就是 n 且只和 n 有关，因此直接把 n 作为函数的参数，我们可以得到如下的函数首部：

```
int fac(int n)
```

然后，可以通过 n 的值来判断是否是简单情况，n == 0 就是简单情况。因此其函数体的结构为：

```
if (n == 0)
    ……;
else
    ……;
```

最后我们将简单情况和非简单情况的处理转换成相应的代码即可。整个代码的结构和阶乘的分段函数形式非常相似。下面是完整的求 n! 问题的递归函数。

```
int fac(int n) {   /* 求阶乘的递归函数,n 为表示递归规模的参数 */
    int ans;   /* 局部变量 ans */
    if (n == 0)   /* 是否是简单情况 */
        ans = 1;   /* 直接处理简单情况 */
    else
        ans = fac(n - 1) * n;   /* 递归处理非简单情况 */
    return ans;   /* 返回运算结果 */
}
```

9.2.3 递归函数的执行过程

递归函数在计算机内执行时，会经历多次的调用和返回过程，图 9-5 演示了求解 3! 时递归函数 fac(3) 的执行过程。

从图 9-5 中可以看出，求 3! 时，系统首先调用 fac(3) 并执行；执行到 ans = 3 * fac(2) 时，调用 fac(2) 并执行；执行到 ans = 2 * fac(1)时，调用 fac(1) 并执行；执行到 ans = 1 * fac(0) 时，调用 fac(0) 并执行。由于 n= 0 时是简单情况，因此 fac(0) 返回运算结果 1；然后执行 ans = 1 * fac(0)，计算出 ans 为 1，返回 1 给 fac(1)；然后执行 ans = 2 * fac(1)，计算出 ans 为 2，返回 2 给 fac(2)；然后执行 ans

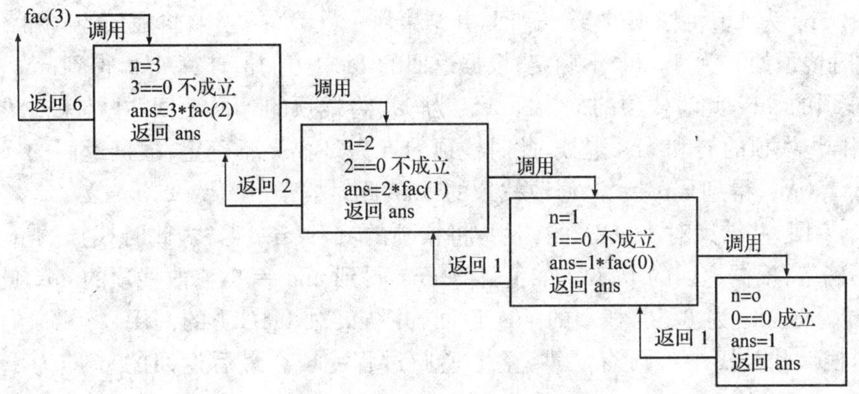

图 9-5　函数 fac(3) 的执行过程

= 3 * fac(2)，计算出 ans 为 6，返回 6 给 fac(3)；执行完毕，得到结果为 6。

在递归调用时，C 语言使用"栈"来存储每一次函数调用时所对应的参数表和局部变量。栈是一种特殊的线性表，其所有的操作都在表的一端进行。把元素放入栈的操作叫做"入栈"或"进栈"；把元素移出线性表的操作叫做"出栈"或"退栈"。进行"入栈"、"出栈"操作的一端叫做"栈顶"；另一端叫做"栈底"。有关栈的详细内容请参阅第 11 章"队列与栈"的内容。图 9-6 演示了调用 fac(3) 时，系统栈的变化情况。

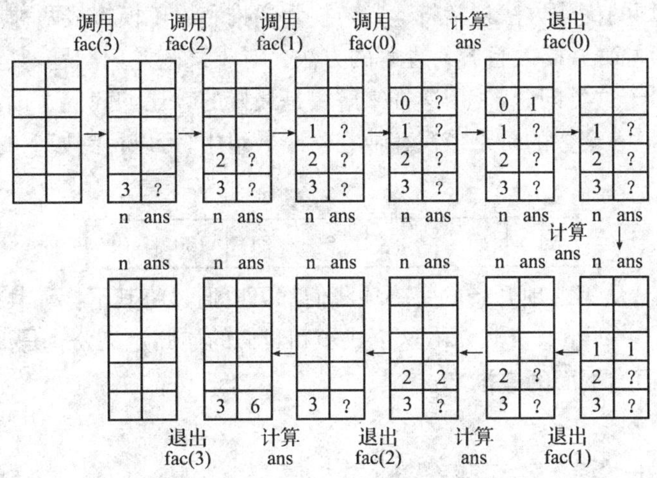

图 9-6　递归执行时系统栈的变化情况

当调用 fac(3) 时，先将参数 n 和局部变量 ans 压入系统栈，此时栈顶的 n 为 3，ans 不确定。然后按照递归执行过程，调用 fac(2)，将参数 n 和局部变量 ans 压入系统栈，此时栈顶的 n 为 2，ans 不确定；调用 fac(1)，参数入栈后，栈顶的 n 为 1，ans 不确定；调用 fac(0)，参数入栈后，栈顶的 n 为 0，ans 不确定。

由于 n= 0 时是简单情况，直接计算出 ans 的值，修改栈顶 ans 的值，此时栈顶的

n 为 0，ans 为 1。将栈顶的 ans 返回，并结束对 fac(0) 的调用，将栈顶的 n 和 ans 退栈，此时栈顶的 n 为 1，ans 不确定；根据返回的 fac(0) 的值计算 ans，得到 ans = 1，修改栈顶的 ans，此时栈顶的 n 为 1，ans 为 1。将栈顶的 ans 返回，并结束对 fac(1) 的调用，将栈顶的 n 和 ans 退栈，此时栈顶的 n 为 2，ans 不确定；根据返回的 fac(1) 的值计算 ans，得到 ans = 2，修改栈顶的 ans，此时栈顶的 n 为 2，ans 为 2。将栈顶的 ans 返回，并结束对 fac(2) 的调用，将栈顶的 n 和 ans 退栈，此时栈顶的 n 为 3，ans 不确定；根据返回的 fac(2) 的值计算 ans，得到 ans = 6，修改栈顶的 ans，此时栈顶的 n 为 3，ans 为 6。将栈顶的 ans 返回，并结束对 fac(3) 的调用，将栈顶的 n 和 ans 退栈。此时栈中不再有元素，整个递归过程完成。最后返回的 6 即为 fac(3) 的值。

9.2.4 递归的效率和优化

从上面的分析我们可知，递归函数在执行时需要多次调用函数本身，而每一次调用都会带来一定的时间和空间上的额外开销，因此，递归函数的执行效率并不高。同时由于计算机内系统栈容量是很有限的，因此递归不可能无限制地执行下去。但与此同时，递归代码比较简洁，可读性比较好，编程复杂度低。

在大多数时候，我们更追求算法的效率，因此，我们要对递归进行优化，以提高其执行效率。常用的优化方法包括将递归转换为递推和人工模拟栈两种。

递推是一种简洁、高效且容易理解的方法。对于某些递归问题，其递归定义中就隐含着递推，对于这类问题，使用递推来解决是最好的。比如我们上面讨论的阶乘问题。如果我们把 n 个数的阶乘依次存放在一个数组中，可以得到如下的一个数组 f：

0	1	2	3	4	5	…
1	1	2	6	24	120	…

对于数组 f，从第二项开始的每一项我们都可以通过将其下标和其前一项的值相乘得到，即 f[n] = f[n − 1] * n，这个式子和我们的递归定义公式是如此的相似，因此我们很容易通过下面的递推来求 n!。

```
f[0] = 1;
for (i = 1; i <= n; i++) f[i] = f[i - 1] * i;
```

当然，要求 n! 并不需要将之前所有的阶乘都保存下来，在递推过程中我们只需要知道前一项的值就可以了，因此我们可借助迭代来实现递推求 n!。代码如下：

```
f = 1
for (i = 1; i <= n; i++) f *= i;
```

这样优化后，执行效率、空间利用率都有了极大的提高。

当然，并不是所有的递归都能找到递推的解决方法。对无法找到简单可行方法

的递归而言，我们只能通过模拟栈操作来进行优化。然而这种方法虽然在一定程度上会提高程序的执行效率，但却会大大降低程序的可读性，增大算法理解的难度，同时也会增加编程的复杂程度。

因此，并不是所有的递归都需要被优化成非递归的形式，更多的时候需要程序设计人员在对执行效率、编程复杂度和程序可读性等因素综合考量后，决定是否需要对递归进行优化。如快速排序、二叉树遍历等算法都直接使用递归函数。

9.3　递归算法举例

例 9-1　传说在印度的一个神庙前有三根金刚石柱 A、B、C，在 A 石柱上串有 64 个大小各异的圆形金盘，这些圆盘按照大小排列整齐，最大的圆盘在最下方，最小的圆盘在最上方。伟大的勃拉玛神允许人们按照如下的规则移动这些圆盘：① 圆盘只能在这三根柱子之间移动；② 一次只能移动一个位于某柱柱顶的圆盘；③ 不允许将大圆盘压在小圆盘上面。勃拉玛神告诉僧众，如果有人把所有圆盘从 A 石柱移动到 C 石柱，世界就将毁灭。这就是著名的汉诺塔问题。现在请你使用计算机演算如何以最少的步数移动这 n 个圆盘。输入数据仅一行，包含一个正整数 n(1≤n≤10)，表示初始状态下 A 石柱上的圆盘数。输出文件共若干行，每行表示一次移动操作，包含用“—>”隔开的两个大小字母，表示将编号为第一个大写字母的石柱顶端的圆盘移动到编号为第二个大写字母的石柱顶端。

问题分析：对于这个问题，如果只有 1 个圆盘，即 n= 1 时，它的移动步骤是明显的(只有一步，直接从 A 柱移动到 C 柱)。而当 n> 1 时，移动步骤就不是十分明显了。如图 9-7 所示给出了 n= 6 时的起始状态和目标状态，我们该如何移动呢？

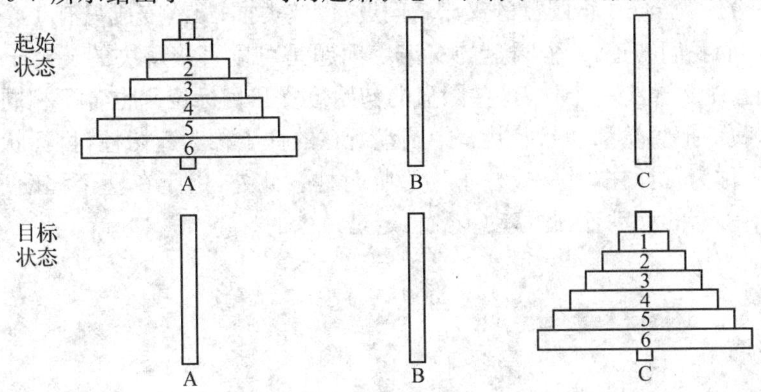

图 9-7　6 个圆盘的汉诺塔问题

除了目标状态，这个问题给我们的就只有三个规则了。如果我们简单的依据这三个规则盲目尝试移动的话，效率太低了。那么该如何移动呢？这时我们把注意力集中到规则的第③条：不允许将大圆盘压在小圆盘上面。这是一个苛刻的条件，如果没有这个条件，移动就太简单了。既然现在有大圆盘不能压在小圆盘上面的限制，我们不妨先来看最大的这个圆盘如何移动。对于 n= 6 的情况，要实现将 6 号圆盘从 A 柱移动 C 柱，只有一种情况可行，即 A 柱只有 6 号圆盘，C 柱为空，其余圆盘都在 B 柱上，如图 9-8 所示。

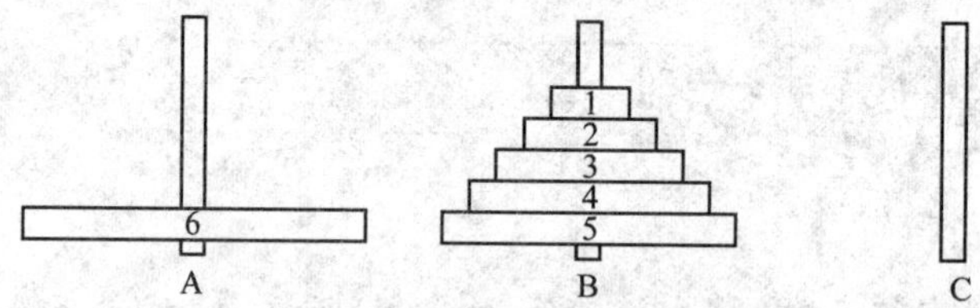

图 9-8　移动最后一个圆盘前的状态

因此，要移动最大的圆盘，首先需要将上面的 n−1 个圆盘按照规则先移动到 B 柱上；然后才能将最大的圆盘(即第 n 个圆盘)从 A 柱移动到 C 柱；最后我们只需要将 B 柱上的 n−1 个圆盘再移动到 C 柱上即可完成任务。

在将 n−1 个圆盘从 A 柱移动到 B 柱的过程中，最大的圆盘始终处于 A 柱底部，对整个的移动过程没有任何影响，因此，我们可以忽略最大的这个圆盘，此时问题就被简化成 n−1 个圆盘的汉诺塔问题了，只不过现在需要将这 n−1 个圆盘从 A 柱移动到 B 柱。在将 n−1 个圆盘从 B 柱移动到 C 柱的过程中，n 号圆盘始终位于 C 柱的最底部，因此，可以将其忽略，则此问题被简化成 n−1 个圆盘的汉诺塔问题，只不过现在需要将这 n−1 个圆盘从 B 柱移动到 C 柱。图 9-9 演示了 6 个圆盘的汉诺塔的移动思路。

根据这个思路，n−1 个圆盘的汉诺塔问题又可以分解为 n−2 个圆盘的汉诺塔问题，然后分解为 n−3 个圆盘的汉诺塔问题，以此类推，最终变成只有 1 个圆盘的汉诺塔问题。而我们知道，1 个圆盘的汉诺塔问题是可以直接解决的。对于每一次分解，除了圆盘个数减少一个外，这些圆盘的初始位置和目标位置也各不相同。为了描述的方便，我们把每轮移动起始状态中圆盘所在的柱子称为起始柱，目标状态中圆盘所在的柱子称为目标柱，另一根柱子称为临时柱。此外，由于在整个移动过程中，并不存在任何多余的移动，因此移动步数肯定是最少的。

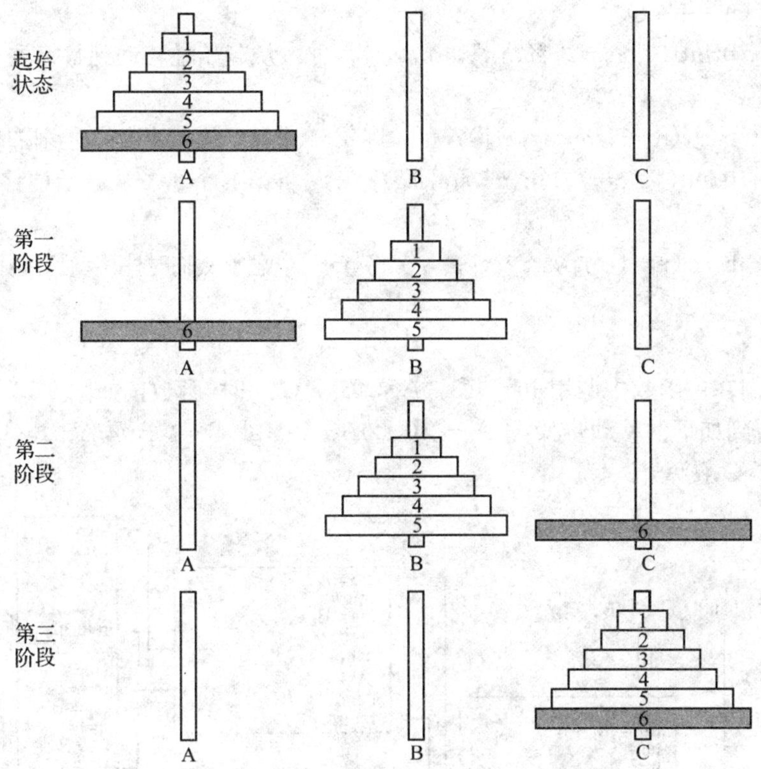

图 9-9 6 个圆盘汉诺塔问题的移动思路

综上所述,n 个圆盘的汉诺塔的移动方法为:

① 如果 n= 1,则直接将此圆盘从起始柱移动到目标柱;否则,执行下列各步。

② 将 n−1 个圆盘从起始柱移动到临时柱。

③ 将第 n 个圆盘从起始柱移动到目标柱。

④ 将 n−1 个圆盘从临时柱移动到目标柱。

很明显,这是一个递归定义的移动方法。对于每一次移动,我们都需要知道这一次移动的圆盘个数、起始柱和目标柱等信息,因此这些信息都需要作为递归函数的参数在每次调用时提供给递归函数。比如:

hanoi(6,'A','C')

表示将 6 个圆盘从 A 柱移动到 C 柱。虽然临时柱的编号可以通过计算得到,但为了节省时间,我们可以将临时柱也作为参数,比如:

hanoi(6,'A','B','C')

表示将 6 个圆盘从 A 柱移动到 C 柱,B 是临时柱。其对应的递归函数如下:

```
void hanoi(int n,char src,char tmp,char tag) {
/* n 为圆盘个数,src 为起始柱,tmp 为临时柱,tag 为目标柱 */
```

```
    if (n == 1)
        printf("%c->%c\n",src,tag);   /* 从起始柱移动到目标柱 */
    else {
        hanoi(n-1,src,tag,tmp);   /* 将 n-1 个盘子从起始柱移动到临时柱 */
        printf("%c->%c\n",src,tag);   /* 将第 n 个盘子从起始柱移动到目标
柱 */
        hanoi(n-1,tmp,src,tag);   /* 将 n-1 个盘子从临时柱移动到目标柱 */
    }
}
```

当我们在主函数中调用 hanoi(3,'A','B','C') 时，函数按如图 9-10 所示的过程执行，得到如下的移动步骤：①A->C；②A->B；③C->B；④A->C；⑤B->A；⑥B->C；⑦A->C。

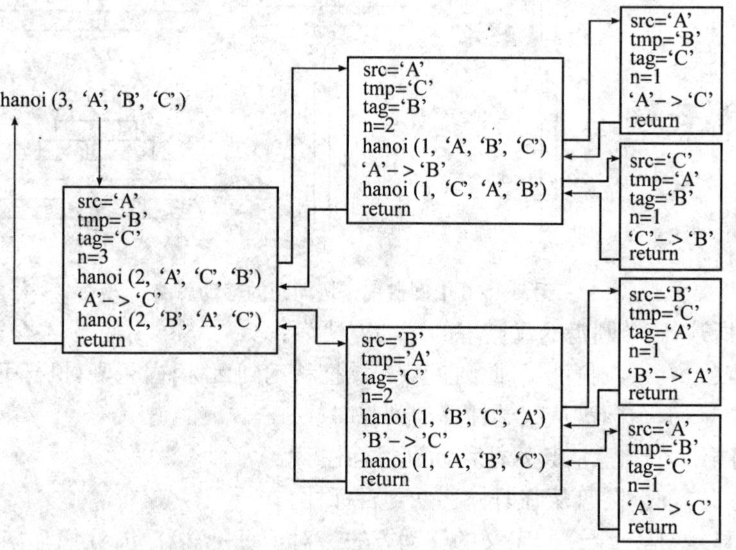

图 9-10 hanoi() 函数执行过程

汉诺塔问题的完整代码如下：

```
/* 9-1.c 汉诺塔问题 */
#include <stdio.h>

void hanoi(int n,char src,char tmp,char tag) {
/* n 为圆盘个数，src 为起始柱，tmp 为临时柱，tag 为目标柱 */
    if (n == 1)
        printf("%c->%c\n",src,tag);   /* 从起始柱移动到目标柱 */
```

```
    else {
        hanoi(n - 1,src,tag,tmp);  /*将n-1个盘子从起始柱移动到临时柱*/
        printf("%c->%c\n",src,tag);  /*将第n个盘子从起始柱移动到目标柱*/
        hanoi(n - 1,tmp,src,tag);  /*将n-1个盘子从临时柱移动到目标柱*/
    }
}

int main() {
    int n;
    scanf("%d",&n);
    hanoi(n,'A','B','C');
    return 0;
}
```

例 9-2　某射击运动员为了争夺奥运会的入场券正在进行着紧张的训练，每次训练他都会连续打出 n 发子弹，教练要求他只有平均达到或超过 9 环才算通过。现请你编程计算出通过共有哪些可能情况。每发子弹击中的环数是一个 0～10 之间的整数，0 环表示脱靶，10 环表示击中靶心。输入文件仅一行，包含一个正整数 n(5≤n≤1 000)，表示打出的子弹数。输出文件包含若干行，每行由 n 个用空格隔开的数字组成，表示某一组符合条件的环数。

问题分析：打 n 发子弹要求平均达到或超过 9 环，也就是说，n 发子弹后总环数应该不小于 9n 环。这样问题就转变为找出 n 个 0～10 之间的数字，要求其和不小于 9n。如果 n 是一个固定值，那么我们可以使用 n 重循环嵌套来穷举所有的可能性，然后判断是否满足总环数不小于 9n 这个限制条件。但 n 是不固定的，因此不可能采用 n 个循环嵌套的方法。

由于枪是一发一发打的，因此，假设第一发子弹打了 a 环，那么要达到目标，下面的 n−1 发子弹必须要打满 9n−a 环。这样 n 发子弹的问题就被分解为 n−1 发子弹的问题了。同样，假设第二发子弹打出了 b 环，那么剩下的 n−2 发子弹就至少要打出 9n−a−b 环。以次类推，如果最后一发子弹能使总环数达到或超过 9n，则表示这是符合条件的一种可能；而最后一发子弹若不能使总环数达到或超过 9n，则表示这不是符合条件的一种可能。对于 n 发子弹的问题，我们可以先假设第一发子弹的环数，然后将问题分解为 n−1 发子弹的问题，这符合递归的思路。同时，如果只有一发子弹，那么能不能打满需要的环数是一个简单问题，可以直接解决，因此，此问题符合递归函数解决问题的要求，可以使用递归函数解决。

从上面的描述我们可以知道，本题的递归状态是由子弹数和所需环数构成的，因此需要子弹数 x 和环数 s 作为递归函数的参数。由于每一发子弹都有 0～10 这 11 种可能性，因此，我们需要有一个循环来枚举每一发子弹可能的环数。我们可以得到如下的递归函数：

```
void shoot(int x,int s) { /* x 为子弹数;s 为需要的环数 */
    int i;
    if (x == 1) {   /* 只有一发子弹 */
        for (i = 0; i < 11; i++) {   /* 枚举本发子弹的所有可能性 */
            if (i >= s) 输出结果;   /* 如果符合条件则输出方案 */
        }
    }
    else {   /* 还有多发子弹 */
        for (i = 0; i < 11; i++) {   /* 枚举本发子弹的所有可能性 */
            shoot(x - 1,s - i);   /* 分解为 x-1 发子弹问题 */
        }
    }
}
```

结果需要将这 x 发子弹每一发的环数都输出，因此，我们需要在递归中保留每一发子弹的环数，可以使用一个数组来存放。r[i] 表示第 i 发子弹的环数。但为了和递归函数中的子弹数 x 建立比较简单的关系，我们不妨认为 r[i]是 i 发子弹时的环数。因此上面的递归函数可修改为如下形式：

```
void shoot(int x,int s) { /* x 为子弹数;s 为需要的环数 */
    int i;
    if (x == 1) {   /* 只有一发子弹 */
        for (i = 0; i < 11; i++) {   /* 枚举本发子弹的所有可能性 */
            r[x] = i;   /* 记录当前   */
            if (i >= s) print();   /* 如果符合条件则输出方案 */
        }
    }
    else {   /* 还有多发子弹 */
        for (i = 0; i < 11; i++) {   /* 枚举本发子弹的所有可能性 */
            r[x] = i;   /* 记录当前   */
            shoot(x - 1,s - i);   /* 分解为 x-1 发子弹问题 */
        }
    }
```

```
}
```

这样输出函数 print() 就简单了,即将这个数组循环输出即可。代码如下:

```
/*由于第一发子弹的环数是存在 r[n]中,而最后一发子弹的环数是存在 r[1]中*/
/* 因此输出时从 r[n] 到 r[1] 反序输出 */
void print() {
    int i;
    for (i = n; i > 1; i--) printf("%d ",r[i]);
    printf("%d\n",r[1]);
}
```

这个递归函数虽然可以求出问题的解,但效率很低,当 n= 10 时就需要很长的时间。那么是否有可以优化的地方呢?题目要求 n 发子弹能打满 9n 环,但很有可能打了若干发以后,剩下的子弹即使全部打 10 环也不可能满足条件,这时候就不应该再继续递归了。比如 n= 10 时,前两发子弹都是 0 环,那么肯定不会打满 90 环了,即剩下的 8 发子弹不需要再打了,也不用递归到 n= 1 的简单情况了。同时,前面的环数越高越可能符合条件,因此我们可以将枚举每发子弹环数的循环反序编写,这样可以尽快地找到解。修改后的递归函数如下:

```
void shoot(int x,int s) { /* x 为子弹数;s 为需要的环数 */
    int i;
    if (x * 10 >= s) {  /*剩下子弹全部打 10 环即不少于所需要的环数*/
        if (x == 1) {  /* 只有一发子弹 */
            for (i = 10; i >= 0; --i) {  /*枚举本发子弹的所有可能性*/
                r[x] = i;  /*记录当前*/
                if (i >= s) print();  /*如果符合条件则输出方案*/
            }
        }
        else {  /* 还有多发子弹 */
            for (i = 10; i >= 0; --i) {  /*枚举本发子弹的所有可能性*/
                r[x] = i;  /* 记录当前环数   */
                shoot(x - 1,s - i);  /*分解为 x-1 发子弹问题*/
            }
        }
    }
}
```

经过这样的优化处理后,n = 10 时,程序的运行速度大概比之前快 100 倍。完整的代码如下：

```
/* 9-2.c 射击运动员 */
#include <stdio.h>
#define MAXN 20

int n,r[MAXN];  /* 全局变量 n 和 r */

void print() {
    int i;
    for (i = n; i > 1; i--) printf("%d ",r[i]);
    printf("%d\n",r[1]);
}

void shoot(int x,int s) { /* x 为子弹数;s 为需要的环数 */
    int i;
    if (x * 10 >= s) {  /* 剩下子弹全部打 10 环即不少于所需要的环数 */
        if (x == 1) {  /* 只有一发子弹 */
            for (i = 10; i >= 0; --i) {  /* 枚举本发子弹的所有可能性 */
                r[x] = i;  /* 记录当前环数  */
                if (i >= s) print();  /* 如果符合条件则输出方案 */
            }
        }
        else {  /* 还有多发子弹 */
            for (i = 10; i >= 0; --i) {  /* 枚举本发子弹的所有可能性 */
                r[x] = i;  /* 记录当前  */
                shoot(x - 1,s - i);  /* 分解为 x-1 发子弹问题 */
            }
        }
    }
}

int main() {
    scanf("%d",&n);  /* 读入 n*/
    shoot(n,9 * n);  /* 递归求解 n 发子弹打 9n 环问题 */
```

```
    return 0;
}
```

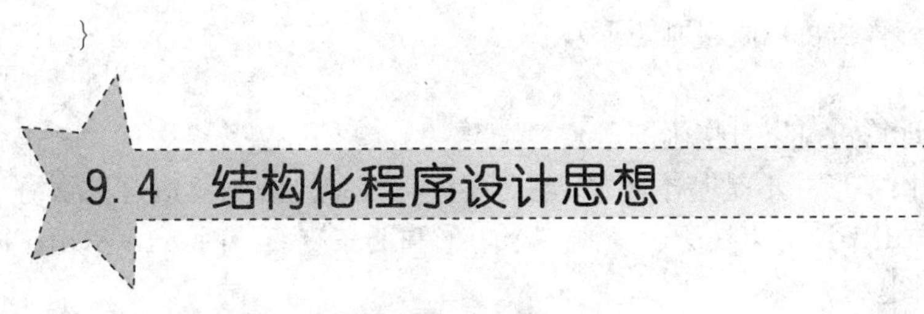

9.4　结构化程序设计思想

9.4.1　结构化程序设计思想

程序设计是一个复杂的系统工程，一般需要经历分析问题、设计算法、编写程序、调试运行等四个阶段。在计算机发展的初期，计算机的应用范围较窄，程序相对简单，程序员们为了追求程序的执行效率，忽略了程序作为一个系统所需的结构性，在程序中大量使用跳转语句。到了二十世纪五、六十年代，随着计算机被广泛应用，软件越来越复杂，与此同时，软件中的错误也越来越多，导致在二十世纪六十年代，出现了计算机历史上严重的软件危机：由软件错误而引起的数据丢失、系统崩溃等事件屡有发生。1968 年，荷兰教授 E. W. Dijkstra 提出了“GOTO 语句是有害的”观点，指出程序的质量与程序中所包含的 GOTO 语句的数量成反比，认为应该在一切高级语言中取消 GOTO 语句。这一观点在计算机学术界激起了强烈的反响，从而引发了一场长达数年的广泛的论战，其结果是结构化程序设计方法的产生和基于结构化程序设计思想的 Pascal 语言的诞生。

结构化程序设计思想采用了模块分解、功能抽象和自顶向下、分而治之的方法，从而有效地将一个复杂的程序系统设计任务分解为若干易于控制和处理的子程序，以便于开发和维护。结构化程序设计思想以模块为设计中心，通过“自顶向下、逐步求精”的方法将软件系统分解为若干相互独立的模块，每个模块的功能简单而明确。其中每一个模块应满足“单入口、单出口”原则，并只能由顺序结构、选择结构和循环结构这三种基本结构组成。

9.4.2　自顶向下、逐步细化

对任何复杂问题的求解，都不可能是一蹴而就的。通常我们首先会从全局出发，考虑问题的大致解法，然后不断对其中的细节进行明确，最终得到可以操作的求解方法。比如，使用计算机绘制图 9－11 的方法如下：

图 9-11　小房子

图 9－11 是一个小房子，直接绘制有难度，因此我们可以首先将其分解成一些基本元素。很明显，这个房子由一个三角形、一个圆形、两个矩形和两个田字形这些基本元素组成。因此，画房子问题被分解为如下子问题：

① 画一个三角形；

② 画两个矩形(计算机可以直接画矩形)；

③ 画两个田字形；

④ 画一个圆形(计算机可以直接画圆形)。

而其中三角形和田字形并不是基本图形，还需要进行细化。画三角形可以被分解为画三条直线；而画田字形可以被分解为画一个矩形和两条直线。图 9-12 给出了画小房子的问题结构图。

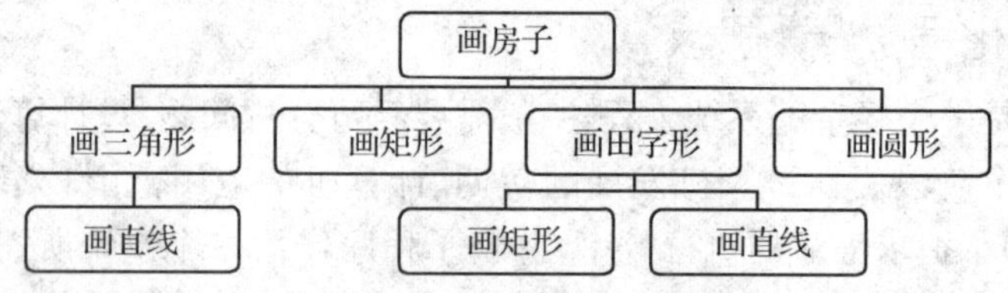

图 9-12 画房子问题的结构图

这个结构图清晰地反映出要解决原始问题可以将原始问题划分成哪些子问题以及子问题是否可以划分出它自己的子问题，直到所有子问题都是足够简单、明确为止。

在程序设计的过程中，也需要遵循这个原则。比如在分析问题、设计算法阶段，我们一般是先从全局出发，抓重点，等有了大致思路后，再将细节部分一一完善，最终得到解决问题的算法。比如我们现在需要解决 n 个数据排序的问题。排序就是比较和交换，因此我们先得到这个问题的最初思路：

• 比较。

• 交换。

然后开始细化：

• 如何存储和表示这 n 个数字?

• 如何输入和输出?

• 比较需要得到什么结果?

• 按什么方式比较?

• 交换哪两个数字?

• 如何交换?

通过分析，我们可以得到下面的答案：

• 使用数组来存储和表示。

• 使用循环完成输入和输出。

• 通过比较得到最小值。

• 用当前的最小值和所有数字逐一比较，如果某数字比当前最小值小，则更新当前最小值。

• 将当前最小值和第一个数字交换。

• 用 t = a; a = b; b = t; 语句组来交换 a 和 b。

这又会引申出新的细节：

• 当前最小值如何表示？

• 第一次比较时，当前最小值是多少？

• 怎么知道最小值在什么位置？

• 如何将当前最小值和第一个数字交换？

• 第一个数字和最小值交换后，仅完成第一个数字的排序，下面的数字怎么排序？

继续分析可以得到：

• 增加 min 变量来表示当前最小值。

• 第一次比较时，当前最小值等于一个极大值，比如 1 0000。

• 新增 mini 变量表示当前最小值的位置。

• 将第一个元素和下标为 mini 的元素进行交换。

• 以下一个数字为新的起点，重复上面的操作，直到所有数字都完成排序。

以此类推，我们可以不断地将问题细化，直到所有问题都可以直接解决，这时就完成了问题分析或算法设计。

除了在分析问题、设计算法的过程中可以使用“自顶向下、逐步细化”的方法外，在程序编写阶段也可以采用这种方式。比如先编写主函数的内容，将其中要调用子模块的地方都编写好，然后再编写这些子模块的具体代码。有时为了方便调试代码，在编写函数的时候可以先放置一些占位函数(即函数体是空的函数)，这样，就不会影响整个程序的编译，而且可以对已经完成的代码进行调试了。

```
#include <stdio.h>

void init() {};   /* 占位函数 */
void work() {};   /* 占位函数 */
void print() {};  /* 占位函数 */

int main() {
    init();
    work();
    print();
    return 0;
}
```

9.4.3 单入口、单出口和三种基本结构

结构化程序设计的思想要求每个模块都是“单入口、单出口”的。“单入口、单出

口”的要求可以最大程度地限制跳转语句的使用，提供模块的独立性和安全性，同时也便于模块之间的沟通。结合“单入口、单出口”的要求，结构化程序设计提供了三种最基本的程序结构，分别是顺序结构、选择结构和循环结构。表 9-2 给出了这三种基本结构的流程图：

表 9-2　三种基本结构

顺序结构	选择结构	循环结构	
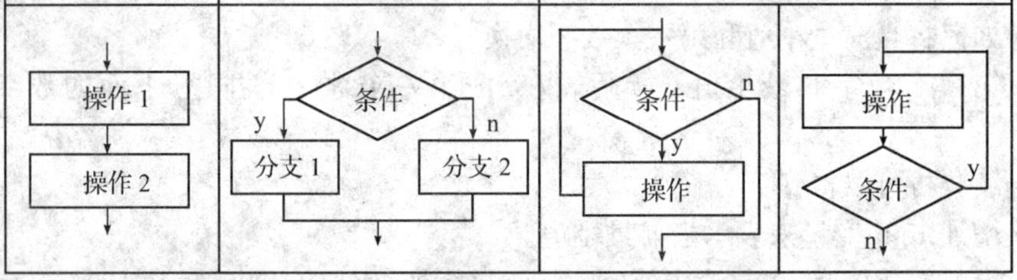 操作 1 操作 2	条件 y　n 分支 1　分支 2	条件 n　y 操作	操作 条件 y　n

这些结构可以通过相互连接或嵌套来构建各种复杂的结构。由于每一个基本结构都是“单入口、单出口”的，因此由它们连接或嵌套构建出的复杂结构也是“单入口、单出口”的，这就保证了整个模块是“单入口、单出口”的。

C 语言从总体上来说是一个非常不错的结构化程序设计语言，完全支持三种基本结构。但作为一款高效的程序设计语言，C 语言还是提供了一些非结构化的语句，比如循环中的 break 语句、continue 语句以及返回值的 return 语句、exit 语句等，这些语句在一定程度上简化了代码的编写，提高了效率，但却破坏了整个程序的结构性。比较下面两段代码，想想它们有什么区别？哪一段代码更符合结构化程序设计思想的要求？

```
/* 代码段一 */
int fac(int n) {
    if (n == 0)
        return 1;
    else
        return fac(n - 1) * n;
}
```

```
/* 代码段二 */
int fac(int n) {
    int ans;
    if (n == 0)
        ans = 1;
    else
        ans = fac(n - 1) * n;
    return ans;
}
```

这两段代码的功能完全一样，都是求 n! 的递归函数。其中第一段代码简单明了，无额外变量，执行效率略高，但却有两个 return 语句，破坏了“单入口、单出口”的原则；而且这两个 return 语句是从选择结构中直接跳出的，破坏了程序的三个基本结构。第二段代码相对繁琐，多申请了一个局部变量，并统一在程序段的最后返回结果，执行效率略低，但它却完全符合三个基本结构和“单入口、单出口”的要求。至于

哪一段代码更优秀则不好评价，如果追求结构性，那么肯定是第二段代码优秀；如果追求程序效率，那么第一段代码就更优秀些。对于初学者来说，一开始应严格按照结构化程序设计思想来编写程序，养成良好的编程习惯。

9.5　常见错误

对于 C 语言中的函数，初学者在编程过程中容易产生如下一些错误：

① 函数原型后遗漏分号。比如：

```
void print(void)
```

这个错误会在编译的过程中引发"语法错误(syntax error)"的提示。

② 遗漏函数原型中的返回值类型。比如：

```
print(void);
```

这个错误会在编译的过程中引发警告信息。

③ 函数未定义或无函数原型，且函数定义出现在调用之后。

这个错误可能会在编译的过程中引发"类型冲突(conflicting types)"的提示，也有可能会在编译的过程中引发"连接错误(linker error)"的提示。

④ 函数首部后有分号。比如：

```
void print(void);
{
…;
}
```

这个错误会在编译的过程中引发"语法错误(syntax error)"的提示。

⑤ 函数首部中遗漏参数类型。比如：

```
void swap(float a,b) {…;}
```

这个错误会在编译的过程中引发"语法错误(syntax error)"的提示。

⑥ 函数原型定义与函数首部不匹配。比如：

```
void print(void);
void print(int n) {…;}
```

这个错误会在编译的过程中引发"类型冲突(conflicting types)"的提示。

⑦ 函数返回值类型与声明不匹配。比如：

```
void print(void) {……; return 0; }
```

这个错误会在编译的过程中引发警告信息。

⑧ 函数名与 #include 库函数中的函数重名。比如：

```
#include <stdio.h>
void printf(int);  /* 与 stdio 中的 printf() 同名 */
```

这个错误会在编译的过程中引发“类型冲突(conflicting types)”的提示。

⑨ 对于传递地址的参数，不能区分 * 和 & 的用途。比如：

```
void swap(int &a,int &b) { int t; t = a; a = b; b = t; }
```

这个错误可能会在编译时产生语法错误；也有可能编译正常，但运行出错。

⑩ 二维或多维数组作为参数时，省略除第一维以外的下标。比如：

```
void fill(int buf[][],int n,int m);
```

这个错误会在编译的过程中引发“使用数组错误(invalid use of array)”的提示。

⑪ 函数调用时提供的实参与定义时的形参不匹配。比如：

```
void print(void);  /* 函数原型表明无输入参数 */
print(n);  /* 函数调用时使用 n 作为参数 */
```

这个错误会在编译的过程中引发“参数太少(too few arguments)”或“参数太多(too many arguments)”的错误提示，也有可能会产生“类型不匹配”的警告信息。

本章小结

C 语言程序由一个或多个函数所组成，其中，程序的入口是 main() 函数。通过函数，我们可以将一个复杂的程序分解为若干简单而又相对独立的功能模块。模块之间通过公共的输入、输出接口进行通信。使用函数可以降低代码编写的复杂度，降低出错率，方便调试，同时使代码复用成为可能。C 语言预定义了大量的函数来鼓励代码复用，这些函数根据功能不同形成了若干个函数库，用户通过 #include 指令加载相应的头文件后即可方便的使用这些函数。同时，C 语言允许用户在程序中定义函数或函数库。

一个 C 语言的函数需要包含 3 个部分内容：函数名、输入参数表和返回值。C 语言规定同一作用域内的函数不能重名，一个函数可以有若干个输入参数，这些参数可以是所有合法的 C 语言数据类型；但一个函数只能有一个返回值，而且返回值不能是数组等复杂数据类型。

在 C 语言中，函数必须先声明然后才能被使用。函数的声明一般通过函数原型来实现。函数原型为编译器提供函数名、输入参数的个数和数据类型以及返回值的数据类型等信息。在大型工程中，函数原型一般被放置在单独的头文件中。

函数通过定义实现相应的功能。函数定义包括函数首部和函数体两部分。函数首部提供了函数名、输入参数的个数、数据类型和名称以及返回值的数据类型。函数首部的参数一般被称为“形式参数”(“形参”)。函数体则包含了实现函数功能所需的

所有代码。对于比较小型的工程而言，只要保证所有函数的定义都出现在其被调用之前，就可以省略函数原型。

在定义多个函数后，标识符的作用域就显得十分重要。一个良好的C语言程序应尽量将变量的作用域限制在函数内部，这样有助于提高模块的独立性和安全性。除了符号常量、宏和函数原型外，一般不应使用全局变量。

函数需要被调用才能运行。在调用函数时，需要提供输入参数，这些参数被称为"实际参数"("实参")。函数根据提供的实参进行运算，并将返回值返回到调用函数的地方。C语言函数的参数传递采用"按值传递"的方式。当函数被调用时，会为参数和局部变量申请存储空间，并将计算后的实参的值复制到这些空间中，因此，在调用结束后，参数的值不会改变。为了实现在函数中改变参数的值，需要将变量的地址作为参数，通过指针运算来实现在函数中直接修改参数的值。

函数除了相互调用外，还可以自己调用自己，这就是递归。递归分为直接递归和间接递归两种。递归是一种强有力的数学工具。递归函数简单明了，可读性好，但执行效率较低。在程序设计中，很多较复杂的数据结构或算法都使用了递归。

随着学习的深入，程序会越来越复杂，因此需要使用结构化程序设计思想来分析问题、编写程序。结构化程序设计思想包括：自顶向下、逐步细化；单入口、单出口；使用三种基本结构等。结构化程序设计思想不仅符合人们分析问题、解决问题的习惯，更有利于减少程序的出错率，提高程序的可读性。

习题 9

9.1 已知长度单位英里和公里的转换关系为：1 英里 = 1.609344 公里。请分别编写两个函数完成从公里到英里的转换和从英里到公里的转换。

9.2 已知计算平面上两点间距离的公式为：$d=\sqrt{(x_2-x_1)^2+(y_1-y_2)^2}$。请编写一个函数，接收两个点的坐标，输出两点间的距离。

9.3 已知函数 $f(m,n)=\frac{m!}{n!\ *(m-n)!}(m\geqslant n)$，其中，n! = 1 * 2 * 3 * … * n，请编写函数用于计算此函数的值。

9.4 已知一元二次方程为 $ax^2+bx+c=0\ (a\neq 0)$，请编写一个函数求解一元二次方程的解。

9.5 编写一个用于返回一个一维数组的元素最大值的函数(假设一维数组元素的数据类型为 int)。

9.6 请编写一个通用的冒泡排序函数，用以将一个一维数组元素进行排序(假设一维数组元素的数据类型为 int，且可根据需要完成递增或递进排序)。

9.7 已知阿克曼函数的定义如下，请编写一个函数用于计算阿克曼函数的值。

$$akm(m,n)=\begin{cases} n+1 & m=0 \\ akm(m-1,k) & m\neq 0\text{ 且 }n=0 \\ akm(m-1,akm(m,n-1)) & m\neq 0\text{ 且 }n\neq 0 \end{cases}$$

9.8 已知斐波那契数列为 0,1,1,2,3,5,8,13,…,请使用递归函数求解斐波那契数列第 n 项的值。

9.9 请使用递归方法输出“杨辉三角形”。

9.10 请用递归函数实现“辗转相除求最大公约数”算法。

9.11 请用递归函数实现“二分查找”算法。

9.12 从键盘读入一个以句号“.”结尾的字符串,使用递归函数将其倒序输出(句号“.”不用输出)。

9.13 对于一个大于 1 的正整数 n,一定可以被拆分成若干个正整数之和的形式,比如 6 = 1 + 5 = 3 + 3 = 1 + 1 + 1 + 3 = …,现请你编程输出整数 n 的所有可能的拆分(拆分出的数字按递增序排序)。

9.14 例 9-2 程序中使用了全局变量 n 和 r[]。现请你改写这个程序,使得 n 和 r[]成为 main() 函数的局部变量。

第 10 章　指　针

指针是C语言中广泛使用的一种数据类型。运用指针编程是C语言最主要的风格之一。利用指针变量可以表示各种数据结构，能很方便地使用数组和字符串，并能像汇编语言一样处理内存地址，从而编出精炼而高效的程序。指针极大地丰富了C语言的功能。学习指针是学习C语言最重要的一环，能否正确理解和使用指针是我们是否掌握C语言的一个标志。同时，指针也是C语言中最为困难的一部分，在学习中除了要正确理解基本概念，还必须要多编程、多上机调试。只要做到这些，指针也是不难掌握的。

10.1　指针与地址

10.1.1　指针的概念

在计算机中，所有的数据都是存放在存储器中的。一般把存储器中的一个字节称为一个内存单元，不同的数据类型所占用的内存单元数不等，如整型占 2 个单元、字符型占 1 个单元等，这在第二章中已有详细的介绍。为了正确地访问这些内存单元，必须为每个内存单元编号。根据一个内存单元的编号即可准确地找到该内存单元。内存单元的编号也叫做地址。由于根据内存单元的编号(或地址)就可以找到所需的内存单元，所以通常把这个地址称为指针。内存单元的指针和内存单元的内容是两个不同的概念，可以用一个通俗的例子来说明它们之间的关系。我们到银行去存取款时，银行工作人员将根据我们的帐号去找我们的存取款单，找到之后在存取款单上写入存取款的金额。这里，帐号就是存取单的指针，存取款数是存取款单的内容。对于一个内存单元来说，单元的地址即为指针，其中存放的数据是该单元的内容。在C语言中，允许用一个变量来存放指针，这种变量称为指针变量。一个指针变量的值就是某个内存单元的地址(或称为某内存单元的指针)。设有字符型变量

C,其内容为"K",C 占用了 011A 号单元(地址用十六进数表示)。设有指针变量 P,内容为 011A,则我们称 P 指向变量 C,或说 P 是指向变量 C 的指针。严格地说,一个指针是一个地址，是常量;而一个指针变量可以被赋予不同的值,是变量。但通常把指针变量简称为指针。为了避免混淆,我们约定"指针"是指地址，是常量;"指针变量"是指取值为地址的变量。定义指针的目的是为了通过指针去访问内存单元。

既然指针变量的值是一个地址，那么这个地址不仅可以是变量的地址，也可以是其他数据结构的地址。在一个指针变量中存放一个数组或一个函数的首地址有何意义呢?因为数组或函数都是连续存放的,通过访问指针变量取得数组或函数的首地址，也就找到了该数组或函数。这样一来，凡是出现数组,函数的地方都可以用一个指针变量来表示，只要将数组或函数的首地址赋给该指针变量即可。这样将会使程序的概念十分清楚,程序本身也精练、高效。在 C 语言中，一种数据类型或数据结构往往都占有一组连续的内存单元。用"地址"这个概念并不能很好地描述;而"指针"虽然实际上也是一个地址,但它却是一个数据结构的首地址，是"指向"一个数据结构的,因而概念更为清楚,表示更为明确。这也是要引入"指针"概念的一个重要原因。

10.1.2 指针变量的类型说明

在使用指针之前要先定义指针。对指针变量的类型说明包括三个内容:

① 指针类型说明,即定义一个变量为指针变量;

② 指针变量名;

③ 变量值(指针)所指向的变量的数据类型。

其一般形式为:

类型说明符 *变量名;

其中,* 表示这是一个指针变量,变量名即为定义的指针变量名,类型说明符表示该指针变量所指向的变量的数据类型。

例如: int *p1;表示 p1 是一个指针变量,它的值是某个整型变量的地址,或者说 p1 指向一个整型变量。至于 p1 究竟指向哪一个整型变量，由向 p1 赋值的地址来决定。

再如:

```
staic int *p2; /*p2 是指向静态整型变量的指针变量*/
float *p3; /*p3 是指向浮点型变量的指针变量*/
char *p4; /*p4 是指向字符型变量的指针变量*/
```

注意:一个指针变量只能指向同类型的变量,如 p3 只能指向浮点型变量,不能时而指向一个浮点型变量，时而又指向一个字符型变量。

10.1.3　指针变量的赋值

指针变量同普通变量一样，使用之前不仅要定义说明，而且必须被赋具体的值。未经赋值的指针变量不能使用，否则将造成系统混乱，甚至死机。指针变量的值只能是地址，决不能是任何其他数据，否则将引起错误。C 语言中提供了地址运算符 & 来表示变量的地址，其一般形式为：& 变量名。如 &a 表示变量 a 的地址，&b 表示变量 b 的地址。变量本身必须预先说明。设有指向整型变量的指针变量 p，如要把整型变量 a 的地址赋予 p 可以有以下两种方式：

① 指针变量初始化的方法

int a; int *p=&a;

② 赋值语句的方法

int a; int *p; p=&a;

不允许把一个数赋予指针变量，故如下的赋值是错误的：int *p; p=1 000;。被赋值的指针变量前不能再加"*"说明符，故如下的赋值也是错误的：*p=&a;。

指针只有被赋初值之后才可以使用。C 语言提供了取内容运算符 * 来读取指针变量指向的数据。* 是单目运算符，其一般形式是：* 指针变量名。如定义了 int a, *p=&a;，则 *p 表示 p 指向的整型变量，而 p 中存放的是变量 a 占用单元的起始地址，所以 *p 实际上访问了变量 a，也就是说 *p 与 a 是等价的。下面举一个简单的指针使用的例子：

```
int main(){
    int a,b,s,t,*pa,*pb;
    pa=&a; pb=&b;
    a=10; b=20;
    s=*pa+*pb;
    t=*pa**pb;
    printf("a=%d,b=%d\na+b=%d,a*b=%d\n",a,b,a+b,a*b);
    printf("s=%d,t=%d\n",s,t);
}
```

输出：

```
a=10,b=20
a+b=30,a*b=200
s=30,t=200
```

10.1.4　动态分配内存

经过前面的学习，我们知道了要在程序中使用变量，就必须要对变量进行定义。

变量一经定义，编译时系统就会给它们分配一定长度的内存单元空间。内存中的每一个内存单元都有一个编号，也就是“地址”，它相当于一个房间号。在单元中存放的是相应类型的数据，也就是“内存单元的内容”。这种存储方式我们称为静态存储。这种存储方式的优点在于便于理解，操作也简单；缺点在于我们事先可能不知道数据量的大小，为了应付各种情况而不得不开很大的空间，在许多时候造成内存空间的浪费。

与之对应的方法我们称为动态存储。它是根据程序中数据的需要动态地增减存储空间。在我们需要的时候，可以向系统申请一段连续的指定大小的内存空间，用于存放某种类型的数据。这种方法使我们可以根据需要来申请空间，从而尽可能地避免了空间的浪费。

在C语言中，指针与动态分配内存密不可分。我们申请一定长度的内存空间后，就将这段内存的首地址赋给某一指针变量，再通过这个指针变量使用内存，这样就和静态变量与静态数组的使用基本相同了。

C语言中提供了3个用于动态分配内存的函数：

(1) 分配内存空间函数 malloc()

调用形式：(类型说明符 *)malloc(size)；

功能：在内存的动态存储区中分配一块长度为 size 字节的连续区域。函数的返回值为该区域的首地址。“类型说明符”表示把该区域用于何种数据类型。(类型说明符 *)表示把返回值强制转换为该类型指针。“size”是一个无符号数。例如：

char * pc=(char *)malloc(100)；

表示分配100个字节的内存空间，并把返回值强制转换为字符数组类型，将其首地址赋给指针变量 pc。

(2) 分配内存空间函数 calloc()

调用形式：(类型说明符 *)calloc(n，size)；

功能：在内存动态存储区中分配 n 块长度为“size”字节的连续区域。函数的返回值为该区域的首地址。(类型说明符 *)用于强制类型转换。

calloc 函数与 malloc 函数的区别仅在于一次可以分配 n 块区域。我们可以认为 call(n，size)与 malloc(n * size)是等价的。例如：

int * ps=(int *)calloc(10，sizeof(int))；

表示按 int 的字节数分配10块连续区域，并把返回值强制转换为 int 类型，将其首地址赋予指针变量 ps。这条语句相当于分配了一个长度为10的 int 类型数组。

(3) 释放内存空间函数 free()

调用形式：free(ptr)；

功能：释放 ptr 所指向的一块内存空间。ptr 是一个任意类型的指针变量，指向

被释放区域的首地址。被释放区应是由 malloc 或 calloc 函数所分配的区域。

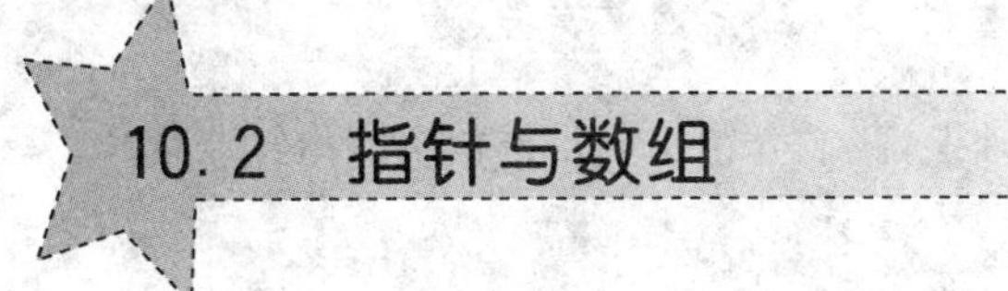

10.2 指针与数组

10.2.1 指针与数组的关系

指向数组的指针变量称为数组指针变量。在讨论数组指针变量的说明和使用之前,我们先明确几个关系。

一个数组是由一块连续的内存单元组成的,数组名就是这块连续内存单元的首地址。一个数组也是由各个数组元素(下标变量) 组成的,每个数组元素按其类型不同占有几个连续的内存单元。一个数组元素的首地址就是指它所占有的几个内存单元的首地址。一个指针变量既可以指向一个数组,也可以指向一个数组元素, 可把数组名或第一个元素的地址赋予它。如要使指针变量指向第 i 号元素,可以把 i 元素的首地址赋予它,或把数组名加 i 赋予它。

设有实数组 a,指向 a 的指针变量为 pa,则有以下关系:pa、a、&a[0]均指向同一单元,其是数组 a 的首地址,也是 0 号元素 a[0]的首地址。pa+1、a+1、&a[1]均指向 1 号元素 a[1]。类推可知 pa+i、a+i、&a[i]指向 i 号元素 a[i]。pa 是变量,而 a,&a[i]是常量,在编程时应予以注意。

10.2.2 指向数组的指针

数组指针变量说明的一般形式为:

类型说明符 * 指针变量名

其中类型说明符表示所指数组的类型。从一般形式可以看出,指向数组的指针变量和指向普通变量的指针变量的说明是相同的。

引入指针变量后,就可以用两种方法访问数组元素了。例如定义了 int a[5]; int *pa=a;

第一种方法为下标法,即用 pa[i]形式访问 a 的数组元素。

第二种方法为指针法,即采用 *(pa+i)形式,用间接访问的方法来访问数组元素(指针与整数的加法操作参见第 10.2.2 节地址算数运算)。

```
int main(){
    int a[5],i, * pa;   /* 定义整型数组和指针 */
    for(i=0;i<5;i++) a[i]=i;   /* 对数组赋初值 */
    pa=a;   /* 将指针 pa 指向数组 a */
```

```
    for(i=0;i<5;i++)
        printf("a[%d]=%d\n",i,pa[i]);    /*通过指针访问数组*/
}
```

在了解指向一维数组的指针的基础上，我们介绍指向二维数组的指针变量。

设有长整型二维数组 a[3][4]如下：

0 1 2 3

4 5 6 7

8 9 10 11

设数组 a 的首地址为 1 000，在第四章中介绍过，C 语言允许把一个二维数组分解为多个一维数组来处理，因此数组 a 可分解为三个一维数组，即 a[0]，a[1]，a[2]。每个一维数组又含有四个元素。例如 a[0]数组，含有 a[0][0]，a[0][1]，a[0][2]，a[0][3]四个元素。数组及数组元素的地址表示如下：a 是二维数组名，也是二维数组 0 行的首地址，等于 1 000。a[0]是第一个一维数组的数组名和首地址，因此也为1 000。*(a+0)表示一维数组 a[0]的 0 号元素的首地址，也为 1 000。&a[0][0]是二维数组 a 的 0 行 0 列元素首地址，同样是 1 000。因此，a，a[0]，*(a+0)，*a，&a[0][0]是等价的。

同理，a+1 是二维数组第 1 行的首地址，等于 1016。a[1]是第二个一维数组的数组名和首地址，因此也为 1016。&a[1][0]是二维数组 a 的第 1 行第 0 列的元素地址，也是 1016。因此，a+1，a[1]，*(a+1)，&a[1][0]是等价的。此外，&a[i]和 a[i]也是等价的。

因为在二维数组中不能把 &a[i]理解为元素 a[i]的地址，故不存在元素 a[i]。C 语言规定，&a[i]是一种地址计算方法，表示数组 a 第 i 行首地址，由此，我们得出 a[i]，&a[i]，*(a+i)和 a+i 是等效的。a[0]也可以看成是 a[0]+0，这是一维数组 a[0]的 0 号元素的首地址，则 a[0]+1 是 a[0]的 1 号元素的首地址，由此可知 a[i]+j 是一维数组 a[i]的 j 号元素的首地址，等价于 &a[i][j]。由 a[i]=*(a+i)可得 a[i]+j=*(a+i)+j，*(a+i)+j 是二维数组 a 的第 i 行第 j 列元素的首地址，该元素的值等于*(*(a+i)+j)。

```
#define PF "%d,%d,%d,%d,%d\n"
int a[3][4]={0,1,2,3,4,5,6,7,8,9,10,11};
int main(){
    printf(PF,a,*a,a[0],&a[0],&a[0][0]);
    printf(PF,a+1,*(a+1),a[1],&a[1],&a[1][0]);
    printf(PF,a+2,*(a+2),a[2],&a[2],&a[2][0]);
    printf("%d,%d\n",a[1]+1,*(a+1)+1);
```

```
    printf("%d,%d\n",*(a[1]+1),*(*(a+1)+1));
}
```

把二维数组a分解为一维数组a[0],a[1],a[2]之后,设p为指向二维数组的指针变量,可定义int (*p)[4],它表示p是一个指针变量,指向二维数组a(或指向第一个一维数组a[0]),其值等于a,a[0],&a[0][0]……则p+i指向一维数组a[i]。从前面的分析可得出*(p+i)+j是二维数组第i行第j列的元素的地址,而*(*(p+i)+j)则是i行j列元素的值。

二维数组指针变量声明的一般形式为:

类型说明符(*指针变量名)[长度]

其中"类型说明符"为指针所指向的数组的数据类型;"*"表示其后的变量是指针类型;"长度"表示二维数组分解为多个一维数组时,各一维数组的长度,也就是二维数组的列数。应注意"(*指针变量名)"两边的括号不可少,如缺少括号则表示指针数组,意义就完全不同了。

10.2.3　地址算术运算

(1) 指针变量的加减运算

设pa是指向数组a的指针变量,则pa+n,pa-n,pa++,++pa,pa--,--pa的运算都是合法的。指针变量加(或减)一个整数n的意义是把指针指向的当前位置(指向某数组元素)向前(或向后)移动n个位置。注意:数组指针变量向前或向后移动一个位置和地址加1(或减1)在概念上是不同的。因为数组可以有不同的类型,各种类型的数组元素所占的字节长度是不同的,指针变量加1,相当于地址加上数组元素所占的字长,结果使指针变量指向数组中下一个数据元素的首地址。例如:

```
int a[5],*pa;
pa=a;   /*pa指向数组a,也就是指向a[0]*/
pa=pa+2;   /*pa指向a[2],即pa的值为&pa[2]*/
```

需要说明的是指针变量的加减运算只能对数组指针变量进行,对指向其他类型变量的指针变量做加减运算是毫无意义的。

(2) 两指针变量的减法运算

指向同一数组的两指针变量相减所得之差是两个指针所指数组元素之间相差的元素个数,实际上是两个指针值(地址)相减之差再除以该数组元素的字节数。例如,pf1和pf2是指向同一浮点型数组的两个指针变量,设pf1的值为2010H,pf2的值为2000H,浮点型数组每个元素占4个字节,所以pf1-pf2的结果为(2000H-2010H)/4=4,表示pf1和pf2之间相差4个元素。

两个指针变量不能进行加法运算。例如,pf1+pf2不合法,也毫无实际意义。减法运算也只能在指向同一数组的两个指针变量之间进行,否则运算同样毫无意义。

(3) 两指针变量关系运算

指向同一数组的两指针变量进行关系运算可表示它们所指数组元素之间的关系。例如：

pf1==pf2 表示 pf1 和 pf2 指向同一数组元素

pf1>pf2 表示 pf1 处于高地址位置

pf1<pf2 表示 pf2 处于低地址位置

指针变量还可以与 0 比较。设 p 为指针变量，则 p==0 表明 p 是空指针，不指向任何变量；p!=0 表示 p 不是空指针。空指针是由对指针变量赋 0 值得到的，例如：int *p=NULL;。对指针变量赋 0 值和不赋值是不同的。指针变量未赋值时，可以是任意值，但不能使用，否则将造成意外错误。指针变量被赋 0 值后，则可以使用，只是不指向具体的变量而已。

10.2.4 编程实例

下面通过一些例子来熟悉指针的使用。

例 10-1 编写一个程序，用指针遍历一个字符数组，找出其中所有的小写字母 a，将它们的位置存在另一个数组中，最后用指针输出另一个数组。

```
int main(){
    char a[]="I am a teacher!";
    char b[50], *p=b, *q;
    for (q=a; *q! ='\0';q++)
        if (*q=='a') *p++=(q-a);
    for (q=b;q<p;q++)
        printf("%d\n", *q);
}
```

例 10-2 用指针比较两个字符串 str1 和 str2 的大小；返回 -1 表示 str1 小于 str2；0 表示相等；1 表示 str1 大于 str2。

```
int strcmp(char *str1,char *str2){
    while(*str1==*str2 && *str1! ='\0'){
        str1++; str2++;
    }
    if (*str1==*str2) return 0;
    return (*str1<*str2? -1:1);
}
```

10.3 字符串及其处理

10.3.1 字符串的概念

在C语言中，是将字符串作为字符型数组来处理的。看下面这个例子：

```
char str[20]={'H','e','l','l','o',' ','w','o','r','l','d','!'};
puts(str);
```

这里用一个一维的字符型数组来存放字符串"Hello world!",字符串中的字符是逐个存放到数组元素中的。这个数组的长度为20,而字符串的长度只有12,我们对数组进行输出操作时会发现,只有前12个字符被输出。

在实际工作中,人们关心的往往是字符串的有效长度而不是数组的长度。例如,定义一个字符数组长度为100,而实际有效字符只有40个。为了测定字符串长度,C语言规定了"字符串结束标志",为空字符'\0'。如果一个字符串前面9个字符都不是空字符(即'\0'),而第10个字符是空字符,则此字符串的有效字符为9个。也就是说,在遇到字符'\0'时,表示字符串结束,它前面的字符组成一个字符串。

系统对字符串常量也自动加一个结束符'\0'作为结束符。例如：

```
char str[]="Hello world!"
```

这个字符串有12个字符,但是在内存中占用了了13个字节,因为系统自动给字符串加上了'\0'作为结束。我们调用sizeof(str)得到的结果为13,就很好地说明了这一点。

有了结束标志'\0'后,字符型数组的长度就显得不那么重要了。在程序中往往依靠检测'\0'的位置来判定字符串是否结束,而不是根据数组长度来决定字符串长度。当然,在定义字符串数组时应估计字符串实际长度,保证数组长度始终大于字符串实际长度。如果在一个字符数组中先后存放有多个不同长度的字符串,则应使数组长度大于最长的字符串长度。

所以我们可以这么说,C语言中的字符串是存放在首地址后的一块连续内存空间中并以'\0'结束的串。

10.3.2 字符串常用函数与操作

下面我们将介绍一些常用的与字符串操作有关的函数。

(1) 字符串长度

```
int strlen(char *str);
```

功能：返回字符串 str 的长度（即空值结束符之前字符数目）。

举例：

```
char s[]="Hello World!";
int len=strlen(s);
printf("len = %d\n",len);
```

（2）字符串比较

int strcmp(const char *str1,const char *str2);

功能：比较字符串 str1 and str2。

int strncmp(const char *str1,const char *str2,int count);

功能：比较字符串 str1 和 str2 中左起至多 count 个字符。

两个函数返回值含义如下：

返回 0：str1 与 str2 相等

返回−1：str1 小于 str2

返回 1：str1 大于 str2

举例：

```
char a[]="careful";
char b[]="careless";
printf("%d\n",strcmp(a,b));
printf("%d\n",strncmp(a,b,4));
```

（3）字符串连接

char *strcat(char *str1,const char *str2);

功能：将字符串 str2 连接到 str1 的末端，并返回指针 str1。

举例：

```
printf("Enter your name: ");
scanf("%s",name);
title=strcat(name," the Great");
printf("Hello,%s\n",title);
```

（4）字符串复制

char *strcpy(char *str1,const char *str2);

功能：复制字符串 str2 中的字符到字符串 str1，包括空值结束符。返回值为指针 str1。

char *strncpy(char *str1,const char *str2,int count);

功能：将字符串 str2 中至多 count 个字符复制到字符串 str1 中。如果字符串 str2 的长度小于 count，剩余部分用'\0'填补。返回处理完成的字符串。

举例：

```
char a[]="Hello world!",b[20];
strcpy(b,a);
strncpy(b+6,a,5);
puts(b);
```

(5) 字符串查找

char *strchr(const char *str,int ch);

功能：返回一个指针，它指向 str 中 ch 首次出现的位置；当没有在 str 中找到 ch 时返回 NULL。

char *strrchr(const char *str,int ch);

功能：返回一个指针，它指向字符 ch 在字符串 str 末次出现的位置；如果匹配失败，返回 NULL。

举例：

```
char a[]="Hello world!";
char *p1=strchr(a,'l');
char *p2=strrchr(a,'l');
if (p1!=NULL&&p2!=NULL)
    printf("%d\n",p2-p1);
```

(6) 字符串匹配

char *strstr(const char *str1,const char *str2);

功能：返回一个指针，它指向字符串 str2 首次出现在字符串 str1 中的位置，如果没有找到，返回 NULL。

举例：

```
char a[]="Hello world!";
char *p=strstr(a,"world");
printf("%d\n",p-a);
```

(7) 字符串转换成实数

double atof(const char *str);

功能：将字符串 str 转换成一个双精度数值并返回结果。参数 str 必须以有效数字开头，但是允许以除“E”或“e”以外的任意非数字字符结尾。

举例：

```
x=atof("42.0 is the answer");
```

输出：x=42.0。

(8) 字符串转换成整数

```
int atoi(const char * str);
```

功能:将字符串 str 转换成一个整数并返回结果。参数 str 以数字开头,当函数从 str 中读到非数字字符则结束转换并将结果返回。

举例:

```
x=atoi("512.035");
```

输出:x=512。

(9) 从字符串读入

```
int sscanf(const char * buffer,const char * format,…);
```

函数 sscanf()和 scanf()类似,只是输入时从 buffer(缓冲区)中读取。

举例:

```
char buf[]="123 456.789 ";
int x; double y;
sscanf(buf,"%d%lf",&x,&y);
```

输出:

x=123,y=456.789

(10) 输出到字符串

```
int sprintf(char * buffer,const char * format,…);
```

sprintf()函数和 printf()类似,只是输出时送到 buffer(缓冲区)中。返回值是写入的字符数量。

举例:

```
char name[30],buf[30];
printf("Input file name: ");
scanf("%s",name);
sprintf(buf,"%s.in",name);
FILE * fin=fopen(buf,"r");
```

10.3.3 字符串应用举例

例 10-3 读入一段文本,其中包含单词和一些多余字符。单词总是由若干个连续字母组成,字母大小写不限。将文本中的单词分离出来,然后输出在一行上,相邻两个单词用一个空格隔开。

```
char s1[10 000],s2[10 000], * p=s2;
int i,j;
int main(){
    while(gets(s1))
        for (i=0;s1[i]! ='\0';i=j)
```

```
            if (isalpha(s1[i])){
                for (j=i;isalpha(s1[j]);j++);
                strncpy(p,s1+i,j-i);
                p+=j-i;
                *p++=' ';
            }else j=i+1;
    *(p-1)='\0';
    puts(s2);
}
```

例 10-4 在一个字符串中,包含若干对小括号(保证匹配),这些括号互不交叉,也互不包含。现在请你将这些括号中的内容颠倒过来,将去掉括号的字符串输出。

```
char s1[10 000],s2[10 000],*p=s2;
int i,j,k,L;

int main(){
    gets(s1);
    L=strlen(s1);
    for (i=0;i<L;i++)
        if (s1[i]=='('){
            for (j=i+1;s1[j]!=')';j++);
            for (k=j-1;k>i;k--)
                *p++=s1[k];
            i=j;
        }else *p++=s1[i];
    puts(s2);
}
```

10.4 指针与函数

10.4.1 指针作为函数参数

指针可以作为函数的参数。在第九章函数中,我们将数组作为参数传入函数中,实际上就是利用了传递指针(即传递数组的首地址)的方法。通过首地址,我们可以访问数组中的任何一个元素。

对于指向其他类型变量的指针，我们可以用同样的方式处理。

例如，我们编写如下一个函数，用于将两个整型变量的值交换：

```
void swap(int *x,int *y){
    int t=*x;
    *x=*y;
    *y=t;
}
```

这时，我们在其他函数中可以使用这个函数：

```
int a=5,b=3;
swap(&a,&b);
printf("a=%d,b=%d\n",a,b);
```

输出：a=3,b=5

在这个过程中，我们先将 a 和 b 的地址传给函数，然后在函数中通过地址得到变量 a 和 b 的值，并且对它们进行修改。当退出函数时，a 和 b 的值就已经交换了。

这里有一点值得我们注意。看如下这个过程：

```
void swap(int x,int y){
    int t=x;
    x=y;
    y=t;
}
```

我们调用了 swap(a,b);然而这个函数没有起作用，没有将变量 a 和 b 的值互换。为什么呢？因为这里在传入变量 a 和 b 的时候，是将 a 的值赋值给函数中的形参 x，将 b 赋值给形参 y。这样接下来的操作就完全与 a 和 b 无关了，函数将变量 x 和 y 的值互换，然后退出函数。这里没有像上面例子那样传入指针，所以无法对传进来的变量进行修改。将指针传入函数与将变量传入函数的区别在于：前者是通过指针来使用或修改传入的变量；而后者是将传入的变量的值赋给新的变量，函数对新的变量进行操作。

同理，对 scanf()函数而言，读取变量的时候我们要在变量之前加 & 运算符，即将指针传入函数。这是由于 scanf()函数通过指针将读取的值返回给引用的变量，没有 &，就无法进行正常的读取操作。

例 10-5 编写一个函数，将三个整型变量排序，并将三者中的最小值赋给第一个变量，次小值赋给第二个变量，最大值赋给第三个变量。

```
void swap(int *a,int *b){
```

```
    int t= *a;
    *a= *b;
    *b=t;
}
void sort(int *a,int *b,int *c){
    if (*a>*b) swap(a,b);
    if (*a>*c) swap(a,c);
    if (*b>*c) swap(b,c);
}

int main(){
    int a,b,c;
    scanf("%d%d%d",&a,&b,&c);
    sort(&a,&b,&c);
    printf("%d %d %d\n",a,b,c);
}
```

10.4.2 函数返回指针

一个函数可以返回整型值、字符值、实型值等，也可以返回指针类型的数据(即地址)。

返回指针值的函数的一般定义形式为：

类型名 * 函数名(参数列表)；

例如：

int *a(int a,int b)

a是函数名，调用它后得到一个指向整型数据的指针(地址)。x和y是函数a的形参，为整型。注意：在*a的两侧没有括号；在a的两侧分别为*运算符和()运算符，由于()的优先级高于*，因此a先与()结合。该函数前面有一个*，表示此函数是返回指针类型的函数。最前面的int表示返回的指针指向整型变量。对初学C语言的人来说，这种定义形式可能不太习惯，容易弄错，用时要十分小心。

例10-6 在一个字符串中查找另一个字符串，如果匹配就返回最先匹配的地址，否则返回NULL。匹配不区分大小写，即同一个字母的大小写形式看作相同字符。

```
#define NULL 0

char *strstr(char *s1,char *s2){
    char L=strlen(s2),i;
    for (;*s1!='\0';s1++)  {/*枚举起始地址*/
```

```
        for (i=0;i<L;i++)   /*一位一位比较*/
            if(tolower(s1[i])!=tolower(s2[i])) break;   /*转化成小写形式进行比较*/
        if (i==L) return s1;   /*完全匹配时返回起始地址*/
    }
    return NULL;   /*不匹配时返回 NULL*/
}

int main(){
    char a[]="Friendly";
    char b[]="END";
    char *p=strstr(a,b);
    if (p==NULL) puts("No Match!");
    else printf("%d\n",p-a);
}
```

习题 10

10.1 通过指针访问一个字符串数组，将其中存在的大写字母转化为小写。

10.2 使用两个指针，在字符串中找到第一个空格字符和最后一个空格字符，输出它们之间其他字符的数量。

10.3 读入 N 个整数，并用动态分配内存的方式，申请一个大小适合的数组，存放读入的数。

10.4 用指针访问大小为 3×4 的二维数组。访问顺序为第一行的四个数→第二行的四个数→第三行的四个数→第四行的四个数。

10.5 在一个字符串中，恰好包含了'C'，'O'，'W'三个字符各一个，这三个字符将字符串分成四段，但不一定每一段都有内容。编写程序将其中第二和第三段的内容互换，并输出去掉这三个字符的新串。例如对于"CabcWdefOgh"，程序应当输出"defabcgh"，这里将"abc"和"def"互换了。

10.6 用函数将一个整型数组排序。函数中的参数为指针数组 a 以及整型变量 size(表示数组 a 中存放的数据的数量)。

10.7 编写一个函数，用于在一个包含 N 个整数的数组中找到第一个质数，若有则返回质数的地址；否则返回 NULL(空指针)。

第 11 章　基本数据结构及应用

11.1 结　构

在实际问题中，一组数据往往具有不同的数据类型。例如，在学生登记表中，姓名应为字符型；学号可为整型或字符型；年龄应为整型；性别应为字符型；成绩可为整型或实型。显然不能用一个数组来存放这一组数据。因为数组中各元素的类型和长度都必须一致，以便于编译系统处理。为了解决这个问题，C 语言给出了另一种构造数据类型——"结构"，它相当于其他高级语言中的记录。

11.1.1 结构的定义

"结构"是一种构造类型，它是由若干"成员"组成的。每一个成员可以是一个基本数据类型或者是又一个构造类型。结构既然是一种"构造"而成的数据类型，那么在说明和使用之前必须先定义，也就是构造，如同在说明和调用函数之前要先定义函数一样。

一个结构的一般定义形式为：

```
struct 结构名{
    成员列表
};
```

成员列表由若干个成员组成，每个成员都是该结构的一个组成部分。对每个成员必须作类型说明，其形式为：

类型说明符 成员名；

成员的命名应符合标识符的书写规定。例如：

```
struct stu{
    int num;
```

```
    char name[20],sex;
    float score;
};
```

在这个结构定义中，结构名为 stu，由 4 个成员组成。第一个成员为 num，整型变量；第二个成员为 name，字符型数组；第三个成员为 sex，字符型变量；第四个成员为 score，实型变量。注意：括号后的分号是不可少的。结构定义之后，即可进行变量声明。凡声明为结构 stu 的变量都由上述 4 个成员组成。由此可见，结构是一种复杂的数据类型，是数目固定、类型不同的若干有序变量的集合。

声明结构变量有以下三种方法，以上面定义的 stu 为例加以声明。

(1) 先定义结构，再声明结构变量。例如：

```
struct stu {
    int num;
    char name[20],sex;
    float score;
};
struct stu boy1,boy2;
```

声明了两个变量 boy1 和 boy2 为 stu 结构类型。

(2) 在定义结构类型的同时声明结构变量。例如：

```
struct stu{
    int num;
    char name[20],sex;
    float score;
} boy1,boy2;
```

(3) 直接声明结构变量。例如：

```
struct {
    int num;
    char name[20],sex;
    float score;
} boy1,boy2;
```

第三种方法与第二种方法的区别在于：第三种方法中省去了结构名，并直接给出结构变量。用三种方法声明的 boy1，boy2 变量都具有相同结构。声明了 boy1，boy2 变量为 stu 类型后，即可向这两个变量中的各个成员赋值。上述 stu 结构定义中，所有的成员都是基本数据类型或数组类型。成员也可以是又一个结构，这样就构成了结构的嵌套。例如：

```
struct date{
    int month,day,year;
};
struct{
    int num;
    char name[20],sex;
    struct date birthday;
    float score;
} boy1,boy2;
```

首先定义一个结构 date,由 month(月)、day(日)、year(年) 三个成员组成。在定义并说明变量 boy1 和 boy2 时,其中的成员 birthday 被说明为 data 结构类型。成员名可与程序中其他变量同名,其互不干扰。在程序中使用结构变量时,往往不把它作为一个整体来使用。

在 C 语言中,除了允许具有相同类型的结构变量相互赋值以外,一般对结构变量的使用(包括赋值、输入、输出、运算等)都是通过结构变量的成员来实现的。

表示结构变量成员的一般形式是:结构变量名.成员名

例如:boy1.num 即第一个人的学号,boy2.sex 即第二个人的性别。如果成员本身又是一个结构,则必须逐级找到最低级的成员才能使用。例如:boy1.birthday.month 即第一个人出生的月份,可以在程序中单独使用,其与普通变量完全相同。

11.1.2　结构变量的赋值

结构变量的赋值就是给其中各成员赋值,可用输入语句或赋值语句来完成。

例 11-1　给结构变量赋值并输出其值。

```
struct stu{
    int num;
    char *name,sex;
    float score;
} boy1,boy2;

int main(){
    boy1.num=102;
    boy1.name="Zhang ping";
    printf("input sex and score\n");
    scanf("%c %f",&boy1.sex,&boy1.score);
    boy2=boy1;
    printf("Number=%d\nName=%s\n",boy2.num,boy2.name);
```

```
    printf("sex=%c\nScore=%f\n",boy2.sex,boy2.score);
}
```

本程序中用赋值语句给 num 和 name 两个成员赋值，name 是一个字符串指针变量。用 scanf 函数动态地输入 sex 和 score 成员值，然后把 boy1 的所有成员的值整体赋予 boy2。最后分别输出 boy2 的各个成员值。本例表示了结构变量的赋值、输入和输出的方法。

11.1.3 结构数组

数组的元素也可以是结构类型的。因此可以构成结构型数组。结构数组的每一个元素都是具有相同结构类型的下标结构变量。在实际应用中，经常用结构数组来表示具有相同数据结构的一个群体。如一个班的学生档案，一个车间职工的工资表等。

结构数组的定义方法和结构变量相似，只需说明它为数组类型即可。例如：

```
struct stu {
    int num;
    char *name,sex;
    float score;
}boy[5];
```

定义了一个结构数组 boy1，共有 5 个元素，boy[0]～boy[4]。每个数组元素都具有 struct stu 的结构形式。对外部结构数组或静态结构数组可以作初始化赋值，例如：

```
struct stu {
    int num;
    char *name,sex;
    float score;
} boy[5]={
    {101,"Li ping","M",45},
    {102,"Zhang ping","M",62.5},
    {103,"He fang","F",92.5},
    {104,"Cheng ling","F",87},
    {105,"Wang ming","M",58};
};
```

当对全部元素作初始化赋值时，也可不给出数组长度。

11.1.4 结构指针

一个指针变量当用来指向一个结构变量时，称之为结构指针变量。

结构指针变量中的值是所指向的结构变量的首地址。通过结构指针即可访问该结构变量,这与数组指针和函数指针的情况是相同的。结构指针变量说明的一般形式为:

struct 结构名 * 结构指针变量名

例如,在前面定义了 stu 这个结构,如要说明一个指向 stu 的指针变量 pstu,可写为:

struct stu *pstu;

当然也可在定义 stu 结构时同时说明 pstu。与前面讨论的各类指针变量相同,结构指针变量也必须要先赋值后才能使用。赋值是把结构变量的首地址赋予该指针变量,不能把结构名赋予该指针变量。如果 boy 是被说明为 stu 类型的结构变量,则:pstu=&boy 是正确的,而:pstu=&stu 是错误的。

结构名和结构变量是两个不同的概念,不能混淆。结构名只能表示一个结构形式,编译系统并不对它分配内存空间。只有当某变量被说明为这种类型的结构时,才对该变量分配存储空间。因此上面 &stu 这种写法是错误的,不可能去取一个结构名的首地址。有了结构指针变量,就能更方便地访问结构变量的各个成员。

其访问的一般形式为:(*结构指针变量).成员名

或为:结构指针变量->成员名

例如:(*pstu).num 或者:pstu->num

应该注意(*pstu)两侧的括号不可少,因为成员符"."的优先级高于"*"。如去掉括号写作 *pstu.num 则等效于 *(pstu.num),这样,意义就完全不对了。下面通过例子来说明结构指针变量的具体说明和使用方法。

```
struct stu{
    int num;
    char *name;
    char sex;
    float score;
} boy1={102,"Zhang ping",'M',78.5}, *pstu;
int main(){
    pstu=&boy1;
    printf("Number=%d\nName=%s\n",boy1.num,boy1.name);
    printf("Sex=%c\nScore=%f\n\n",boy1.sex,boy1.score);
    printf("Number=%d\nName=%s\n",(*pstu).num,(*pstu).name);
    printf("Sex=%c\nScore=%f\n\n",(*pstu).sex,(*pstu).score);
    printf("Number=%d\nName=%s\n",pstu->num,pstu->name);
```

```
    printf("Sex=%c\nScore=%f\n\n",pstu->sex,pstu->score);
}
```

本例程序定义了一个结构 stu,定义了 stu 类型结构变量 boy1 并作了初始化赋值,还定义了一个指向 stu 类型结构的指针变量 pstu。在 main 函数中,pstu 被赋予 boy1 的地址,因此 pstu 指向 boy1 。然后在 printf 语句内用三种形式输出 boy1 的各个成员值。从运行结果可以看出:

结构变量.成员名

(*结构指针变量).成员名

结构指针变量->成员名

这三种用于表示结构成员的形式是完全等效的。结构数组指针变量结构指针变量可以指向一个结构数组,这时结构指针变量的值是整个结构数组的首地址。结构指针变量也可指向结构数组的一个元素,这时结构指针变量的值是该结构数组元素的首地址。设 ps 为指向结构数组的指针变量,则 ps 也指向该结构数组的 0 号元素,ps+1 指向 1 号元素,ps+i 则指向 i 号元素。这与普通数组的情况是一致的。

这里再看一个例子,用指针变量输出结构数组。

```
struct stu {
    int num;
    char *name,sex;
    float score;
} boy[5]={
    {101,"Zhou ping",'M',45},
    {102,"Zhang ping",'M',62.5},
    {103,"Liu fang",'F',92.5},
    {104,"Cheng ling",'F',87},
    {105,"Wang ming",'M',58},
};
int main()
{
    struct stu *ps;
    printf("No\tName\t\t\tSex\tScore\t\n");
    for(ps=boy;ps<boy+5;ps++)
        printf("%d\t%s\t\t%c\t%f\t\n",ps->num,ps->name,ps->
sex,ps->score);
}
```

在程序中，定义了 stu 结构类型的外部数组 boy 并作了初始化赋值。在 main 函数内定义 ps 为指向 stu 类型的指针。在循环语句 for 的表达式 1 中，ps 被赋予 boy 的首地址，然后循环 5 次，输出 boy 数组中各成员值。应该注意的是，一个结构指针变量虽然可以用来访问结构变量或结构数组元素的成员，但是，不能使它指向一个成员。也就是说不允许取一个成员的地址来赋予它。因此，下面的赋值是错误的：

ps=&boy[1].sex;

而只能是：

ps=boy; （赋予数组首地址）

或者是：

ps=&boy[0]; （赋予 0 号元素首地址）

在 C 中允许用结构变量作函数参数进行整体传送。但是这种传送要将全部成员逐个传送，特别是成员为数组时将会使传送的时间和空间开销很大，严重地降低了程序的效率。因此最好的办法就是使用指针，即用指针变量作函数参数进行传送。这时由实参传向形参的只是地址，从而减少了时间和空间的开销。

11.1.5 自引用结构

在一个结构内部包含一个类型为该结构本身的成员是否合法呢？

```
struct stu{
    char name[20];
    int age,score;
    struct stu friend;
};
```

这种类型的自引用是非法的，因为成员 friend 是另一个完整的结构，其内部还将包含它自已的成员 friend。这第 2 个成员又是一个完整的结构，它还将包含自己的成员 friend。这样重复下去就永无止境了。这有点像永远还会终止的递归程序。但下面这个声明是合法的：

```
struct stu{
    char name[20];
    int age,score;
    struct stu *friend;
};
```

这个声明和前面那个声明的区别在于 friend 现在是一个指针而不是结构。编译器在结构的长度确定之前就已经知道指针的长度，所以这种类型的自引用是合法的。

当一个结构体中有一个或是多个成员是指针，它们的基类型就是本结构体类型时，通常这种结构体称为“引用自身的结构体”，即“自引用结构”。这种自引用结构是实现其他一些结构的基础，如接下来将要介绍的链表。

11.2 链 表

链表是一种常见的数据结构，它是动态地进行存储分配的一种结构。我们知道，用数组存放数据时，必须事先定义固定的长度（即元素个数）。例如，有的班级有 100 人，有的班级只有 30 人如果用同一个数组先后存放不同班级的学生数据，则必定定义长度为 100 的数组。如果事先难以确定一个班的最多人数，则必须把数组定义得足够大，以便能存放任何班级的学生数据，显然这将来浪费内存。链表则没有这种缺点，它根据需要申请内存单元。

11.2.1 链表的概念

我们来看下面一段程序：

```
typedef struct node node, * link;
struct node{
    int data;
    link next;
} * p, * q;
```

细心的同学可以发现：我们定义了两个指针变量 p 和 q，它们指向的变量类型为 struct node。struct node 是一个自定义结构，其中有两个成员：一个为 data，类型为整型，另一个为 next，类型为指针，且指向变量的类型为 struct node。

假设在程序段中出现：

p=(link)malloc(sizeof(node));　/* 申请两个存储单元 */

q=(link)malloc(sizeof(node));

p->data=120; p->next=q;　/* 将指针 p 指向的存储单元的 data 的值赋为 120，将变量 q 所指向的存储单元地址赋值给 p 的 next 成员。 */

程序运行结果如图 11-1。

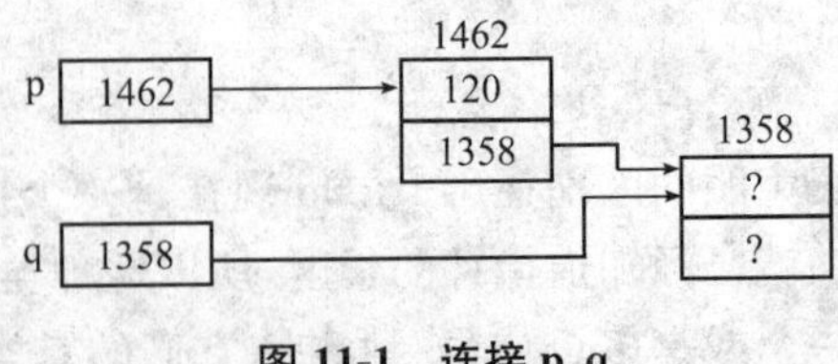

图 11-1　连接 p、q

通过上述方法我们就可以将表面上独立的两个存储单元通过指针成员连接在一起。如我们通过 p 的 next 成员,就可以直接访问到原本 q 指向的存储单元。以此类推,如果有多个存储单元通过类似的方法进行连接的话,就形成了一个"链",链中的每一个单元成为链中的一个"结点"。一般的,把若干个结点按某一规定的顺序,通过指针成员连接起来形成的链,我们称为链表。其结构如图 11-2 所示:

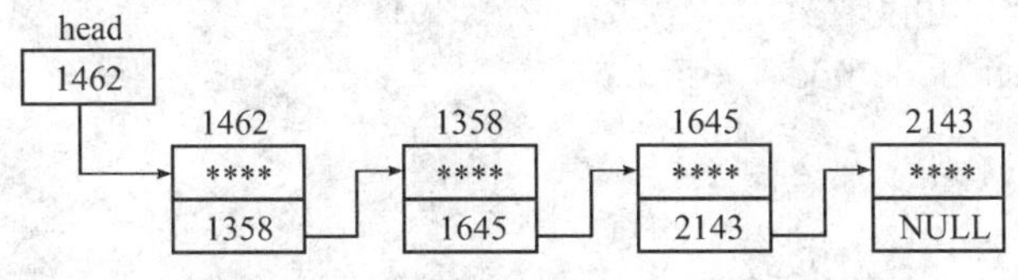

图 11-2　链表

需要说明的是,上图中的每一个结点顶端数字表示的该存储单元的地址值,链表中的第一个结点称为表头,最后一个元素成为表尾。指向链表表头的指针成为头指针(head),表尾结点的指针值成员为空(NULL)。从上图中,我们可以看出,链表的特点是除第一个结点和最后一个结点外,每一个结点中都有一个直接的前趋结点和一个后继结点。相邻结点的地址是互不连续的,他们靠指针成员将相互间的关系连接起来。

链表的基本操作主要有链表的建立,链表的遍历,链表中结点数据的访问,向链表中插入或删除结点等,这些操作无一不是从指针成员入手加以考虑的。

可见,链表是动态数据结构的最基本形式。它是一个结点的序列,其中的每一个结点被链接到它前面的结点上。在链表中,每个结点有两个部分:一个是数据部分(可以是一个或多个),另一个是指向下一个结点的指针成员,有一个头指针指向链表的表头结点,表尾结点的指针成员应为 NULL,表示链表的结束。

11.2.2　链表的建立、插入与删除

1) 链表的建立

一个链表表的建立过程简单地说分为三步:

① 申请新结点;

② 在结点的数据成员填上相应的数据,在指针成员填 NULL;

③ 将结点链接到表中的某一位置。

例 11-2　读入一系列整数,遇到 0 时停止,按读入顺序建立一个链表表并输出。

算法如下:

① 从空表头开始,头指针为空(NULL);

② 读入一个整数;

③ 如果读入的数为 0 就转第(8)步;

④ 申请新结点;

⑤ 给新结点填上数据，指针成员赋为空；
⑥ 将结点插入表尾；
⑦ 转第②步；
⑧ 输出链表。
参考程序：

```
#include<stdlib.h>
typedef struct node node, *link;
struct node{
    int data;
    link next;
} *head, *tail, *p;
link head,tail,p;
/* head 为头指针,tail 为尾指针,p 为临时变量 */
int main(){
    int x;
    head=NULL; tail=NULL;
    do{
        scanf("%d",&x);
        if (x==0) break;
        /* 申请结点并赋值 */
        p=(link)malloc(sizeof(node));
        p->data=x;
        p->next=NULL;
        if (head==NULL){
            /* 链表为空时如下处理 */
            head=p;
            tail=p;
        }else{
            tail->next=p;    /* 将新结点加在表尾 */
            tail=p;    /* 修改尾指针 */
        }
    } while(x!=0);
    /* 输出链表中的内容 */
    for (p=head;p!=NULL;p=p->next)
```

```
        printf("%d ",p->data);
    printf("\n");
}
```

2）链表的插入

由于线性链表结点物理性质的非连续性，对于结点的插入事实上就是改变线性链表中某个结点的后继值。根据插入位置的不同，我们分三种不同情况进行分析：表头插入，表中插入和表尾插入。上面的例子中，我们已经能将一个新结点插入表尾，现在我们就来看另外两种情况。这里我们就省去链表的尾指针 tail。

（1）表头插入（见图 11-3）

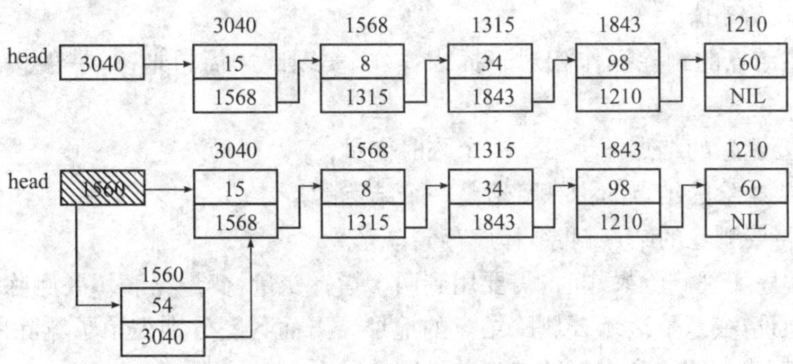

图 11-3　表头插入

算法描述：

① 申请一个新结点 p；

② 输入的数赋给 p 的数据成员 data；

③ 将 head 的值赋给 p 的指针 next；

④ 将 p 的地址赋给 head。

参考程序段：

```
p=(link)malloc(sizeof(node));
p->data=x; p->next=head; head=p;
```

（2）表中插入（见图 11-4）

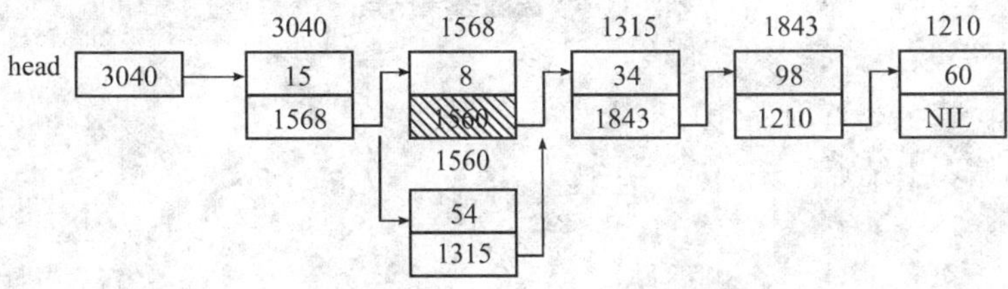

图 11-4　表中插入

假设我们要在v结点后插入一个数据,我们该怎么做呢?

算法描述:

① 申请一个新结点p;

② 输入的数赋给p的数据成员data;

③ 将v的后继的地址值赋给p的指针next;

④ 将p的地址赋给v的指针成员next。

参考程序段:

```
p=(link)malloc(sizeof(node));
p->data=x; p->next=v->next; v->next=p;
```

3) 链表的删除

链表中结点的删除操作相对于插入操作,实现起来简单地多,一般按如下过程完成:

① 把要删除的结点地址赋给一个临时变量;

② 把要删除的结点的指针赋给前一个结点的指针;

③ 把将要删除的结点删除,释放存储单元。

在用程序实现删除操作时,需要用到两个指针变量:变量v表示要删除结点的前一结点的地址,变量p表示要删除结点的地址。下面各图分别表示了删除图11-5中的表头结点、表中结点和表尾结点三种不同情况。

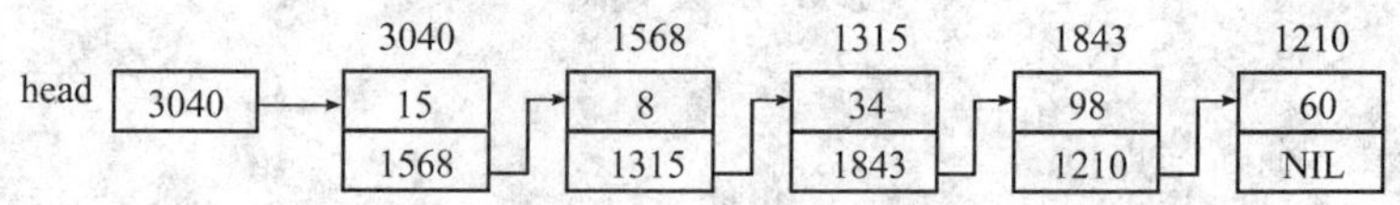

图11-5 原始链表

(1) 删除表头结点

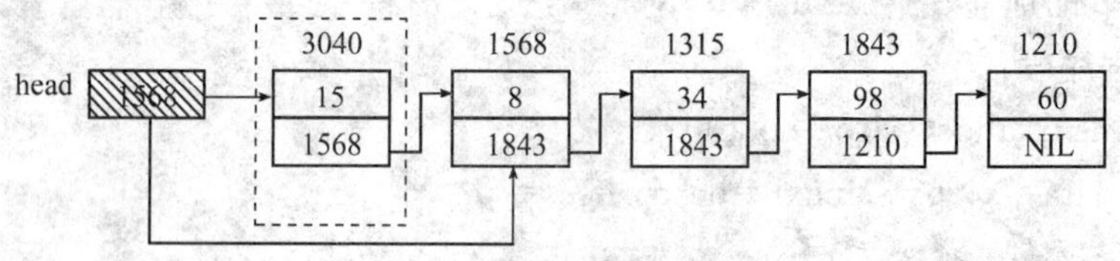

图11-6 删除表头结点

参考程序段:

```
head=p->next; free(p);
```

(2) 删除表中结点

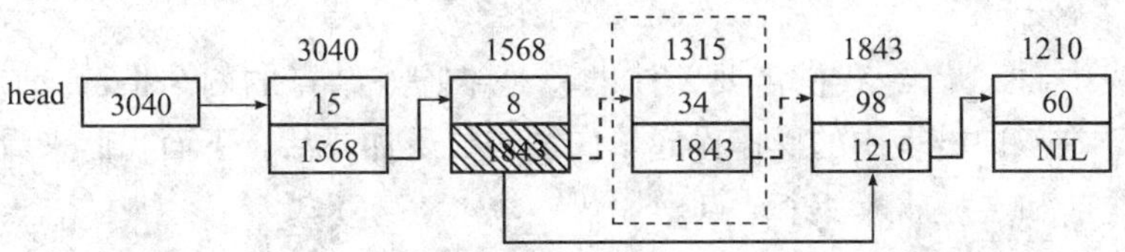

图 11-7　删除表中结点

参考程序段：

v－＞next＝p－＞next；free(p)；

(3) 删除表尾结点

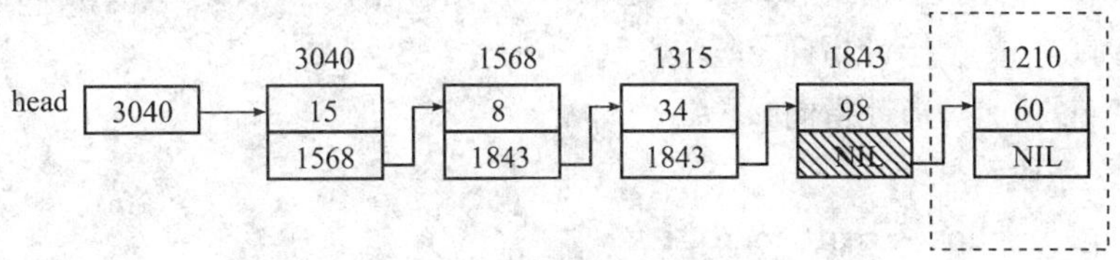

图 11-8　删除表尾结点

参考程序段：

v－＞next＝p－＞next；free(p)；

被删除的结点所占据的存储空间可以通过过程 free()交还给系统。

因此，对于线性链表中操作的总的来说可以分为：线性链表的建立，查找，结点的插入和删除。所以这些操作最关键的地方就在于如何改变结点中指针的值。

11.2.3　双向链表与循环链表

双向链表其实是单链表的改进。当我们对单链表进行操作时，有时要对某个结点的直接前驱进行操作，又必须从表头开始查找。这是由单链表结点的结构所限制的。因为单链表每个结点只有一个存储直接后继结点地址的链域，那么能不能定义一个既有存储直接后继结点地址的链域，又有存储直接前驱结点地址的链域的这样一个双链域结点结构呢？这就是双向链表。

我们看一下双向链表结点类型的定义：

```
typedef struct node node, * link;
struct node{
    int data;
    link prev,next;
} * head, * tail, * p;
```

我们很容易发现，相对于单向的链表仅仅多出了一个成员 prev，用于指向结点的前趋，而双向链表的各种操作，比起单向的链表略有不同。

1）链表的插入

在链表中插入元素，我们需要关注的总是维护好结点的两个指针：前趋 prev 和后继 next。在双向链表中的操作比起单向链表要更加灵活。下面我们来看如何在一个结点 v 之前和之后插入一个结点。

(1) 在结点 v 之前插入数据

① 申请一个新结点 p；

② 将数据赋值给 p 的 data 成员；

③ 将 v 的前趋地址赋值给 p 的 prev 指针；

④ 如果 p 的前趋存在，修改 p 前趋的 next 指针指向 p，否则 head 指向 p；

⑤ 将 p 的 next 指针指向 v；

⑥ 将 v 的 prev 指针指向 p；

参考程序段：

```
p=(link)malloc(sizeof(node));
p->data=x;
p->prev=v->prev;
if (p->prev! =NULL)
    p->prev->next=p;
else head=p;
p->next=v;
v->prev=p;
```

(2) 在结点 v 之后插入数据

① 申请一个新结点 p；

② 将数据赋值给 p 的 data 成员；

③ 将 v 的后继地址赋值给 p 的 next 指针；

④ 如果 p 的后继存在，修改 p 后继的 prev 指针指向 p；

⑤ 将 p 的 prev 指针指向 v；

⑥ 将 v 的 next 指针指向 p；

参考程序段：

```
p=(link)malloc(sizeof(node));
p->data=x;
p->next=v->next;
if (p->next! =NULL)
    p->next->prev=p;
p->prev=v;
```

v－＞next＝p；

2）链表的删除

在双向链表中删除结点同样很方便。我们在单向链表中删除结点 p 时，总要知道 p 前面一个结点的地址，这往往是很麻烦的事，而双向链表中任何结点的前趋始终记录在它的 prev 成员中，就能够不用在结点外部记录其它数据而方便地删除一个结点。

删除一个结点 p 的算法如下：

① 如果 p 有后继，它后继的 prev 指针就指向 p 的前趋；

② 如果 p 有前趋，它前趋的 next 指针就指向 p 的后继；

③ 如果 p 是链表的头，那么头指针指向 p 的后继；

④ 释放 p 的空间。

参考程序段：

```
if (p－＞next! ＝NULL)
    p－＞next－＞prev＝p－＞prev;
if (p－＞prev! ＝NULL)
    p－＞prev－＞next＝p－＞next;
if (p＝＝head) head＝p－＞next;
free(p);
```

循环链表与单链表基本相同，只是它的最后一个结点的 next 指针指向头结点，形成一个环。因此，从循环链表中的任何一个结点出发都能找到任何其他结点，如图 11-9 所示。

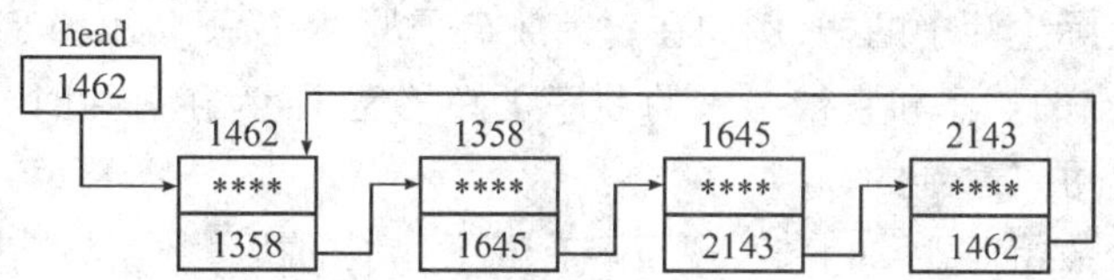

图 11-9　单链表攻循环链表

双向链表同样可以修改变成循环链表。此时不仅最后一个结点的 next 指针指向头结点，头结点的 prev 指针同时也指向最后一个结点，如图 11-10 所示。

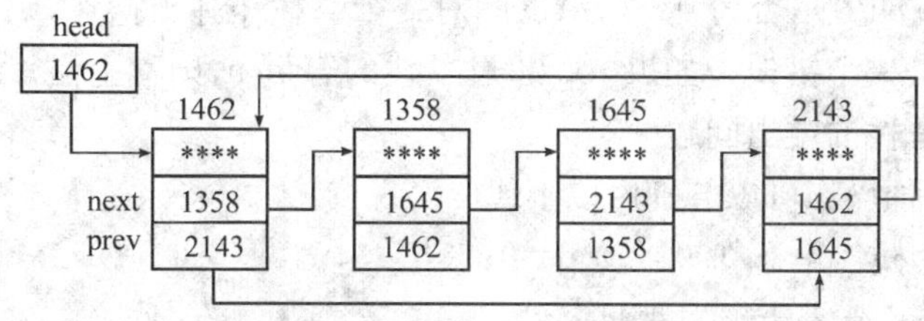

图 11-10　双链表攻循环链表

循环链表的操作和单链表的操作基本一致，差别仅仅在于算法中的循环条件有所不同。遍历一个循环链表，我们可以参考下面程序段：

```
for (p=head;;p=p->next){
    ……  /* 对链表结点的操作 */
    if (p->next==head) break;
}
```

对于循环链表的建立、插入和删除，与前面讲的单链表、双向链表类似，这里不再详细介绍，由读者自行完成。

11.3 栈和队列

栈和队列都是动态集合，在这种结构中，执行删除操作去掉的总是特定的元素。在栈中，可以去掉的元素是最近插入的那一个：栈实现了一种后进先出(last-in, first-out，缩写为 LIFO)的策略。类似地，在队列中，可以去掉的元素总是在集合中存在时间最长的：队列实现了先进先出(first-in, first-out，缩写为 FIFO)的策略。栈和队列可以用集中方法有效地实现，本节介绍如何用数组来实现这两种结构。

(1) 栈

作用于栈上的插入操作称为压入(push)，而删除常称为弹出(pop)。这两个名字会使人联系到实际生活中的栈，例如在餐馆放盘子的、里面安装了弹簧的栈。在这种栈中，盘子被弹出的顺序和它被压入的顺序正好相反，因为在每一时刻，只有最顶上的那只盘子才是可以拿到的。

可以用一个数组 S[1..n]来实现至多有 n 个元素的栈。数组 S 有个指针 top，它指向最近插入的元素。由 S 实现的栈包含元素 S[1..top]，其中 S[1]是栈底元素，S[top]是栈顶元素。

当 top 等于 0 时，栈中不包含任何元素，因而是空的。同样要检查一个栈是否为空，只要检查 top 的值是否为 0。如果试图对一个空栈作弹出操作，则称栈下溢。在通常情况下，这是一个错误。如果 top 超过了栈的容量 n，则称上溢。接下来的代码中，我们暂不考虑栈的溢出问题。

有关栈的几种操作可以分别由以下代码实现：

① 定义一个栈：int S[1001], top=0;

② 压入操作：S[++top]=data;

③ 弹出操作：if (top>0) top--;

④ 取栈顶元素：S[top]

例 11-3　最长词链

问题描述：给出一系列单词，每一个单词都是一个给定的仅包含小写字母的英文单词表，每个单词至少包含 1 个字母，至多 75 个字母。如果在一个由一个词或多个词组成的表中，除了最后一个以外，每个单词都被其后的一个单词所包含，即前一个单词是后一个单词的前缀，则称词表为一个词链。例如下面单词组成了一个词链：

i

int

integer

但下面的单词不组成词链：

integer

intern

现在你要做的就是在一个给定的单词表中取出一些词，组成最长的词链，就是包含单词数最多的词链。将它的单词数统计出来。

输入格式：第一行一个整数 N(N<=1 000)，为单词的数量。接下来 N 行，每行给出一个单词，所有单词给出时已经排好序了。

输出格式：一个整数，为最长词链包含的单词数。

样例输入：

5

i

int

integer

intern

internet

样例输出：

4

问题分析：这道题用栈可以快速而方便地解决。我们对于每个单词，都去找以这个单词结尾的最长词链，而假设我们已经把以上一个单词结尾的最长词链找到，并且存入栈中，现在就只要看当前的单词是否能接在上一条链的后面，做法是：将它与栈顶元素比较。如果不能接上就弹出栈顶元素，继续和新的栈顶元素比较，直到可以连接上或者栈为空为止。最后将该单词压入栈中，我们得到以现在这个单词结尾的最长词链。图 11-11 是样例的操作过程：

在各个阶段中，栈最多存放了 4 个元素，所以答案是 4。

这么做的正确性可以证明。首先所有单词按字典序从小到大给出，那么在任何词链中越是后面的单词在输入中总排得越后，这保证我们按这种算法（不断往当前词链后面添单词）总是可能找到最长的词链。其次我们只要证明所有弹出单词的操作都是正确的，即不会出现因为弹出不必要的单词而使结果比答案小的情况。

如样例中我们弹出了 integer，因为它后面的 intern 不能接在它后面，那么我们怎么证明所有 intern 之后的单词也都不能接在 integer 的后面呢？还是字典序，因为所有能接在 integer 后面的单词必包含前缀 integer一，那么它们的字典序一定小于 intern，所以同时也小于 intern 之后的单词。所以一旦出现 intern，就能推出没有单词能接在 integer 后面，这样 integer 的存在就没有意义了，所以要弹出。而接下来的 int 是 intern 的前缀，所以我们要保留。所有弹出操作都是必须的，那么剩下构成词链的单词数量一定能达到最多。

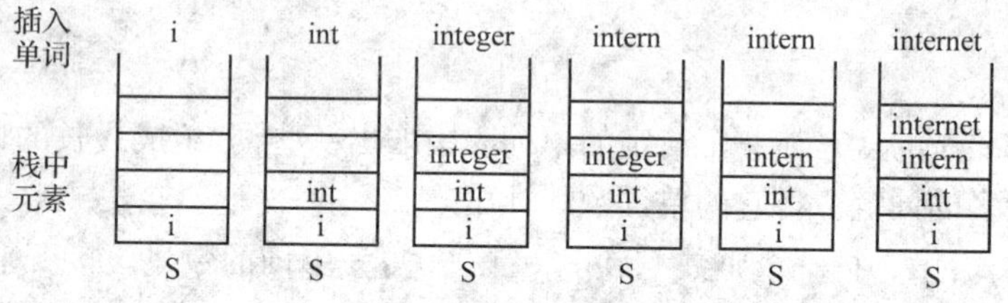

图 11-11　样例的操作过程

参考程序：

```
#include<stdio.h>
#include<string.h>

char str[1010][80];
int l[1010],S[1010],top,ans;

char check(int x,int y){
    return strncmp(str[x],str[y],l[x]);
}

int main(){
    int i,n;
    scanf("%d\n",&n);
    for (i=1;i<=n;i++){
        gets(str[i]);
    l[i]=strlen(str[i]);
    }
    S[top=1]=1;
    for (i=2;i<=n;i++){
```

```
        while(top>0&&check(S[top],i)) top--;
        if (top>ans) ans=top;
        S[++top]=i;
    }
    printf("%d\n",ans);
}
```

(2) 队列

我们把作用于队列上的插入操作称作入队(enqueue),把作用于队列上的删除操作称作出队(dequeue)。队列具有 FIFO 性质,看起来就好像在窗口前排队的人一样。队列有头和尾。当一个元素进队时,将排在队尾,就像刚来的人总排在队尾一样。出队元素总是队首元素,就像队首等待时间最长的人先办完事一样(幸运的是我们不用担心有元素插队的情况)。

我们用一个数组 Q[1..n]来实现一个至多含 n-1 个元素的队列的方法。队列有两个指针,一个是 head 指向队列的头,另一个 tail 指向新结点会插入的地方。队列中包含的元素有 Q[head..tail-1],所以当 head 与 tail 相等时队列为空,否则队列中恰好有 tail-head 个元素。与栈类似,当队列为空的时候进行出队操作,会造成队列下溢,而队列满的时候进行入队操作,会造成队列上溢。

下面是几种有关队列操作的代码:

① 定义一个队列:int Q[1001],head=1,tail=1;

② 入队操作:Q[tail++]=data;

③ 出队操作:if (head<tail) head++;

④ 取队首元素:Q[head]

例 11-4　*超级素数*

问题描述:一个素数如果从个位开始,依次去掉一位数字、两位数字、三位数字……直到只剩一个数字,中间所有剩下的数都是素数,则称该素数为一个超级素数。例如:2333 是一个素数,因为 2333,233,23,2 都是素数,所以 2333 是一个四位的超级素数。请写一个程序,给定一个整数 X,求大小不超过 X 的所有超级素数。

输入格式:一行,给出一个整数 X(1<=X<=1,000,000,000)。

输出格式:第一行,一个整数 K,表示 X 以内超级素数的个数。接下来 K 行,每行一个整数,输出所有 X 以内的超级素数,这些数按从小到大的顺序排列。

样例输入:

100

样例输出:

13

2
3
5
7
23
29
31
37
53
59
71
73
79

问题分析：相信大家对判断一个数是否为素数的问题一定不陌生了，一个简单的算法是寻找这个数除了 1 和它本身之外的其它约数。对于 x，我们就看 2 到 sqrt(x) 之间是否有 x 的约数，没有的话它就是素数。那么我们判断一个数是否为超级素数就很容易了，依次判断它本身，去掉一个数字、两个数字……所剩下的数，看它们是否都是素数。然而如果我们枚举所有 1 到 X 之间的数再进行判断，程序的时间复杂度就很高，当 X 较大的时候不能在短时间内得到结果。

这里我们就要换一种思路。根据超级素数的性质，我们要发现这一点：如果一个数是超级素数并且至少有两位数字，那么它去掉个位数字后仍是一个超级素数。换句话说，超过一位的超级素数总可以由某个超级素数在最后添加一位数字得到。这样，我们就可以从 0 开始，先添加数字找出只有一位的素数(2,3,5,7)，再添加数字找出所有两位的超级素数，再找出三位的，四位的……最后将所有小于 X 的超级素数从小到大输出。

这个算法可以用队列方便地实现。首先将 0 放入队列中，接下来不断从队列中取出一个超级素数(或者是 0)，在末尾添加 0 到 9 的数字后判断新的数是否为超级素数，是素数就将其入队。最后在所有进入过队列的数(0 除外)中，输出 X 以内的数。

这道题显然也可以用栈实现，不过这里用队列有一个用栈所没有的优势。用队列实现，可以保证所有数是按按从小到大的顺序进队或出队，这样我们就不需要在输出时排序了。

参考程序：

```
int Q[100],head=0,tail=1,cnt;

int isprime(int x){
```

```
    if (x<2) return 0;
    int i;
    for (i=2;i*i<=x;i++)
        if (x%i==0) return 0;
    return 1;
}

int main(){
    int a,i,X;
    scanf("%d",&X);
    Q[head]=0;
    while(head<tail){
        a=Q[head];
        if (a>100 000 000) break;
        for (i=1;i<=9;i++)
            if (isprime(a*10+i))
                Q[tail++]=a*10+i;
        head++;
    }
    for (i=1;i<tail;i++)
        if (Q[i]<=X) cnt++;
    printf("%d\n",cnt);
    for (i=1;i<=cnt;i++)
        printf("%d\n",Q[i]);
}
```

11.4　二叉树

11.4.1　基本概念

二叉树的概念来源于树，所以首先明确一下树的概念：

一棵树(tree)是由 n(n>0)个元素组成的有限集合，其中：

① 每个元素称为结点(node)；

② 有一个特定的结点，称为根结点或树根(root)；

③ 除根结点外，其余结点被分成 m(m>=0)个互不相交的有限集合 T_0，T_1，T_2，……T_{m-1}，而每一个子集 T_i又都是一棵树(称为原树的子树 subtree)。

下面以图 11-12 为例给出树结构中的一些基本概念：

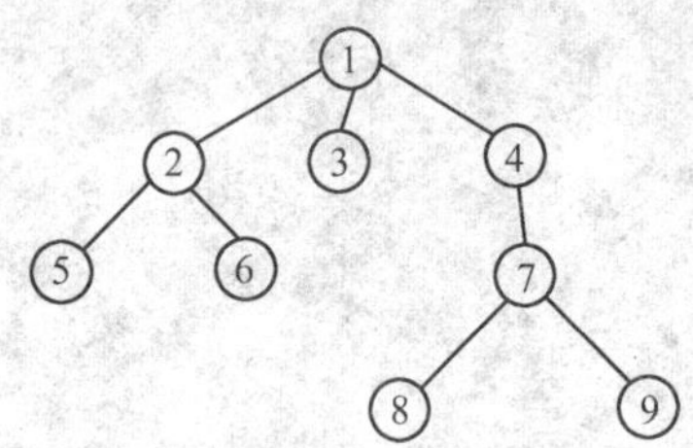

图 11-12　树

(1) 一个结点的子树个数，称为这个结点的度(degree)，如结点 1 的度为 3，结点 3 的度为 0。度为 0 的结点称为叶结点(又称树叶 leaf，如结点 3、5、6、8、9)。度不为 0 的结点称为分支结点(如结点 1、2、4、7)。根结点以外的分支结点又称为内部结点(如结点 2、4、7)。树中各结点的度的最大值称为这棵树的度(又称宽度)，图 6-1 所示这棵树的(宽)度为 3。

(2) 在用上述图形表示的树结构中，对两个用线段(称为树枝)连接的相关联的结点，称上端的结点为下端结点的父结点，称下端的结点为上端结点的子结点，称同一个父结点的多个子结点为兄弟结点。如结点 1 是结点 2、3、4 的父结点，结点 2、3、4 都是结点 1 的子结点，它们又是兄弟结点，同时结点 2 又是结点 5、6 的父结点。称从根结点到某个子结点所经过的所有结点为这个子结点的祖先。如结点 1、4、7 是结点 8 的祖先。称以某个结点为根的子树中的任一结点都是该结点的子孙。如结点 7、8、9 都是结点 4 的子孙。

(3) 定义一棵树的根结点的层次(level)为 1，其它结点的层次等于它的父结点的层次数加 1。如结点 2、3、4 的层次为 2，结点 5、6、7 的层次为 3，结点 8、9 的层次为 4。一棵树中所有结点的层次的最大值称为树的深度(depth)，图 6-1 所示这棵树的深度为 4。

(4) 对于一棵子树中的任意两个不同的结点，如果从一个结点出发，按层次自上而下沿着一个个树枝能到达另一结点，称它们之间存在着一条路径。可用路径所经过的结点序列表示路径，路径的长度等于路径上的结点个数减 1。如图 6-1 中，结点 1 和结点 8 之间存在着一条路径，并可用(1、4、7、8)表示这条路径，该条路径的长度为 3。从根结点出发，到树中的其余结点一定存在着一条路径。注意，不同子树上的结点之间不存在路径。但是，如果把树看成是一个图的话(可以把树理解为是图的一个子类)，那么我们就可以继承图的路径的定义，认为不同子树上的两个结点应该是有

路径的(图论意义上的路径)。

(5) 森林(forest)是 m(m>=0)棵互不相交的树的集合。

二叉树(binary tree,简写成 BT)是一种特殊的数据结构,它的特点是每个结点至多只有两棵子树,即二叉树中不存在度大于 2 的结点,而且二叉树的子树有左子树、右子树之分,孩子有左孩子、右孩子之分,其次序不能颠倒,所以二叉树是一棵有序树。它有如图 11-13 所示的五种基本形态:

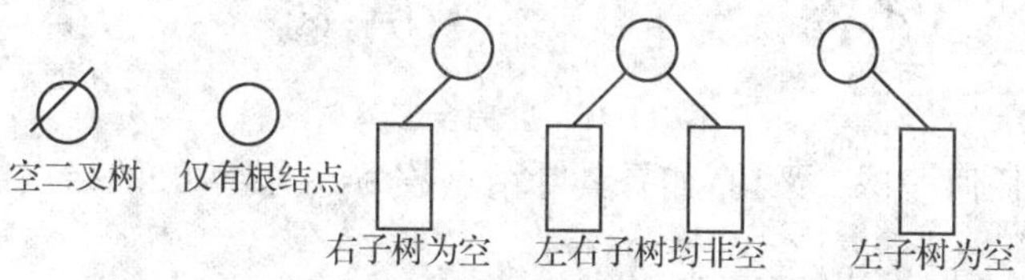

图 11-13　树的基本形态

树的一些术语、概念也基本适用于二叉树,但二叉树与树也有很多不同,如:二叉树的每个结点至多只能有两个子树,二叉树一定是有序的,二叉树可以为空(但树不能为空,至少要有 1 个结点)。

二叉树的性质:

性质 1:在二叉树的第 i 层上至多有 2^{i-1} 个结点(i>=1)。

性质 2:深度为 k 的二叉树至多有 $2^k - 1$ 个结点(k>=1)。图 11-14 是深度为 4 的满二叉树,这种树的特点是每层上的结点数都达到了最大值。

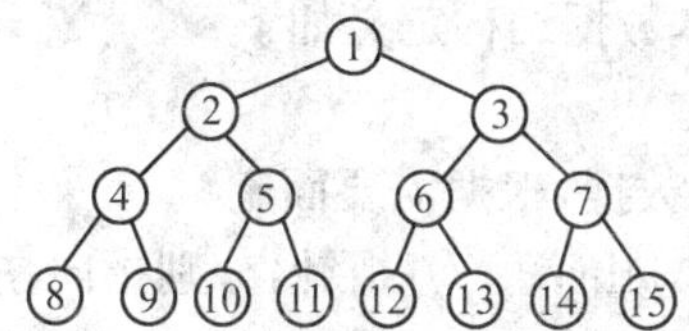

图 11-14　满二叉树

可以对满二叉树的结点进行连续编号,约定编号从根结点起,自上而下,从左到右,由此引出完全二叉树的定义:深度为 k,有 n 个结点的二叉树当且仅当其每一个结点都与深度为 k 的满二叉树中编号从 1 到 n 的结点一一对应时,称为完全二叉树。图 11-15 就是一个深度为 4,结点数为 12 的完全二叉树。

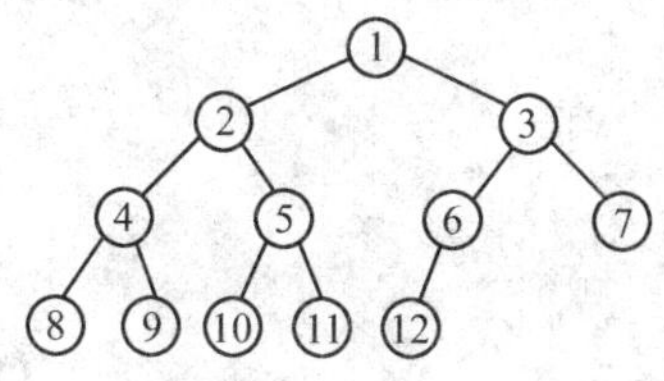

图 11-15　完全二叉树

完全二叉树具有如下特征：叶结点只可能出现在最下面两层上；对任一结点，若其右子树深度为 m，则其左子树的深度必为 m 或 m+1。如图 11-16 所示的两棵二叉树就不是完全二叉树，请读者思考为什么？

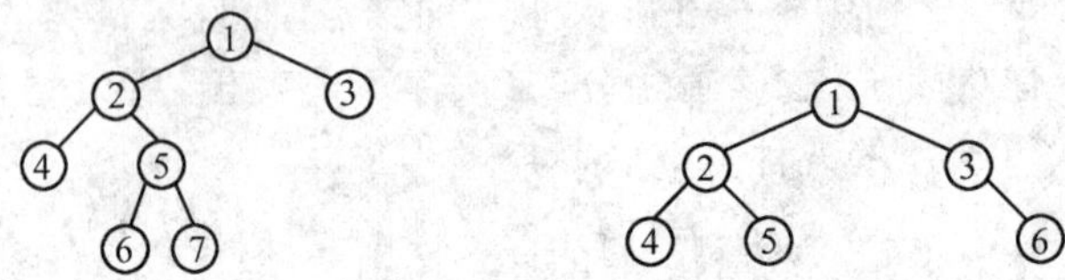

图 11-16　非完全二叉树

性质 3：对任何一棵二叉树，如果其叶结点数为 n_0，度为 2 的结点数为 n_2，则一定满足：$n_0=n_2+1$。

性质 4：具有 n 个结点的完全二叉树的深度为 $\text{trunc}(\log_2 n)+1$　(trunc 为取整函数)

性质 5：一棵 n 个结点的完全二叉树，对于任一编号为 i 结点，有：

① 如果 i=1，则结点 i 为根，无父结点；如果 i>1，则其父结点编号为 trunc(i/2)。

② 如果 2＊i>n，则结点 i 为叶结点；否则左孩子编号为 2＊i。

③ 如果 2＊i+1>n，则结点 i 无右孩子；否则右孩子编号为 2＊i+1。

11.4.2　二叉树的建立

二叉树的存储结构有链式和顺序存储两种方法。

(1) 链式存储结构，基本数据结构定义如下：

```
struct list{
    int data;   // 存放数据，根据需要而定
    struct list *left, *right;   // 指针，分别指向左右孩子
    struct list *father;   // 指向父亲的指针，可以不使用
} *root;
```

(2) 顺序存储结构，即通过数组来存储结点信息。每个结点编号后在数组中占据一个位置，结点指向孩子的指针为孩子在数组中的下标。基本数据结构定义如下：

```
#define maxn (1 000)
struct node{
    int data,left,right;
} a[maxn];
int root;
```

11.4.3　二叉树的遍历

在二叉树应用中，常常要求在树中查找具有某种特征的结点，或者对全部结点逐

一进行某种处理，这就是二叉树的遍历问题。所谓二叉树的遍历是指按一定的规律和次序访问树中的各个结点，而且每个结点仅被访问一次。“访问”的含义很广，可以是对结点作各种处理，如输出结点信息等。遍历方法有三种：先序遍历，中序遍历，后序遍历。下面如图 11-17 所示的二叉树为例分别讲解这三种方法。

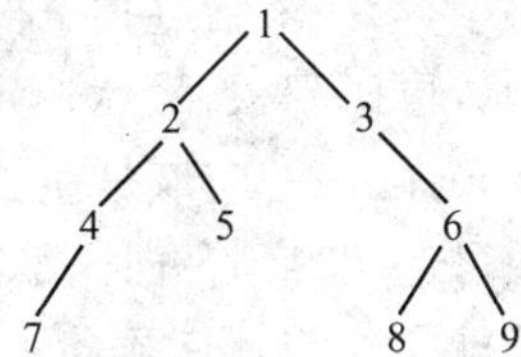

图 11-17　二叉树的遍历

(1) 先序遍历的操作定义如下：

若二叉树为空，则不操作；否则：

① 访问根结点

② 先序遍历左子树

③ 先序遍历右子树

很明显，这是一种递归定义，下面给出一种手工方法（括号法）求先序遍历的结果。

{1,2,3,4,5,6,7,8,9}

{1,{2,4,5,7},{3,6,8,9}}

{1,{2,{4,7},{5}},{3,{},{6,8,9}}}

{1,{2,{4,{7},{}},{5}},{3,{},{6,{8},{9}}}}

{1,2,4,7,5,3,6,8,9} 去掉内层所有括号，得到先序遍历结果

(2) 中序遍历的操作定义如下：

若二叉树为空，则不操作；否则：

① 中序遍历左子树

② 访问根结点

③ 先序遍历右子树

可以根据以上算法，得出上图中序遍历的结果为：{7,4,2,5,1,3,8,6,9}

(3) 后序遍历的操作定义如下：

若二叉树为空，则不操作；否则：

① 后序遍历左子树

② 后序遍历右子树

③ 访问根结点

可以根据以上算法，得出上图后序遍历的结果为：{7,4,5,2,8,9,6,3,1}

下面我们换个角度考虑这个问题,从二叉树的遍历已经知道,任意一棵二叉树的先序遍历结果和中序遍历结果都是唯一的。那么反过来,给定一棵二叉树的先序遍历结果和中序遍历结果,能否确定一棵二叉树呢?

由定义可知,二叉树的先序遍历是先访问根结点,再遍历左子树,最后遍历右子树。即在二叉树的先序遍历结果中,第一个结点必是根,假设为 root。再结合中序遍历,因为中序遍历是先遍历左子树,再访问根,最后遍历右子树。所以结点 root 正好把中序遍历结果分成了两部分,root 之前的应该是左子树上的结点,root 之后的应该是右子树上的结点,依次类推,便可递归得到一棵完整的、确定的二叉树。即:已知一棵二叉树的先序遍历结果和中序遍历结果可以确定一棵二叉树。可以同理推出:已知一棵二叉树的后序遍历结果和中序遍历结果也可以确定一棵二叉树。但是,已知一棵二叉树的先序遍历结果和后序遍历结果却不能确定一棵二叉树,为什么?你可以举出反例吗?下面我们来看一个例子:

例 11-5　美国血统 (USACO Training Section 3.4)

问题描述:农夫约翰非常认真地对待他的奶牛们的血统。然而他不是一个真正优秀的记帐员。他把他的奶牛们的家谱作成二叉树,并且把二叉树以更线性的"树的中序遍历"和"树的前序遍历"的符号加以记录而不是用图形的方法。

你的任务是在被给予奶牛家谱的"树中序遍历"和"树前序遍历"的符号后,创建奶牛家谱的"树的后序遍历"的符号。每一头奶牛的姓名被译为一个唯一的字母。(你可能已经知道你可以在知道树的两种遍历以后可以经常地重建这棵树。)显然,这里的树不会有多于 26 个的顶点。图 11-18 是样例输入和样例输出中的树:

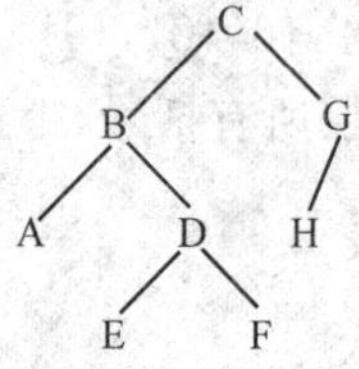

图 11-18　例 11-5 的树

输入格式:第一行:树的中序遍历。第二行:同样的树的前序遍历。

输出格式:一行,表示该树的后序遍历。

样例输入:

ABEDFCHG

CBADEFGH

样例输出:

AEFDBHGC

问题分析:给出前序遍历结果,我们可以立刻知道树的根结点是哪一个,而在中

序遍历的结果中，根结点恰好将左右子树的结点分开。找到根结点，在中序遍历的结果中，我们就能确定左右子树各自的中序遍历。然后左子树结点数确定了，就能在前序遍历的结果中，将左右子树各自的前序遍历分开。现在我们确定了根结点，左右子树的前序遍历和中序遍历结果，问题就转化为规模更小的子问题了，我们可以递归求解，用相同的算法得到左右子树。解决这道题时，我们实际上不必真正建出一棵树。

参考程序：

```
char s1[30],s2[30],s3[30],*p=s3,L;

char work(char *s1,char *s2,char len){
    char *r=strchr(s1,s2[0]);  /*在中序遍历中找到根结点*/
    if (r>s1) work(s1,s2+1,r-s1);  /*输出左子树的后序遍历结果*/
    if (r+1<s1+len) work(r+1,s2+(r-s1)+1,s1+len-r-1);  /*输出右子树的后序遍历结果*/
    *p++=s2[0];  /*输出根结点*/
}
int main(){
    gets(s1);
    gets(s2);
    L=strlen(s1);
    work(s1,s2,L);
    puts(s3);
}
```

11.4.4　排序二叉树

我们已经接触过一些排序算法了，现在的问题是：是否可以利用二叉树的有序性进行快速排序和插入、查找的操作呢？答案是肯定的，这样的二叉树就称为排序二叉树（或二叉查找树，Binary Search Tree，简写为 BST）。排序二叉树具有这样的性质：任何结点的值都大于它左子树上结点的值，小于右子树上结点的值。这样，我们通过中序遍历就可以生成一个有序的序列。

如图 11-19 所示的排序二叉树，中序遍历结果为：

5,6,8,9,10,11,13,14,15,17。

如何生成这样的一棵二叉树呢？

对于乱序给出的一组数，我么将这些数依次加入排序二叉树中。一开始这棵树是空的，接下来我们采取如下算法向一棵树中添加一个结点：

如果树是空的，我们就以这个结点为数的根；否则：

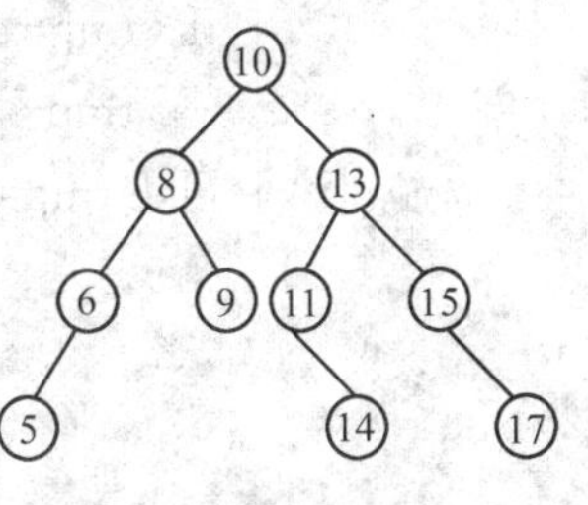

图 11-19　排序二叉树

① 如果结点的值小于根结点的值，则将该结点添加在左子树。

② 如果结点的值大于根结点的值，则将该结点添加在右子树。

参考程序：

```
#include<stdlib.h>
typedef struct node node, *link;
struct node{
    int data;
    link left,right;
};
link root=NULL,p;
int i,a[]={3,5,9,1,8,0,2,7,4,6};
void insert(int data){
    p=(link)malloc(sizeof(node));
    p->data=data;
    p->left=NULL;
    p->right=NULL;
    if (root==NULL){
        root=p;
        return;
    }
    link tmp=root;
    while(tmp->left!=p&&tmp->right!=p){
        if (data<=tmp->data){
            if (tmp->left==NULL)
                tmp->left=p;
            else tmp=tmp->left;
        }else{
            if (tmp->right==NULL)
                tmp->right=p;
            else tmp=tmp->right;
        }
    }
}
void print(link x){
```

```
    if (x==NULL) return;
    print(x->left);
    printf("%d ",x->data);
    print(x->right);
}

int main(){
    for (i=0;i<10;i++)
        insert(a[i]);
    print(root);
}
```

11.4.5　堆

堆是一种数组对象，它可以被视为一棵完全二叉树，树中每个结点与数组中存放该结点中值的那个元素相对应，如图 11-20 所示：

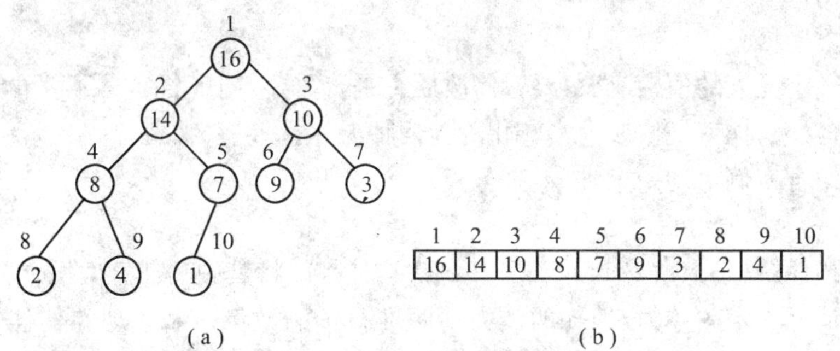

图 11-20　堆

图 11-20 是一个典型的完全二叉树，结点上方为编号，结点的值在圆圈当中。右边的图是我们很熟悉的一维数组，但又不是一般意义上的一维数组，因为这个数组存放了左边二叉树的结构。记数组名为 A，则表示一个堆的一维数组具有以下一些性质：设二叉树的结点数为 size，则它恰好占据数组的 A[1]到 A[size]的位置。树的根为 A[1]，并且利用完全二叉树的性质，我们很容易求第 i 个结点的父结点、左孩子结点、右孩子结点的下标，它们分别是 i/2，i＊2 和 i＊2+1。

更重要的是，堆具有这样一个性质，对根以外的每个结点，其值总是小于(或大于)其父结点的值。这样，一个堆中的最大(或最小)元素存放在根结点中。推广一下，对于每个结点，其子树中的最大(或最小)值总是存放在该结点中。根结点存放最大值的堆称为“大根堆”，根结点存放最小值的堆则为“小根堆”。

堆有三种基本操作：添加、删除和修改元素，以下就以大根堆为例说明。

(1) 添加元素

首先把要添加的元素加到数组的末尾,很明显在树中它的位置是一个叶子。接下来我们不断做一个工作:将它和父节点比较,如果该结点的值比父结点的值大,则交换这两个元素,它就移到了原来父结点的位置,接下来它又和新的父结点比较……就这样做下去,直到它的父节点不再比它大,或者已经到达顶端才停止。由于堆是一棵完全二叉树,一个有 N 个结点的堆的高度只有 $\log_2 N$,所以插入的时间复杂度为$O(\log_2 N)$。

(2) 删除元素

在堆中删除元素,通常情况删除的是根。删除元素的过程类似,只不过添加元素是“向上冒”,而删除元素是“向下沉”:删除位置 1 为的元素,然后把最后一个元素移到根上。由于新的根可能不符合条件,我们就对它进行调整,先取它的两个孩子中值较大的结点,将它的值与根结点的值比较,如果比根结点的值大就将它们交换,然后根结点移到新位置,继续向下比较,知道不需要调整位置。同样,删除一个结点的复杂度只有 $O(\log_2 N)$。

(3) 修改元素

修改一个元素的值,我们只要看修改后它是否需要“向上冒”,若不要再看是否需要“向下沉”。这样就把修改元素转化为前两种操作。

下面结合实例实现一个堆。

例 11-6 *石子合并*

问题描述:操场上放着 N 堆石子。每次佳佳都能将其中的任意两堆合并成一堆,但这需要消耗一定的体力,消耗的体力为两堆石子的数量之和。现在佳佳希望将所有石子合并成一堆,而且他希望消耗最少的体力来完成它。请你告诉他最少需要消耗多体力才能将石子合并成一堆。

输入格式:第一行,一个整数 N(3<=N<=30 000),表示石头的数量。第二行,N 个整数,依次表示每堆石子的数量。每堆石子的数量不超过 50 000。

输出格式:输出一个整数,为佳佳需要消耗的最少体力。

样例输入:

5

1 9 5 8 3

样例输出:

56

问题分析:很显然,要让总的代价最小,我们只要每次选取数量最少的两堆石子,将他们合并起来成为新的一堆,再在剩下的里面找石子数最少的两堆合并……不断重复前面的过程,直到最后剩下一堆石子。在合并中计算总代价即可。

如果我们将所有石子储存在数组中，我们的操作是这样的：每次扫描整个数组，找到最小的两堆石子，取出合并，再放进数组。这是正确的，只是由于每次在数组中找最小值需要花 O(N)的时间，而合并操作共有 N－1 次，所以这是一个 $O(n^2)$的算法，在 N 等于 30 000 时注定要超时。怎么快速查找一组数据中的最小值呢？这可以用二叉堆解决。我们将石子数全放进堆中，每次取出堆中的两个最小的元素并删除，两堆石子数相加后再添入堆中。这样一次操作的时间复杂度降至 $O(\log_2 n)$，整个算法时间复杂度就为 $O(n\log_2 n)$不会超时。

最后说一点，虽然用堆的想法很直接，但这道题不用堆也可以做，通过排序再用一个队列的方法解决。有兴趣的同学可以思考一下。

参考程序：

```
int a[50010],size=0,t;
void up(int s){
    while(s>1 && a[s]<a[s/2]){
        t=a[s];a[s]=a[s/2];a[s/2]=t;
        s/=2;
    }
}
void down(int s){
    int m=s;
    while(m==s){
        if (s*2<=size && a[s*2]<a[m]) m=s*2;
        if (s*2<size && a[s*2+1]<a[m]) m=s*2+1;
        if (m==s) return;
        t=a[s];a[s]=a[m];a[m]=t;
        s=m;
    }
}
void push(int x){
    a[++size]=x;
    up(size);
}
void pop(){
    a[1]=a[size--];
    if (size>1) down(1);
```

```
}
int top(){return a[1];}
int main(){
    int n,x,y,i,ans=0;
    scanf("%d",&n);
    for (i=1;i<=n;i++){
        scanf("%d",&x);
        push(x);
    }
    for (i=1;i<n;i++){
        x=top(); pop();
        y=top(); pop();
        ans+=x+y;
        push(x+y);
    }
    printf("%d\n",ans);
}
```

习题 11

11.1　定义一个结构存储一件商品的信息，包含产品名称（字符串），生产日期，条形码编号（整型数组），售价（双精度实型），折扣（浮点类型）。其中生产日期定义为一个结构，包含年（整型），月（整型），日（整型）。结构名和成员名任取。定义一个该结构的变量，并且对其赋值。

11.2　在数组中对于有序的数据可以进行二分查找，那么在链表中对于有序数据也可以进行二分查找吗？为什么？

11.3　N 个人站成一圈，顺时针编号为 1 到 N。接下来不断有人出圈。当编号为 i 的人出圈之后，若 i 是奇数，从就他出去的位置顺时针数过去，数到的第 i 个人将在下一轮出圈。若 i 是偶数，就让逆时针数到的第 i 个人在下一轮出圈。编号为 1 的人在第一轮出圈，那么最后剩下的一个人编号为多少呢？用循环链表模拟整个过程并求出结果。

11.4　给出一个字符串 s，它只包含六种字符串：圆括号“(”和“)”、方括号“[”和“]”、花括号“{”和“}”。这六种括号按一定的规则可以组成合法的串。合法性定义如下：

(1) 空串是合法的串。

(2) 如果 a 是合法的串，那么{a}，[a]，(a)也是。

(3) 如果 a 和 b 都是合法的串，那么 ab 也是。

给出一个长度不超过 100 000 的字符串，判断其是否为合法的串。

提示：用栈处理。

11.5　在一个 N×N 的棋盘上，左上角放了一个中国象棋中的马。对于棋盘上的每一个位置。马能否在有限的步数内到达；如果能，请求出求最小步数。注意马总是走“日”字，且不能走出棋盘。N 的大小不超过 100。

11.6　给出一些随机数，建立一棵排序二叉树。你能用最快时间判断某个数是否在这棵二叉树中吗？注意不能采用遍历整棵树的想法。

11.7　有 N 个人，编号为 1 到 N。他们都在玩一个游戏，并最终通过得分来分出高下。一开始他们的分数都是 0，游戏开始后就不断有人得分。现在按时间给出人们的得分情况：在某个时刻 T，编号为 i 的人又得了 x 分。在给出每个得分情况后，请回答：目前得分榜上排在第 K 位的人的分数是多少。K 是一个固定的常数。比赛中有同分的话，同分的人排名先后任意，因为不影响结果。N 不超过 30 000，得分的情况不超过 50 000 条。

提示：可以用二叉堆解决。

第 12 章 常用算法介绍

在前面章节中我们已经了解到有关算法的概念以及算法的基本特性。在计算机升序设计中讨论算法的目的则是将其作为编写程序的依据，它是软件设计的基础。算法的好坏，将影响着软件的质量，因此研究算法对提高软件的质量，起着很重要的作用。本章将就程序设计中常见的典型算法做一些介绍。

12.1 穷举法

穷举法是基于计算机特点而进行解题的思维方式。一般是在一时找不出解决问题的更好途径（即从数学上找不到求解公式或规则）时，根据问题中的部分条件（约束条件）将所有的可能解的情况列举出来，然后通过一一验证是否符合整个问题的求解要求，而得到问题的解。这种解决问题的方法我们称之为穷举算法。穷举算法的特点是算法简单，但运行所花费的时间量大。有些问题所列举出来的情况数目会大得惊人，就算用告诉计算机运行，其等待运行结果的时间也将使人无法忍受。另外，穷举出的情况如何存储在计算机中也是一个棘手的问题。因此，我们在用穷举法解决问题时，应尽可能将明显不符合条件的情况排除在外，以尽快取得问题的解。

例 12-1 Bessie 的秘密牧场（USACO OCT 07 SIL VER Division）

【问题描述】Farmer John 最近收割了几乎无限多块牧草，将它们堆放在空地上。这些牧草都是正方形的，而且都有非负整数长度的边长（0 当然算在内）。一天他的奶牛 Bessie 发现了这些美味的牧草，于是希望将它们种在自己的秘密牧场上。她总是将草皮分割成 1×1 的小块，以放入她牧场上的 N(1<=N<=10 000)个格子中。

Bessie 感兴趣的是，她若选取 4 块会有多少种不同的方法。如果 N 等于 4，那么她就有 5 种不同方法：(1,1,1,1)，(2,0,0,0)，(0,2,0,0)，(0,0,2,0)，(0,0,0,2)，括号内的数表示边长。注意这里不讲究顺序，如(1,2,3,4)与(4,3,2,1)是两种不同的方案。

【输入格式】

仅一行，一个整数 N。

【输出格式】

同样为一行，包含一个整数，为方案总数。

【样例输入】

4

【样例输出】

5

【问题分析】

对于这道题，一个很简单的想法就是寻找每一种情况。我们只要穷举每块牧草的边长，通过检验四块牧草的面积之和是否等于 N 来判断是否合法，最后统计合法方案的个数。注意任何时候牧草的面积都不能超过 N，这就给我们一个很有用的约束条件。我们可以写出一个很简单的四重循环解决问题：

```
for (i=0;i*i<=n;i++)
    for (j=0;i*i+j*j<=n;j++)
        for (k=0;i*i+j*j+k*k<=n;k++)
            for (l=0;i*i+j*j+k*k+l*l<=n;l++)
                if (i*i+j*j+k*k+l*l==n) ans++;
```

不过为了让程序运行得更快，我们可以加一个小优化：如果我们已经知道了前三块牧草的面积，我们可以立即知道最后一块牧草的面积，只要判断它是否为完全平方数即可，于是就省去一重循环。

【参考程序】

```
char f[10010];    /* 用于判断完全平方数 */
int main(){
    int i,j,k,n,ans=0;
    scanf("%d",&n);
    for (i=0;i*i<=n;i++)
        f[i*i]=1;    /* 先找出所有完全平方数 */
    for (i=0;i*i<=n;i++)
        for (j=0;i*i+j*j<=n;j++)
            for (k=0;i*i+j*j+k*k<=n;k++)
                if (f[n-i*i-j*j-k*k]) ans++;
    printf("%d\n",ans);
}
```

例 12-2 *超级弹珠*（USACO OCT 07 GOLD Division）

【问题描述】奶牛们最近从著名的奶牛玩具制造商 Tycow 那里，买了一套仿真版彩弹游戏设备。Bessie 把她们玩游戏的草坪划成了 N×N(1≤N≤500)单位的矩阵，同时列出了她的 K(1≤K≤100 000)个对手在草地上的位置。然后她拿着这张表来找你，希望你能帮她计算一个数据。

在这个游戏中，奶牛可以用一把弹珠枪向 8 个方向中的任意一个射出子弹。8 个方向分别是：正北，正南，正东，正西，以及夹在这 4 个正方向之间的 45°：东北，东南，西北，西南方向。

Bessie 希望你告诉她，如果她想站在一个可以射到她的所有对手的格子上，那么她有多少种选择。当然，贝茜可以跟她的某一个对手站在同一个格子上，并且在这种情况下，你可以认为贝茜能射到跟她站在同一格子里的对手。

【输入格式】

第 1 行：两个用空格隔开的整数：N 和 K。

第 2..K+1 行：第 i+1 行用两个以空格隔开整数 R-i 和 C-i，描述了第 i 头奶牛的位置，表示她站在第 R-i 行，第 C-i 列。

【输出格式】

仅一行：输出一个整数，表示如果 Bessie 可以选择的格子的数目。

【样例输入】

```
4 3
2 1
2 3
4 1
```

【样例输出】

```
5
```

【样例说明】

Bessie 可以选择站在以下格子中的任意一个：(2,1)，(2,3)，(3,2)，(4,1)，以及(4,3)。下右图中，Bessie 与其他牛共同占有的格子被标记为‘*’：

```
. . . .            . . . .
B . B .            * . * .
. B . .    ==>     . B . .
B . B .            * . B .
```

【问题分析】

这道题，我们同样可以用穷举的方法解决。一个很简单的想法，我们穷举图中每个位置，判断它能否在 8 个方向看到所有奶牛。我们事先预处理每个格子中的奶牛数，判断时我们就可以扫描地图，找出与穷举的格子在同一行，同一列及同一斜线的

所有奶牛的数量，看是否等于总的奶牛数。如果是，那么必然这个格子可以看见所有奶牛。这种方法很简单，但时间复杂度达到 $O(n^3)$，对于 N 比较大的时候就有可能超时。有没有更快的算法呢？

这里我们可以这么处理。在每一行，每一列，以及每一条斜线上，都预先统计出奶牛总数，这样后面穷举每个格子的时候，我们就不用在地图上扫描，而是直接用这个格子所在行、列、斜线的奶牛数计算。这个算法时间复杂度只有 $O(n^2)$，大大缩小了程序的运行时间。

【参考程序】

```
int ncow[510][510],row[510],col[510],d1[1010],d2[1010];
int main(){
    int n,k,r,c,i,j,ans=0,cnt=0;
    for(i=0;i<k;i++){
        scanf("%d%d",&c,&r);
        cnt++;   /* 奶牛总数 */
        ncow[r][c]++;
        col[c]++;   /* 修改行的统计值 */
        row[r]++;   /* 修改列的统计值 */
        d1[r+c]++;   /* 对角线 1 */
        d2[r-c+500]++;   /* 对角线 2 */
    }
    for (i=1;i<=n;i++)
        for (j=1;j<=n;j++)
            if (row[i]+col[j]+d1[i+j]+d2[i-j+500]-3*ncow[i][j]==
cnt)
  /* 四个方向的奶牛数加起来。格子本身算过四遍，所以要减去多算的 */
                ans++;
    printf("%d\n",ans);
}
```

12.2　回溯法

从问题的某一种可能情况出发，搜索所有可能到达的情况，然后再以其中的一种可能情况为新的出发点，继续向下探求，这样就走出了一条“路”。当这一条路走到“尽头”但仍没有寻找到目标的时候，再倒回到上个出发点，从另一个可能情况出发，继续搜索。这种不断“回溯”寻找目标的方法，称作“回溯法”。

回溯法的基本思想是穷举搜索。一般适用于寻找解集或找出满足某些约束条件的最优解的问题。这些问题所具有的共性是顺序性，即必须先探求第一步，确定第一步采取的可能值，再探求第二步采取的可能值，然后是第三步……，直到达到目标状态。

综合应用

例 12-3 N 皇后问题（改编自 USACO Training 1.5 checker）

【问题描述】在 N×N 的棋盘上，要摆放 N(6<=N<=13)个国际象棋中的皇后，而且这 N 个皇后不能相互攻击。国际象棋中的皇后的攻击范围为它所在的行和列，以及 45 度斜向的两条线。那么给出 N 后，请你计算有多少种不同的方案。为了简单起见，棋盘既不能旋转也不能翻转。

【输入格式】

一个整数 N 为棋盘的大小。

【输出格式】

一个整数，为摆放皇后的方案总数。

【问题分析】

这道题我们似乎难以推出公式。考虑到 N 的值很小，我们可以用回溯法找出所有合法的摆放。首先在第一行考虑所有的位置，每个位置都尝试放上皇后，然后进入下一行，再不断尝试可行的位置……如果当前的一行没有可行位置或者所有可行位置都尝试过了，就回溯到上一层。每当在最后一行找到合法的摆放位置，就将答案加 1，最后结束搜索就得到了答案。

我们用数组 c 判断列是否被占据，c[i]表示第 i 列被占据。用这个数组，我们每次能很快找到合法位置。每次放皇后或移走皇后时，顺带修改这个数组。考虑斜线的情况，两个皇后在斜线方向相互攻击，仅当她们的横纵坐标值的和或差相等。我们用 f1 和 f2 数组分别记录两个方向的斜线是否被占据。当一个点(x,y)放上皇后，对应的 f1[x+y]和 f2[x-y]的值就变为 1，表示该皇后所在的斜线已经被占据。这两个数组像 c 数组一样，可以在放皇后或移走皇后时动态地修改。

做到这样已很快了，但由于时限比较紧，还是会超时。最后做一个小优化，对于每一种方案，都会有一种左右对称的情况存在，如图 12-1：

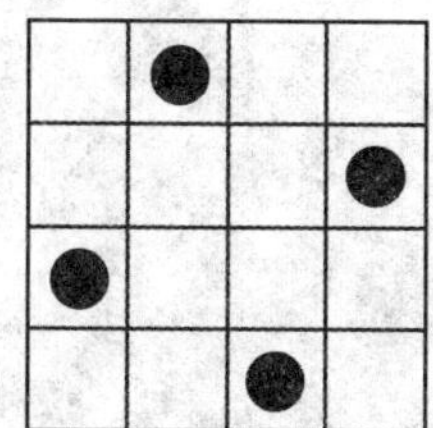
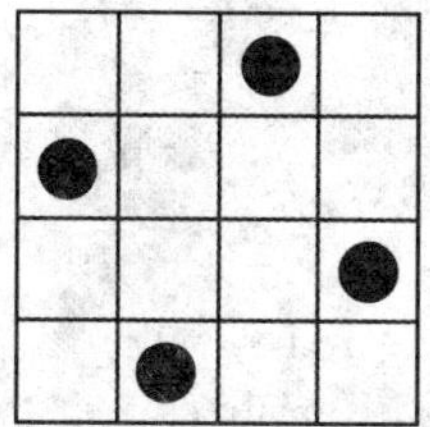

图 12-1

这样这两种情况不需要计算两次。那该怎么做呢？我们枚举第一行的所有位置时，只取前一半的位置进行搜索，后面的就直接用前面对称位置的结果。这样，节省了一半的时间。时间证明，经过优化可以通过 USACO 的所有数据。

【参考程序】

```
int f1[30],f2[30],c[30],f[30],ans,n,tot;
void dfs(int k){
    if (k==n+1){
        ans++;
        return;
    }
    int i;
    for (i=1;i<=n;i++)
        if (c[i]&&f1[i+k]&&f2[i-k+15]){
            c[i]=f1[i+k]=f2[i-k+15]=0;
            dfs(k+1);
            c[i]=f1[i+k]=f2[i-k+15]=1;
        }
}
int main(){
    int i;
    scanf("%d",&n);
    for (i=1;i<30;i++)
        c[i]=f1[i]=f2[i]=1;
    for (i=1;i<=(n+1)/2;i++){
        ans=0;
        c[i]=f1[i+1]=f2[i+14]=0;
        dfs(2);
```

```
        c[i]=f1[i+1]=f2[i+14]=1;
        f[i]=ans;
    }
    ans=0;
    for (i=0;i<=n;i++)
        if (i<=(n+1)/2)
            ans+=f[i];
        else ans+=f[n+1-i];
    printf("%d\n",ans);
}
```

例 12-4　数独

【问题描述】数独是一个风靡全球的解谜游戏。它的规则如下：

在一个 9×9 的方格中，有些位置上已经填有数字。你需要把数字 1～9 填写到空格当中，并且使方格的每一行和每一列中都包含 1～9 这九个数字。同时还要保证，空格中用粗线划分成的 9 个 3×3 的方格也同时包含 1～9 这九个数字。图 12-2 是一个数独的样例：

<table>
<tr><td>7</td><td></td><td></td><td>2</td><td>5</td><td></td><td></td><td>9</td><td>8</td></tr>
<tr><td></td><td></td><td>6</td><td></td><td></td><td></td><td></td><td>1</td><td></td></tr>
<tr><td></td><td></td><td></td><td>6</td><td>1</td><td></td><td>3</td><td></td><td></td></tr>
<tr><td>9</td><td></td><td></td><td></td><td></td><td>1</td><td></td><td></td><td></td></tr>
<tr><td></td><td></td><td></td><td></td><td>8</td><td></td><td>4</td><td></td><td>9</td></tr>
<tr><td></td><td></td><td>7</td><td>5</td><td></td><td>2</td><td>8</td><td></td><td>1</td></tr>
<tr><td></td><td>9</td><td>4</td><td></td><td></td><td>3</td><td></td><td></td><td></td></tr>
<tr><td></td><td></td><td></td><td></td><td>4</td><td>9</td><td>2</td><td>3</td><td></td></tr>
<tr><td>6</td><td>1</td><td></td><td></td><td></td><td></td><td></td><td>4</td><td></td></tr>
</table>

图 12-2

现给出一个数独，请你找出它的解。

【输入格式】

输入共 9 行，每行 9 个数，给一个出数独。数字 0 表示空格。

【输出格式】

输出有 9 行，每行有 9 个数字，为最终的结果。数据保证最后的解是唯一的。

【样例输入】

005000600
080701040
700060003
090205060

008040900
060109080
500090002
040308010
006000700

【样例输出】

415923678
683751249
729864153
194285367
358647921
267139485
571496832
942378516
836512794

【问题分析】

对于用计算机解决数独问题，那是小菜一碟。回溯算法是不错的选择。我们对于这个 9×9 的表格，只要从上到下、从左到右依次填每个格子，即穷举每个格子放的数字，并判断是否合法，合法就进入下一个待填写的格子填数，不合法就往上一层回溯。

这个思路很简单，但是如果没有较好的方法来判断是否合法，就比较容易超时。所有方案数会很多，但合法的只有一个，合理地运用约束条件判断是否合法，我们可以省去许多无用的搜索。我们可以参照在 N 皇后问题中使用的方法，这里我们用 r[i][j] 来记录第 i 行当前是否可以填数字 j，用 c[i][j]来记录第 i 列是当前否可以填数字 j，再用 f[i][j][k]记录对应 3×3 的方格中当前是否可以放入数字 k。这样我们在递归进入下一层之前修改这三个数组，回溯的时候再改回来，都只要常数级别的时间，很方便。同时这个约束的效果很好，大大提高了程序的效率，可以瞬间出解。

【参考程序】

```
char a[9][9],c[9][10],r[9][10],f[3][3][10];

void print(){
    int i,j;
    for (i=0;i<9;i++){
        for (j=0;j<9;j++)
            printf("%d",a[i][j]);
```

```
        printf("\n");
    }
    exit(0);
}
void dfs(int x,int y){
    if (x==9) print();
    if (y==9) dfs(x+1,0);
    else if (a[x][y]! =0) dfs(x,y+1);
    else{
        int i;
        for (i=1;i<=9;i++)
            if (r[x][i]&&c[y][i]&&f[x/3][y/3][i]){
                r[x][i]=c[y][i]=f[x/3][y/3][i]=0;
                a[x][y]=i; dfs(x,y+1);
                r[x][i]=c[y][i]=f[x/3][y/3][i]=1;
            }
        a[x][y]=0;
    }
}
int main(){
    int i,j;
    for (i=0;i<9;i++)
        gets(a[i]);
    memset(r,1,sizeof(r));
    memset(c,1,sizeof(c));
    memset(f,1,sizeof(f));
    for (i=0;i<9;i++)
        for (j=0;j<9;j++){
            a[i][j]-='0';
            r[i][a[i][j]]=0;
            c[j][a[i][j]]=0;
            f[i/3][j/3][a[i][j]]=0;
        }
    dfs(0,0);
```

}

12.3 贪心法

在实际生活中，经常会遇到求一个问题的可行解和最优解的要求，这就是所谓的最优化问题。每个最优化问题都包含一组限制和一个优化函数，符合限制条件的问题求解方案称为可行解，使优化函数取得最佳值的可行解称为最优解。

贪心法是求解这类问题的一种常用算法，它是从问题的某一个初始解出发，采用逐步构造最优解的方法向给定的目标前进。在每个局部阶段，都做出一个看上去最优的策略(即某种意义下的，或某种标准下的局部最优解)，并期望通过每次所做的局部最优选择产生出一个全局最优解。作出贪心决策的依据称为贪心准则(策略)，但要注意决策一旦做出，就不可再更改。贪心与递推不同的是，推进的每一步不是根据某一固定的递推式，而是做一个当时看似最佳的贪心选择，不断地将问题归纳为更小的相似子问题。所以在有些最优化问题中，采用贪心法不能保证一定得到最优解，这时我们可以采用其他解决最优化问题的算法，如动态规划等。归纳、分析、选择贪心标准是正确解决贪心问题的关键。下面我们通过典型例子来应用。

例 12-5　Sarov Zones (SGU 171)

【问题描述】有许多学生将要参加一场竞赛。竞赛是这样组织的，它将在各地设赛区，然后在每个赛区选拔一些优秀的学生去参赛。总共有 K($1 \leqslant K \leqslant 100$)个赛区，第 i 个赛区有恰好 N[i]个学生参赛。

每年都会有 n($1 \leqslant n \leqslant 16\,000$)个学生受到竞赛组织方的邀请，参加到这场竞赛中。这里 n=N[1]+N[2]+…+N[K]，也就是说被邀请的学生数恰好等于各赛区的人数之和。每个学生都可以在某一个赛区参赛。各个赛区的难度是有差异的，第 i 个赛区的难度被定为 Q[i]；同时每个学生的实力也是定值，第 j 个学生实力为 P[j]。如果第 j 个学生去 i 赛区比赛，当且仅当 P[j]>Q[i]时这名学生会出线。每个学生还有另一个值 w[i]($0 \leqslant w[i] \leqslant 100\,000$)，表示他受到的关注程度，w[i]越大说明他受到的关注越大。

现在你作为一个主管，可以将学生任意分配。你的目标是让所有出线的学生受关注程度的总和最大。你该怎么分配这些学生呢?

【输入格式】

第 1 行：一个整数 K。

第 2 行：K 个整数，为每个赛区的人数，即 N[1]～N[K]的值。

第3行：K个整数，为每个赛区的难度值，即Q[1]~Q[K]的值。

第4行：n个整数，为每个学生的实力，即P[1]~P[n]的值。

第5行：n个整数，为每个学生的受关注程度，即W[1]~W[n]的值。

【输出格式】

仅一行：n个整数，第i个数表示按输入顺序的第i个学生参加的赛区。最后答案可能不唯一，输出任意一种即可。

【样例输入】

2
1 1
4 1
2 3
2 1

【样例输出】

2 1

【问题分析】

首先将所有学生按受关注程度排序，然后我们按受关注程度从高到低的顺序依次分配每个学生。对于每个学生，在他可以出线而且人数没满的赛区中，选择难度最高的赛区分配(反正可以出线，选走大难度的，后面的人机会就大)。若找不到能出线的赛区，他就去目前人数未满的难度最高的赛区(反正怎样他去都出不了线，不如去难度最高的，这样后面的人出线机会就大)。这样，就得到了最优的分配方案。

为什么这个贪心策略正确呢？因为我们总是先分配受关注度高的，试想第一个人如果有出线机会而未被分到合适的赛区，他的没出线最多只能让另一个人获得出线机会，而他后面的人受关注度不比他高，于是肯定不会获得更优解。第二、第三个人，以及之后所有人同理。总结起来，这种算法总能使出线人数达到最大，在这个前提下权值和保证了最大。

【参考程序】

```
#include<stdlib.h>

struct point{
    int w,P,idx;
} a[16006];
int ans[16006],Q[101],N[101];

int cmp(const void *a,const void *b){
    return ((struct point *)a)->w-((struct point *)b)->w;
}
```

```
int main(){
    int i,j,k,n=0,m;
    scanf("%d",&k);
    for (i=1;i<=k;i++)
        scanf("%d",&N[i]);
    for (i=1;i<=k;i++)
        scanf("%d",&Q[i]);
    for (i=1;i<=k;i++)
        n+=N[i];
    for (i=0;i<n;i++)
        scanf("%d",&a[i].P);
    for (i=0;i<n;i++)
        scanf("%d",&a[i].w);
    for (i=0;i<n;i++)
        a[i].idx=i;
    qsort(a,n,sizeof(struct point),cmp);
    for (i=n-1;i>=0;i--){
        for (m=0,j=1;j<=k;j++)
            if (N[j] && a[i].P>Q[j] && Q[j]>Q[m]) m=j;
        if (m==0)
            for (j=1;j<=k;j++)
                if (N[j] && Q[j]>Q[m]) m=j;
        N[m]--;
        ans[a[i].idx]=m;
    }
    for (i=0;i<n;i++)
        printf("%d ",ans[i]);
    printf("\n");
}
```

例 12-6　分配防晒霜（USACO NOV07 GOLD Division）

【问题描述】奶牛们计划着去海滩上享受日光浴。为了避免皮肤被阳光灼伤，所有 C(1≤C≤2500)头奶牛必须在出门之前在身上抹防晒霜。第 i 头奶牛适合的最小和最大的 SPF 值分别为 minSPF-i 和 maxSPF-i(1≤minSPF-i≤1000；minSPF-i≤maxSPF-i≤1000)。如果某头奶牛涂的防晒霜的 SPF 值过小，那么阳光仍然能把她的皮肤灼伤；如果防晒霜的 SPF 值过大，则会使日光浴与躺在屋里睡觉变得几乎没有差别。

为此，奶牛们准备了一大篮子防晒霜，一共 L(1≤L≤2 500)瓶。第 i 瓶防晒霜的 SPF 值为 SPF-i(1≤SPF-i≤1000)。瓶子的大小也不一定相同，第 i 瓶防晒霜可供 cover-i 头奶牛使用。当然，每头奶牛只能涂某一个瓶子里的防晒霜，而不能把若干个瓶里的混合着用。

请你计算一下，如果使用奶牛们准备的防晒霜，最多有多少奶牛能在不被灼伤的前提下，享受到日光浴的效果？

【输入格式】

第 1 行：两个用空格隔开的整数：C 和 L

第 2..C+1 行：第 i+1 行给出了适合第 i 头奶牛的 SPF 值的范围：minSPF-i 以及 maxSPF-i。

第 C+2..C+L+1 行：第 i+C+1 行为了第 i 瓶防晒霜的参数：SPF-i 和 cover-i，两个数间用空格隔开。

【输出格式】

仅 1 个整数，表示最多有多少头奶牛能享受到日光浴。

【样例输入】

```
3 2
3 10
2 5
1 5
6 2
4 1
```

【样例输出】

```
2
```

【问题分析】

我们选择的策略如下：首先将所有防晒霜按 SPF 值从小到大排好序。先考虑 SPF 值最小的防晒霜，记其 SPF 值为 F，数量为 X，找出能适用所有奶牛。显然这种防晒霜应当在这些奶牛中分配。这些奶牛各自的适合范围有不同，但下限都不大于 F，上限都不小于 F。我们再按上限的从小到大顺序将这些奶牛排序，防晒霜就直接分配给上限最小的前 X 个。接下来，取 SPF 值第二小的防晒霜，在剩下奶牛中进行同样的过程，再下来是 SPF 值第三小的……所有防晒霜分配完后，被分配到的奶牛数就是最大值。

这显然是一种贪心的策略，每次分配尽可能多，来保证最后结果的最优。这个算

法为什么是正确的呢？我们看一下算法，两遍排序过程显然是关键。

首先对于第一瓶防晒霜，若适用的奶牛数小于其数量，则处理起来很简单：全部分配。既然可以物尽其用，又有什么不好的呢？而对于奶牛数多于防晒霜数量的情况，我们可以这么想：我们尚未分配的防晒霜 SPF 值更大，那么上限比较大的奶牛会有更多机会在以后的分配中获得防晒霜。既然这次一定会分给 X 头奶牛，不如分给上限最小的 X 头，好让上限大的奶牛进入后面的分配，从而使后面能分配最多。对于其它防晒霜，也同样是这种思路。

于是，通过对防晒霜和奶牛的排序，我们就能顺利地用贪心算法解决这个问题。

【参考程序】

```
#include<stdlib.h>

#define min x
#define max y
#define cnt x
#define spf y
#define NODE struct node

struct node{
    int x,y;
} a[3 000],b[3 000];
char u[3 000];

int cmp(const void *a,const void *b){
    return ((NODE*)a)->y - ((NODE*)b)->y;
}

int main(){
    int i,j,C,L,ans=0;
    scanf("%d%d",&C,&L);
    for (i=0;i<C;i++)
        scanf("%d%d",&a[i].min,&a[i].max);
    for (i=0;i<L;i++)
        scanf("%d%d",&b[i].spf,&b[i].cnt);
    qsort(a,C,sizeof(NODE),cmp);   /*对奶牛按上限值排序*/
    qsort(b,L,sizeof(NODE),cmp);   /*对防晒霜按 spf 值排序*/
    for (i=0;i<L;i++)
        for (j=0;j<C && b[i].cnt>0;j++)
```

```
            if (u[j]==0 && a[j].min<=b[i].spf && a[j].max>=b[i].spf){
                u[j]=1; b[i].cnt--; ans++;
            }
    printf("%d\n",ans);
}
```

例 12-7 River Hopscotch (USACO DEC06 SILVER Division)

【问题描述】每年奶牛们举行一场奇异的活动。它们从左岸出发，一个个小心地跳过河上的石头，最后跳到右岸。左右岸上各有一块石头，分别是起点和终点，而它之间有 N(1≤N≤50000)块石头在河上，它们与两岸的两块石头处在一条直线上。左右岸相距 L(1≤L≤1000000000)个单位长度，而每块石头到左岸都有一个距离 Di(0<Di<L)。

Farmer John 很自豪地看着他的奶牛们一个个跳过河，但是渐渐他厌倦了。他希望移走河上的一些石头，使得剩下的石头(包括岸上的)中，最近的两个石头间的距离增加。然而因为精力有限，是他不能移走太多石头，最多移走 M(0<=M<=N)块。他想知道石头间的最短距离最长为多少。

【输入格式】

第 1 行：三个空格分开的整数 L，N 和 M。

第 2..N+1 行：每行一个整数，表示一块石头到左岸的距离。输入保证没有两块石头会处于相同的位置。

【输出格式】

仅整数，表示移走若干块石头后的最长的最短距离。

【样例输入】

```
25 5 2
2
14
11
21
17
```

【样例输出】

```
4
```

【样例说明】

移走距左岸 2 和 14 的石头，还剩 0,11,17,21,25，它们之间最小距离为 4。

【问题分析】

直接考虑问题比较困难。我们先考虑另一个问题，如果给定一个距离 d，问至少要移走多少石头才能满足石头之间的最小距离不小于 d？对于这个问题，答案就很简单了。我们采取贪心的策略计算：从左岸开始，移走距离它小于 d 的所有石头，接下来从左岸跳到第一块合法的石头，再移走距离这块石头小于 d 的所有石头，再往后跳一步……所以我们将石头按位置排序，再模拟一遍跳的过程就可以得到这个问题的答案。

接下来，有一点是显而易见的，d 增大时，需要移走的石头数一定不变或更多。直接枚举 d 的值会很慢，所以我们对这个 d 进行二分，判断最小距离为 d 时移走的最少石头数是否超过 M 块。我们用变量 lo 记录可行的解，用 hi 记录不可行解。每次 mid=(lo+hi)/2，检验 mid 是否可行，可行则 lo=mid，不可行则 hi=mid，直到 lo+1 与 hi 相等时停止，lo 就是最后答案。就这样，整个问题就被成功解决了。时间复杂度为 $O(n\log_2 L)$，不会超时。

【参考程序】

```
#include<stdlib.h>
int i,L,N,M,a[50010];
int cmp(const void *a,const void *b){
    return *(int*)a - *(int*)b;
}
/*检验函数，求出给定距离 dist 后需要移走多少石头，是否不超过 M*/
int check(int dist){
    int i,last=0,cnt=0;
    for (i=1;i<=N;i++)
        if (a[i]-last<dist) cnt++;
        else last=a[i];
    if (L-last<dist) cnt++;
    return cnt<=M;
}
int main(){
    scanf("%d%d%d",&L,&N,&M);
    for (i=1;i<=N;i++)
        scanf("%d",a+i);
    qsort(a+1,N,sizeof(int),cmp);
```

```
    /*二分答案的求解过程*/
    int lo=0,hi=L+1,mid;
    while(lo+1<hi){
        mid=(lo+hi)/2;
        if (check(mid))
            lo=mid;
        else hi=mid;
    }
    printf("%d\n",lo);
}
```

12.4 分治法

有很多算法结构上是递归的:为了解决一个给定的问题,算法要一次或多次地递归调用其自身来解决相关的子问题。这些算法常常采用分治策略:将问题划分成若干个规模较小而结构与原问题相似的子问题,然后再合并其结果就得到原问题的解。结合两个经典的排序算法我们来看分治策略的应用。

(1) 快速排序

它的基本思想是分治,即通过一遍处理将要排序的数据分割成独立的两部分,其中一部分的所有数据都不比另外一部分的所有数据大,然后再这两部分数据分别进行快速排序。整个排序过程可以递归进行,以此达到整个数据变成有序序列。

假设要排序的数组是A[0]……A[N-1],首先任意选取一个数据作为关键数据,然后将所有比它小的数都放到它前面,所有比它大的数都放到它后面。这个算法是这样的:

① 设置两个变量I、J,排序开始的时候I=0,J=N-1。

② 以某一个数组元素作为关键数据,赋值给X,如X=A[(i+j)/2];

③ 从J开始向前搜索,即由后开始向前搜索,找到第一个小于或等于X的值;

④ 从I开始向后搜索,即由前开始向后搜索,找到第一个大于或等于X的值;

⑤ 若I≤J,则交换A[I]与A[J],并且I增加1,J减小1。

⑥ 重复第3、4、5步,直到I>J。

例如,待处理的数组A的值分别是:(初始关键数据X=55)

A[0]	A[1]	A[2]	A[3]	A[4]	A[5]	A[6]:
49	38	65	55	76	13	27

执行过程(3)、(4)后，得到 I=2，J=6。将 A[2]与 A[6]交换：

49　　38　　27　　55　　76　　13　　65

交换后，I=3，J=5。

继续执行过程(3)、(4)，I 不变，J 也不变。交换 A[3]和 A[5]：

49　　38　　27　　13　　76　　55　　65

此时 I=4，J=4，仍然需要继续做下去。

再执行一次过程(3)、(4)后，I=4，J=3，这样就不需要交换元素了，所以退出循环，一趟排序完成。最后的数组如下所示：

A[0]	A[1]	A[2]	A[3]	A[4]	A[5]	A[6]：
49	38	27	13	76	55	65

所有小于 55 的数全部在 A[0]到 A[J]之间，所有大于 55 的数全部在 A[I]到 A[6]之间，而等于 55 的数被分在哪里其实无所谓。退出循环后有 I>J，这样保证 J 及其之前的部分中的任意一个数，都不大于 I 及其右边部分的任意一个数。接下来我们要做的，就是对 A[0]到 A[J]进行快速排序，再对 A[I]到 A[6]进行快速排序。

快速排序就是递归调用此过程——以 55 分割这个数据序列，分别对前面一部分和后面一部分进行类似的快速排序，从而完成全部数据序列的快速排序，最后把此数据序列变成一个有序的序列，根据这种思想对于上述数组 A 的快速排序的全过程如下所示：

初始状态 { 49 38 65 55 76 13 27 }

对整个数组进行一次处理得 { 49 38 27 13 } { 76 55 65 }

分别对前后两部分进行同样的操作 { { 13 27 } { 38 49 } } { { 55 } { 76 65 } }

最后的划分情况 { { 13 { 27 } } { 38 { 49 } } } { { 55 } { { 65 } { 76 } } }

于是我们得到了排序好的数组 { 13 27 38 49 55 65 76 }

【参考程序】

```
void qsort(int A[],int l,int r){
    int X=A[(l+r)/2],I=l,J=r,tmp;
    do{
        while(A[I]<X) I++;
        while(X<A[J]) J--;
        if (I<=J){
            tmp=A[I];
            A[I]=A[J];
            A[J]=tmp;
            I++; J--;
```

```
        }
    }while(I<=J);
    if (l<J) qsort(A,l,J);
    if (I<r) qsort(A,I,r);
}

int a[]={49,38,65,55,76,13,27};

int main(){
    qsort(a,0,6);
    int i;
    for (i=0;i<=6;i++)
        printf("%d ",a[i]);
    printf("\n");
}
```

快速排序的时间复杂度通常情况为 $O(n\log_2 n)$，速度很让人满意。但是排序的时间依赖于输入数据，在最坏情况下，时间复杂度会变为 $O(n^2)$。

(2) 归并排序

归并排序同样是分治法的经典应用。它的基本思想是：将待排序的数列分成两个小的数集，先对两个子数集进行排序，然后进行两个有序子集的合并，形成排序后的数列。而对子集的处理方法与刚才的处理方法是一致的，直到子集集中只存在一个整数为止结束分解。

为了提高排序的效率，我们每次总是将数集分为长度很接近的两个子数集，这样归并排序的时间复杂度就是严格的 $O(n\log_2 n)$。

【参考程序】

```
int s[1 000];    /* 申请全局变量，在归并中使用 */
void merge-sort(int A[],int l,int r){
    if (l==r) return;
    int mid=(l+r)/2;
    /* 先将数组分成两段，分别排序 */
    merge-sort(A,l,mid);
    merge-sort(A,mid+1,r);
    /* 以下将 A 数组前后两部分归并起来 */
    memcpy(s+l,A+l,(r-l+1)*sizeof(int));    /* 复制到临时数组 s 中 */
    int p1=l,p2=mid+1,p=l;
    while(p1<=mid && p2<=r){    /* 前后两段都有未处理的数 */
```

```
        if (s[p1]<=s[p2])
            A[p++]=s[p1++];
        else A[p++]=s[p2++];
    }
    while(p1<=mid) A[p++]=s[p1++];   /* 左边有剩余 */
    while(p2<=r) A[p++]=s[p2++];    /* 右边有剩余 */
}

int a[]={49,38,65,55,76,13,27};

int main(){
    merge-sort(a,0,6);
    int i;
    for (i=0;i<=6;i++)
        printf("%d ",a[i]);
    printf("\n");
}
```

例 12-8　Best Tournament Schedule (SGU 288)

【问题描述】在某地将举行一场锦标赛，共有 N 支队伍参加(1<=N<=2005)。比赛采取单循环制，于是每两支队伍之间都恰好有一场比赛。所有比赛分若干天进行，每天都会进行许多场比赛，但是对于每支队伍，一天最多只有一场比赛，否则就没有足够的准备时间了。

由于比赛的数量很多，竞赛组委会希望找到一种最好的方案，使得比赛能用最少的天数完成，你能帮他们安排吗？

【输入格式】

仅整数 N，为参赛队伍的数量。

【输出格式】

第一行：一个整数最少要用的天数 T。

第 2..N+1 行：一个 N×N 的矩阵，其中的每个元素都是整数。矩阵的第 i 行第 j 个元素表示第 i 支队伍与第 j 支队伍的比赛安排在哪一天。当然，这个天数一定在 1 到 T 之间。输出要保证方案是合法的，即不会有一支队伍一天参加超过一场的比赛。矩阵中如果 i=j，那么该元素就为 0。由于方案不唯一，输出任意一个解都行。

【样例输入】

5

【样例输出】

5

```
0 1 5 4 3
1 0 2 3 5
5 2 0 1 4
4 3 1 0 2
3 5 4 2 0
```

【问题分析】

这道题的解法不唯一，但这里介绍一种用分治法解决的策略。

首先我们看天数 T 最少为多少。比赛总数为 N＊(N－1)/2，如果 N 为偶数，那么一天最多可以进行 N/2 场比赛，天数就为 N－1；如果 N 是奇数，一天最多只有(n－1)/2 场比赛而一支队伍轮空，那就要比 N 天。

对于 N 为奇数的情况，我们还得尝试构造的方法，不过相对容易。一个可行的方法是，N 个人先站成一个圈；第 i 天让 i 轮空，其他人看作一条链，每次从两端各取一个人配对打比赛。N 天过后，就可以打完单循环。

对于 N 为偶数的情况，就不是那么好构造了，这里就用一个很巧妙的分治策略。将所有队伍分成相等的两组，各自打单循环，最后两组再相互间组织比赛。我们看用的天数，如果两组均为偶数支队伍，各自打单循环要花 N/2－1 天，再用 N/2 天两组之间相互打比赛；如果两组都有奇数支队伍，那么打单循环要花 N/2 天，但两组之间的比赛只要 N/2－1 天！因为奇数支队伍打单循环的话，每天两组都有一支队伍轮空，所以轮空的队伍之间可以比赛，所以后面一个阶段就省去一天时间了。分组之后，转化为两个规模减半的子问题，最后两组相互间的比赛是很好处理的，于是问题得到了解决。

【参考程序】

```
#define f(i) (i>(s+n)? i-nn:i)

int a[2008][2008],n;
/*n为奇数的情况*/
void solve-odd(int n,int d,int s){  /*n为人数,d为起始时间,s为n个人的起始编号*/
    if (n==1) return;
    int i,j,A,B;
    for (i=1;i<=n;i++){
        A=s+i-1;
        B=s+i+1;
        for (j=0;j<(n>>1);j++){
            if (A==s) A+=n;
```

```
            if (B>s+n) B-=n;
            a[A][B]=i+d;
            a[B][A]=i+d;
            A--; B++;
        }
    }
}
/*n为偶数的情况*/
void solve-even(int n,int d,int s){  /*n为人数,d为起始时间,s为n个人的起始编号*/
    int nn=n/2,i,j;
    if (nn%2==1){  /*两边都是奇数个人*/
        solve-odd(nn,d,s);
        solve-odd(nn,d,s+nn);
        /*安排所有轮空的人在第i+d天比赛*/
        for (i=1;i<=nn;i++){
            a[s+i][s+i+nn]=i+d;
            a[s+i+nn][s+i]=i+d;
        }
    }else{  /*两边都是偶数个人*/
        solve-even(nn,d,s);
        solve-even(nn,d,s+nn);
        /*安排两组的一批人在第nn+d天比赛*/
        for (i=1;i<=nn;i++){
            a[s+i][s+i+nn]=d+nn;
            a[s+i+nn][s+i]=d+nn;
        }
    }
    /*安排两组的人完成互相间的比赛*/
    d+=nn;
    for (j=1;j<nn;j++)
        for (i=1;i<=nn;i++){
            a[s+i][f(s+i+nn+j)]=j+d;
            a[f(s+i+nn+j)][s+i]=j+d;
```

```
    }
}
/*输出答案*/
void out(){
    int i,j;
    for (i=1;i<=n;i++){
        for (j=1;j<=n;j++)
            printf("%d ",a[i][j]);
        printf("\n");
    }
}

int main(){
    scanf("%d",&n);
    if (n==1) printf("0\n");
    else if (n&1){
        printf("%d\n",n);
        solve-odd(n,0,0);
    }else{
        printf("%d\n",n-1);
        solve-even(n,0,0);
    }
    out();
    return 0;
}
```

12.5 递推法

客观世界中的各个事物之间或者一个事物内的各个元素之间，往往存在着很多本质上的关联。我们设计程序前，应该要通过细心观察、丰富的联想、不断地尝试推理，尽可能先归纳总结出其内在的规律，然后再把这种规律性的东西抽象成数学模型，最后去编程实现。

递推关系是一种简洁高效的常见的数学模型，譬如我们熟悉的 Fibonacci 数列问

题，$F(1)=0$，$F(2)=1$；在 $n>2$ 时，有 $F(n)=F(n-1)+F(n-2)$。在这种类型的问题中，每个数据项都和它前面的若干项有一定的关联，这种关联一般是通过一个递推关系式来表示的。求解问题时我们从初始的一个或若干数据项出发，通过递推关系式逐步推进，从而得到最后结果。这种求解问题的方法叫“递推法”。其中，初始的若干数据项称为“边界”。下面我们通过例题了解递推法的应用。

例 12-9　Circle (SGU 130)

【问题描述】在一个圆上，有 2×K 个不同的结点。我们以这些点为端点连 K 条线段，使得每个结点都恰好用一次。在满足这些线段将圆分成最少部分的前提下，请你计算有多少种连线的方法。

【输入格式】

仅一行，为一个整数 K(1<=k<=30)。

【输出格式】

两个用空格隔开的整数，后者为最少将圆分成几块，前者为在此前提下连线的方案数。

【样例输入】

2

【样例输出】

2 3

【问题分析】

首先要让分成的部分最少，只要使所有连的线段不相交即可，因为这种情况下，添加的每一条线段只会将圆的某一个部分切成两块，使总的部分数加一。开始的圆只有一个部分，添 K 条线段后，答案就是 K+1 了。

其次怎么统计连线的方案数。对 2K 个结点我们选定其中一个点，枚举它和其它哪个点连。一旦确定了另一个点，我们就将圆分成两个部分，接下来就对两边的点分别计算方案数，再用乘法原理组合起来。具体地说，我们算出一边的方案数为 X，另一边的方案数为 Y，那么两边各取一种方案，就组合成 X×Y 种不同的连线方法。

至于怎么计算两边的方案数，可以将两边也看作圆，并且两边的圆上有一定数量的点。这就转化为一个规模更小的子问题了。最后注意一下，分成两部分时必然要保证两边的点都是偶数个，这样才能保证连出 K 条不相交的线段。

我们记 F[i]为圆上有 2×i 个点的方案数，下面以计算 F[3]为例：

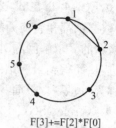

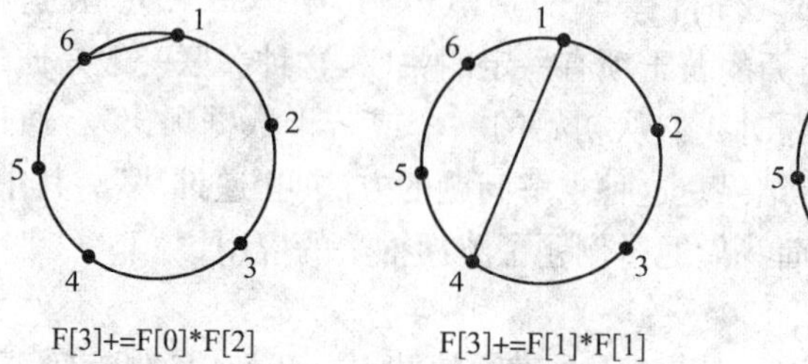

图 12-3

由图 12-3 得到 F[3]=F[0]∗F[2]+F[1]∗F[1]+F[2]∗F[0]。

同理,F[4]=F[0]∗f[3]+F[1]∗F[2]+F[2]∗F[1]+F[3]∗F[0]。

更一般的递推式是:F[n]=F[0]∗F[n−1]+F[1]∗F[n−2]+…+F[n−1]∗F[0],其中 n>=2。

对于边界,我们直接令 F[0]=1,F[1]=1,这样整个问题就很简单了,我们根据递推式将后面的项一个个求出来,最后即可得到 F[K]。注意 K 最大为 30,答案会超过 int 类型的范围,所以我们要用 long int,至此问题得到解决。

数列 F 即为著名的 Catalan 数列,有组合数的公式,有兴趣的同学可以自己研究,这里不做深入介绍。

【参考程序】

```
int main(){
    int i,j,K;
    long long F[31];
    scanf("%d",&K);
    F[0]=1; F[1]=1;
    for (i=2;i<=K;i++)
        for (j=0;j<i;j++)
            F[i]+=F[j]*F[i-1-j];
    printf("%d %d\n",F[K],K+1);
}
```

例 12-10 奇怪的数列

【问题描述】有一个实数数列,它总共有 N 项。对于任意的第 i 项(1<i<N)满足这样一个条件:a[i]=(a[i−1]+a[i+1])/2+d。现在知道 N,d,a[1],a[N],我们给出一个 1 到 N 之间的整数 m,你能将 a[m]求出来吗?

【输入格式】

一行,五个整数 N,d,a[1],a[N]和 m。

【输出格式】

一个实数，精确到小数点后三位，为 a[m]的值。

【样例输入】

5 1 1 5 4

【样例输出】

7.000

【样例说明】

整个数列为(1,5,7,7,5)，其中第 4 项为 7。

【问题分析】

这个问题实际是要我们用已知条件推出整个数列。它的困难之处在于给出公式并不是一个直观的递推式，我们无法通过它直接确定数列中其它项的值。

一个简单的想法，我们改写一下式子的形式。通过移项，我们可以将其变成 a[i+1]=2*a[i]-2*d-a[i-1]。这样似乎比较好了，可是我们仍然不能推出整个数列，因为现在我们只知道 a[1]而不知道 a[2]的值，也就不能依次推出其它项。不过这不要紧，如果我们令 a[2]等于 x，那么我们就可以将后面的项写成与 x，a[1]和 d 有关的式子。例如：

a[3]=2*a[2]-2*d-a[1]=2*x-2*d-a[1]

a[4]=2*a[3]-2*d-a[2]=2*(2*x-2*d-a[1])-2*d-x=3*x-6*d-2*a[1]

依此类推，最终可以将 a[N]表示成这种形式。我们已经知道 a[1]，a[N]和 d 的值，就能用一元一次方程解出 x 的值，然后 a[m]的值就可以顺利地求出来了。我们要做的，就是递推求出各项中 x，a[1]，a[N]之前的系数。

【参考程序】

```
int N,m,i;
double f[50][3],a1,aN,am,d,x;

int main(){
    scanf("%d%lf%lf%lf%d",&N,&d,&a1,&aN,&m);
    f[1][1]=1; f[2][0]=1;
    for (i=3;i<=N;i++){
        f[i][0]=2*f[i-1][0]-f[i-2][0];
        f[i][1]=2*f[i-1][1]-f[i-2][1];
        f[i][2]=2*f[i-1][2]-f[i-2][2]-2*d;
    }
    x=(aN-f[N][1]*a1-f[N][2]*d)/f[N][0];
```

```
    am=f[m][0]*x+f[m][1]*a1+f[m][2]*d;
    printf("%.3lf\n",am);
}
```

12.6 动态规划

动态规划是信息学竞赛中选手必须熟练掌握的一种算法，他以其多元性广受出题者的喜爱。

动态规划首次进入信息学奥赛是在 IOI 94（数字三角形），在国内首次出现是在 NOI95。此后动态规划成为信息学奥赛的必考算法之一。

动态规划（dynamic programming）是运筹学的一个分支，是求解决策过程（decision process）最优化的数学方法。20 世纪 50 年代初美国数学家 R. E. Bellman 等人在研究多阶段决策过程（multistep decision process）的优化问题时，提出了著名的最优化原理（principle of optimality），把多阶段过程转化为一系列单阶段问题，逐个求解，创立了解决这类过程优化问题的新方法——动态规划。1957 年出版了他的名著 Dynamic Programming，这是该领域的第一本著作。

动态规划问世以来，在经济管理、生产调度、工程技术和最优控制等方面得到了广泛的应用。例如最短路线、库存管理、资源分配、设备更新、排序、装载等问题，用动态规划方法比用其它方法求解更为方便。

虽然动态规划主要用于求解以时间划分阶段的动态过程的优化问题，但是一些与时间无关的静态规划（如线性规划、非线性规划），只要人为地引进时间因素，把它视为多阶段决策过程，也可以用动态规划方法方便地求解。

动态规划程序设计是对解最优化问题的一种途径、一种方法，而不是一种特殊算法。不象前面所述的那些搜索或数值计算那样，具有一个标准的数学表达式和明确清晰的解题方法。动态规划程序设计往往是针对一种最优化问题，由于各种问题的性质不同，确定最优解的条件也互不相同，因而动态规划的设计方法对不同的问题，有各具特色的解题方法，而不存在一种万能的动态规划算法，可以解决各类最优化问题。因此读者在学习时，除了要对基本概念和方法正确理解外，必须具体问题具体分析处理，以丰富的想象力去建立模型，用创造性的技巧去求解。我们也可以通过对若干有代表性的问题的动态规划算法进行分析、讨论，逐渐学会并掌握这一设计方法。

和分治算法一样，动态规划是通过组合子问题的解而解决整个问题的。从前面已经知道，分治算法是将问题划分成一些独立的子问题，递归地求解子问题，然后合

并子问题的解而得到原问题的解。与此不同，动态规划适用于子问题不是独立的情况，也就是各子问题包含公共的子子问题。在这种情况下，若用分治法则会做许多不必要的工作，即重复地求解公共的子子问题。动态规划中，所有子问题都只会求解一次，将结果存在一张表中，从而避免再次遇到各个子问题后重新计算答案。下面先看一道例题：

给你一个数字三角形，形式如下：

1

2 3

4 5 6

7 8 9 10

找出从第一层到最后一层的一条路径，使得所经过的权值之和最小或者最大。一开始站在第一行第一列，每一步可以向下或右下走一格。三角形行数不超过 100。

我们记 f(i,j)表示在第 i 层站在第 j 列之后，从它的位置走到最后一层的最优解。于是很容易地，我们写出状态转移方程：f(i,j) ＝a[i][j]＋min{f(i＋1,j),f(i＋1,j＋1)}

我们尝试从正面的思路去解决问题。令 n＝4 表示层数，由上面给出的状态转移方程，不难得出一个非常简单的递归函数：

```
int f(int i,int j){
    if (i==n) return a[i][j];
    int f1=f(i-1,j+1),f2=f(i-1,j);
    if (f1>f2) return f1+a[i][j]; else return f2+a[i][j];
}
```

显而易见，这个算法就是最简单的搜索算法，时间复杂度为 $O(2^n)$，很容易就超时。分析一下搜索的过程，实际上，很多调用都是不必要的。例如对于子问题 f(3,2)，计算 f(2,1)时会调用它，计算 f(2,2)时也会调用它，而实际上 f(3,2)对于这组数据是确定的，无论哪里调用返回的值都一样。如果每次调用都重新计算，将会花费很多时间。所以为了避免这种重复调用，我们定义一个 opt 数组：opt[i][j]。每计算出一个 f(i,j)，就将 f(i,j)的值放入 opt[i][j]中，以后再次调用到 f(i,j)的时候，就不再计算，而是直接从 opt[i][j]取出答案就可以了。

当然，对于动态规划算法解决这个问题，我们根据状态转移方程和状态转移方向，能很容易地写出动态规划的循环表示方法：

```
for (i=n;i>=1;i--)
    for (j=1;j<=i;j++)
        if (f[i+1][j]>f[i+1][j+1])
```

```
            f[i][j]=f[i+1][j]+a[i][j];
        else f[i][j]=f[i+1][j+1]+a[i][j];
```

这样我们自底向上地解决问题，即先求解规模最小的子问题，再求解规模大一些的子问题，最后就求出整个问题的解。

我们刚刚讨论过动态规划程序设计方法的一个例子，现在来看看什么时候应用这个方法。从应用的角度来看，对一个具体的问题，在什么样的情况下需要用动态规划解决？这里我们要介绍适合采用动态规划求解的最优化问题的两个要素：最优子结构和重复子问题。

(1) 最优子结构

用动态规划求解最优化问题的第一步是描绘一个最优的结构。我们说一个问题具有最优子结构性质，就是该问题的最优解中包含了一个或多个子问题的最优解。当一个问题呈现出最优子结构时，动态规划就可能是一个适合的候选的方法了。在上面例子中，我们发现数字三角形问题具有最优子结构。具体来说，当前位置的最优路径必定与其往下走之后的最优路径和往右下走之后的最优路径有关，而且来自其中更优的一个，即问题的最优解包含了其中一个子问题的最优解。

(2) 重叠子问题

适合于动态规划方法解决的最优化问题必须具有的第二个要素是子问题空间要小，也就是用来解原问题的一个递归算法可以反复地解同样的子问题，而不是总在产生新的子问题，即子问题的总数是问题规模的一个多项式。当一个递归算法不断地遇到同一问题时，我们说该最优化问题包含有重叠子问题。相反地，适合用分治算法解决的问题往往每次递归都产生出新的子问题来，如快速排序算法。动态规划总是充分利用重叠子问题，对每个子问题只解一次，把解存起来，在需要时直接查找即可。

例 12-11 贝茜的晨练计划（USACO JAN08 SILVER Division）

【问题描述】奶牛们打算通过锻炼来培养自己的运动细胞，作为其中的一员，Bessie 选择的运动方式是每天进行 N(1≤N≤10000)分钟的晨跑。在每分钟的开始，Bessie 会选择下一分钟是用来跑步还是休息。

Bessie 的体力限制了她跑步的距离。更具体地，如果 Bessie 选择在第 i 分钟内跑步，她可以在这一分钟内跑 D-i(1≤D-i≤1000)米，并且她的疲劳度会增加 1。不过，无论何时 Bessie 的疲劳度都不能超过 M(1≤M≤500)。如果 Bessie 选择休息，那么她的疲劳度就会每分钟减少 1，但她必须休息到疲劳度恢复到 0 为止。在疲劳度为 0 时休息的话，疲劳度不会再变动。晨跑开始时，Bessie 的疲劳度为 0。

还有，在 N 分钟的锻炼结束时，Bessie 的疲劳度也必须恢复到 0，否则她将没有足够的精力来对付这一整天中剩下的事情。

请你计算一下，Bessie 最多能跑多少米。

【输入格式】

第 1 行:两个用空格隔开的整数 N 和 M。

第 2..N+1 行:第 i+1 为一个整数 D-i。

【输出格式】

仅 1 个整数,表示在满足所有限制条件的情况下,Bessie 能跑的最大距离。

【样例输入】

```
5 2
5
3
4
2
10
```

【样例输出】

```
9
```

【样例说明】

Bessie 在第 1 分钟内选择跑步(跑了 5 米),在第 2 分钟内休息,在第 3 分钟内跑步(跑了 4 米),剩余的时间都用来休息。因为在晨跑结束时 Bessie 的疲劳度必须为 0,所以她不能在第 5 分钟内选择跑步。

【问题分析】

这是一道典型的动态规划题目。首先我们可以用时间来划分阶段。我们令 f[i] 表示在 i 时间疲劳度为 0 的最大跑步距离。由题意 Bessie 某个时刻若不跑步,必须休息直到疲劳度下降到 0,所以它疲劳度为 0 的时候,行动总是这样:连续运动 j 个时间,再连续休息 j 个时间,让疲劳度又变为 0。所要只要枚举 j,计算 d[i-j*2+1]到 d[i-j]的和再加上 f[i-j*2]就是一个可能的决策。注意这里用到了子问题的最优解 f[i-j*2],因为满足最优子结构性质。子问题在解题中可能会多次用到,只计算一次即可,所以我们采取从前向后计算的方法,后面用到子问题时可以直接获得之前求的结果。

【参考程序】

```
int f[10001],d[10001],s[10001];
int n,m,i,j;
int main(){
    scanf("%d%d",&n,&m);
    for (i=1;i<=n;i++){
        scanf("%d",d+i);
```

```
        s[i]=s[i-1]+d[i];
    }
    for (i=1;i<=n;i++){
        f[i]=f[i-1];
        for (j=1;j<=m&&j+j<=i;j++)
            if (f[i-j*2]+(s[i-j]-s[i-j*2])>f[i])
                f[i]=f[i-j*2]+(s[i-j]-s[i-j*2]);
    }
    printf("%d\n",f[n]);
}
```

例 12-12 麻烦的聚餐（USACO FEB08 SILVER Division）

【问题描述】为了避免餐厅过分拥挤，FJ 要求奶牛们分 3 批就餐。每天晚饭前，奶牛们都会在餐厅前排队入内，按 FJ 的设想，所有第 3 批就餐的奶牛排在队尾，队伍的前端由设定为第 1 批就餐的奶牛占据，中间的位置就归第 2 批就餐的奶牛了。由于奶牛们不理解 FJ 的安排，晚饭前的排队成了一个大麻烦。

第 i 头奶牛有一张标明她用餐批次 Di(1≤Di≤3)的卡片。虽然所有 N(1≤N≤30,000)头奶牛排成了很整齐的队伍，但谁都看得出来，卡片上的号码是完全杂乱无章的。

在若干次混乱的重新排队后，FJ 找到了一种简单些的方法：奶牛们不动，他沿着队伍从头到尾走一遍，把那些他认为排错队的奶牛卡片上的编号改掉，最终得到一个他想要的每个组中的奶牛都站在一起的队列，例如 111222333 或者 333222111。哦，你也发现了，FJ 不反对一条前后颠倒的队列，那样他可以让所有奶牛向后转，然后按正常顺序进入餐厅。

你也晓得，FJ 是个很懒的人。他想知道，如果他想达到目的，那么他最少得改多少头奶牛卡片上的编号。所有奶牛在 FJ 改卡片编号的时候，都不会挪位置。

【输入格式】

第 1 行：一个整数 N。

第 2..N+1 行：第 i+1 行是一个整数，为第 i 头奶牛的用餐批次 D-i。

【输出格式】

仅 1 个整数，为 FJ 最少要改几头奶牛卡片上的编号，才能让编号变成他设想中的样子。

【问题分析】

首先我们将问题简化一下，只需考虑调整成递增的序列如 111222333，因为对于求解递减的情况，可以将 Di 逆序排列，就转化为求递增序列的问题了。

如何求调整成递增序列的最小修改次数呢？我们首先仍要划分阶段，这道题我们用 f[i][j]表示使第 i 头奶牛的卡片编号为 j 后，前 i 头奶牛的最少修改次数。这样就可以顺利地进行状态转移了。转移方程如下：

f[i][3] = min{f[i−1][1],f[i−1][2],f[i−1][3]} + (d[i]! =3 ? 1 : 0);

f[i][2] = min{f[i−1][1],f[i−1][2]} + (d[i]! =2 ? 1 : 0);

f[i][1] = f[i−1][1] + (d[i]! =1 ? 1 : 0);

也就是说，转移时我们先考虑当前的选择(当前奶牛卡片上的编号)。当前的选择确定后，我们只要看上一个能与之匹配的最优方案，问题就能转化为规模更小的子问题了。我们同样从前往后求解，先解决规模小的子问题，这样就可以通过一个类似递推的方法求出所有子问题的解，最后得到答案。

【参考程序】

```
int f[30001][4],d[30001],n;
int min(int a,int b){
    return (a<b? a:b);
}
int solve(){
    int i;
    for (i=1;i<=n;i++){
        f[i][3]=min(f[i-1][1],min(f[i-1][2],f[i-1][3]))+(d[i]! =3? 1:0);
        f[i][2]=min(f[i-1][1],f[i-1][2])+(d[i]! =2? 1:0);
        f[i][1]=f[i-1][1]+(d[i]! =1? 1:0);
    }
    return min(f[n][1],min(f[n][2],f[n][3]));
}
int main(){
    int i,tmp,ans1,ans2;
    scanf("%d",&n);
    for (i=1;i<=n;i++)
        scanf("%d",d+i);
    ans1=solve();
    for (i=1;i<=n/2;i++){
        tmp=d[i];
        d[i]=d[n+1-i];
        d[n+1-i]=tmp;
```

```
    }
    ans2=solve();
    printf("%d\n",min(ans1,ans2));
}
```

附　录

附录 A　库函数

A.1　标准输入输出库:<stdio.h>

头文件<stdio.h>定义了用于输入和输出的函数、类型和宏。最重要的类型是用于声明文件指针的 FILE,另外两个常用的类型是 size-t 和 fpos-t。size-t 是由运算符 sizeof 产生的无符号整型;fpos-t 类型定义能够唯一说明文件中每个位置的对象。由头文件定义的最有用的宏是 EOF,其值代表文件的结尾。

A.1.1　文件操作

(1) fopen

FILE *fopen(const char *filename,const char *mode);

返回:成功为 FILE 指针,失败为 NULL

打开以 filename 所指内容为名字的文件,返回与之关联的流。mode 决定打开的方式,可选值如下:

- "r" 打开文本文件用于读。
- "w" 创建文本文件用于写,并删除已存在的内容(如果有的话)。
- "a" 添加、打开或创建文本文件用于在文件末尾写。
- "rb" 打开二进制文件用于读。
- "wb" 创建二进制文件用于写,并删除已存在的内容(如果有的话)。
- "ab" 添加、打开或创建二进制文件用于在文件末尾写。
- "r+" 打开文本文件用于更新(即读和写)。
- "w+" 创建文本文件用于更新,并删除已存在的内容(如果有的话)。
- "a+" 添加、打开或创建文本文件用于更新和在文件末尾写。
- "rb+"或"r+b" 打开二进制文件用于更新(即读和写)。
- "wb+"或"w+b" 创建二进制文件用于更新,并删除已存在的内容(如果有的话)。

• "ab+"或"a+b" 添加、打开或创建二进制文件用于更新和在文件末尾写。

后6种方式允许对同一文件进行读和写。要注意的是，在写操作和读操作的交替过程中，必须调用 fflush()函数或文件定位函数，如 fseek()、fsetpos()、rewind()等。

文件名 filename 的长度最大为 filename-max 个字符，一次最多可打开 fopen-max 个文件(在<stdio.h>中定义)。

(2) freopen

FILE * freopen(const char * filename,const char * mode,FILE * stream);

返回:成功为 stream,失败为 NULL

以 mode 指定的方式打开文件 filename，并使该文件与流 stream 相关联。freopen()先尝试关闭与 stream 关联的文件;然后不管成功与否，都继续打开新文件。

该函数的主要用途是把系统定义的标准流 stdin、stdout、stderr 重定向到其他文件。

(3) fflush

int fflush(FILE * stream);

返回:成功为0,失败为 EOF

对输出流(写打开)，fflush()用于将已写入缓冲区但尚未写出的全部数据都写到文件中;对输入流，其结果未定义。fflush(NULL)用于刷新所有的输出流。程序正常结束或缓冲区满时，缓冲区自动清仓。

(4) fclose

int flcose(FILE * stream);

返回:成功为0,失败为 EOF

刷新 stream 的全部未写出数据，丢弃任何未读的缓冲区内的输入数据并释放自动分配的缓冲区，关闭流。

(5) remove

int remove(const char * filename);

返回:成功为0,失败为非0值

删除文件 filename。

(6) rename

int rename(const char * oldfname,const char * newfname);

返回:成功为0,失败为非0值

把文件的名字从 oldfname 改为 newfname。

(7) tmpfile

FILE * tmpfile(void);

返回:成功为流指针,失败为 NULL

以方式"wb+"创建一个临时文件,并返回该流的指针。该文件在关闭或程序正常结束时自动删除。

(8) tmpnam

char * tmpnam(char s[L-tmpnam]);

返回:成功为非空指针,失败为 NULL

若参数 s 为 NULL(即调用 tmpnam(NULL)),函数创建一个不同于现存文件名字的字符串,并返回一个指向内部静态数组的指针。若 s 非空,则函数将所创建的字符串存储在数组 s 中,并将它作为函数值返回。s 中至少要有 L-tmpnam 个字符的空间。

tmpnam 函数在每次被调用时均生成不同的名字,但在程序的执行过程中,最多只能确保生成 tmp-max 个不同的名字。注意:tmpnam 函数只是创建一个名字,而不是创建一个文件。

(9) setvbuf

int setvbuf(FILE * stream,char * buf,int mode,size-t size);

返回:成功为 0,失败为非 0 值

控制流 stream 的缓冲区,要在读、写以及其他任何操作之前设置。

如果 buf 非空,则将 buf 指向的区域作为流的缓冲区;如果 buf 为 NULL,函数将自行分配一个缓冲区。size 决定缓冲区的大小。mode 指定缓冲的处理方式如下:

- IOFBF 进行完全缓冲;
- IOLBF 对文本文件进行行缓冲;
- IOLNF 不设置缓冲。

(10) setbuf

void setbuf(FILE * stream,char * buf);

如果 buf 为 NULL,则关闭流 stream 的的缓冲区;否则 setbuf 函数等价于:(void)setvbuf(stream,buf,-IOFBF,BUFSIZ)。

注意:自定义缓冲区的大小必须为 bufsiz 个字节。

A.1.2 格式化输出

(1) fprintf

int fprintf(FILE * stream,const char * format,…);

返回:成功为实际写出的字符数,失败为负值

按照 format 说明的格式把变量,可变参数表中的变元内容进行转换,并写入 stream 指向的流。

格式化字符串由两种类型的对象组成:普通字符(它们被拷贝到输出流)与转换

规格说明（它们决定变元的转换和输出格式）。每个转换规格说明均以字符%开头，以转换字符结束。如果%后面的字符不是转换字符，那么该行为是未定义的。

转换字符说明如下：

d，i int；有符号十进制表示法。

o unsigned int；无符号八进制表示法（无前导 0）。

x，X unsigned int；无符号十六进制表示法（无前导 0X 和 0x）。对 0x 用 abcdef，对 0X 用 ABCDEF。

u unsigned int；无符号十进制表示法。

c int；单个字符，转换为 unsigned char 类型后输出。

s char *；输出字符串直到'\0'或者达到精度指定的字符数。

f double；形如[－]mmm. ddd 的十进制浮点数表示法。d 的位数由精度确定，缺省精度为 6 位，精度为 0 时不输出小数点。

e，E double；形如[－]m. dddddde[＋－]xx 或者[－]m. ddddddE[＋－]xx 的十进制浮点数表示法。d 的位数由精度确定。缺省精度为 6 位，精度为 0 时不输出小数点。

g，G double；当指数值小于－4 或大于等于精度时，采用%e 或%E 的格式；否则使用%f 的格式。尾部的 0 与小数点不打印。

p void *；输出指针值（具体表示与实现相关）。

n int *；以此格式调用函数输出的字符的个数将被写入到相应变元中，不进行变元转换。

% 不进行变元转换，输出%。在%与转换字符之间依次可以有下列标记：

－ 指定被转换的变元在其字段内左对齐。

＋ 指定在输出的数前面加上正负号。

空格 如果第一个字符不是正负号，那么在其前面附加一个空格。

0 对于数值转换，在输出长度小于字段宽度时，加前导 0。

指定其他输出格式。对于 o 格式，第一个数字必须为零；对于 x/X 格式，指定在输出的非 0 值前加 0x 或 0X；对于 e/E/f/g/G 格式，指定输出总有一个小数点，同时对于 g/G 格式，指定输出值后面无意义的 0 保留。

宽度[number] 指定最小字段宽，转换后的变元输出宽度至少要达到这个数值。如果变元的字符数小于此数值，那么在变元左/右边添加填充字符。填充字符通常为空格（设置了 0 标记则为 0）。

点号 用于把字段宽度和精度分开。

精度[number] 对于字符串，说明输出字符的最大数目；对于 e/E/f 格式，说明输出的小数位数；对于 g/G 格式，说明输出的有效位数；对于整数，说明输出的最小位

数(必要时可加前导 0)。

h/l/L　长度修饰符,h 表示对应的变元按 short 或 unsigned short 类型输出;l 表示对应的变元按 long 或 unsigned long 类型输出;L 表示对应的变元按 long double 类型输出。

在格式串中字段宽度和精度二者都可以用 * 来指定,此时该值可通过转换对应的变元来获得,但变元必须是 int 类型。

(2) printf

int printf(const char * format,…);

printf(…)等价于 fprintf(stdout,…)。

(3) sprintf

int sprintf(char * buf,const char * format,…);

返回:实际写入字符数组的字符数,不包括'\0'

与 printf()基本相同,但输出写入字符数组 buf 而不是 stdout 中,并以'\0'结束。

注意,sprintf()不对 buf 进行边界检查,buf 必须足够大,以便能装下输出结果。

(4) snprintf

int snprintf(char * buf,size-t num,const char * format,…);

除了最多有 num−1 个字符被存放到 buf 指向的数组之外,snprintf()和 sprintf()完全相同。数组以'\0'结束。

该函数不属于 C 89(C 99 增加的),但应用广泛,所以将其包括进来。

(5) vprintf

(6) vfprintf

(7) vsprintf

(8) vsnprintf

#include <stdarg.h>

#include <stdio.h>

int vprintf(char * format,va-list arg);

int vfprintf(FILE * stream,const char * format,va-list arg);

int vsprintf(char * buf,const char * format,va-list arg);

int vsnprintf(char * buf,size-t num,const char * format,va-list arg);

这几个函数与对应的 printf()等价,但变元表用 arg 代替。vsnprintf 是 C 99 中增加的。

A.1.3　格式化输入

(1) fscanf

int fscanf(FILE * stream,const char * format,…);

返回:成功为实际被转换并赋值的输入项数目;到达文件尾或变元被转换前出错为 EOF

功能:在格式串 format 的控制下从流 stream 中读入字符,把转换后的值赋给后续各个变元,每一个变元都必须是一个指针。当格式串 format 结束时,函数返回。

格式串中可以包含:

空格或制表符,它们将被忽略。

普通字符(%除外),与输入流中下一个非空白字符相匹配。

格式串 format 通常包含有用于指导输入转换的转换规格说明。它由一个%、一个赋值屏蔽字符 *(可选)、一个用于指定最大字段宽度的数(可选)、一个用于指定目标字段的字符 h/l/L(可选)、一个转换字符组成。

转换规格说明决定了输入字段的转换方式。通常把结果保存在对应变元指向的变量中。然而,如果转换规格说明中包含有赋值屏蔽字符 *,例如% * s,那么就跳过对应的输入字段,不进行赋值。

输入字段是一个由非空白符组成的字符串,当遇到空白符或到达最大字段宽度(如果有的话)时,对输入字段的读入结束。这意味着 scanf 函数可以跨越行的界限读入其输入,因为换行符也是空白符(空白符包括空格、横向制表符、纵向制表符、换行符、回车符和换页符)。

转换字符说明如下:

d 十进制整数。

i 整数。该整数可以是以 0 开头的八进制数,也可以是以 0x/0X 开头的十六进制数。

o 八进制数(可以带或不带前导 0)。

u 无符号十进制整数。

x 十六进制整数(可以带或不带前导 0x/0X)。

c 字符。按照字段宽的大小把读入的字符保存在指定的数组中,不加字符'\\0'。字段宽的缺省值为 1,在这种情况下,不跳过空白符,如果要读入下一个非空白符,使用%1s。

s 由非空白符组成的字符串(不包含引号)。该变元指针指向一个字符数组,该字符数组应有足够空间来保存该字符串以及末尾添加的'\0'

e/f/g 浮点数。float 浮点数的输入格式为:一个正负号(可选),一串可能包含小数点的数字和一个指数字段(可选)。指数字段由字母 e/E 以及一个可能带正负号的整数组成。

p 用 printf("%p")调用输出的指针值。

n 将此函数调用所读的字符数写入变元。不读入输入字符;不增加转换项目

计数。

[…]　用方括号括起来的字符集中的字符匹配输入，以找到最长的非空字符串。在末尾添加'\0'。格式[]…]表示字符集中包含字符]

[^…]　用不在方括号里的字符集中的字符匹配输入，以找到最长的非空字符串。在末尾添加'\0'。格式[]…]表示字符集中包含字符]

%　字面值%，不进行赋值。

字段类型字符说明如下：

如果变元是指向 short 类型而不是 int 类型的指针，那么在 d/i/n/o/u/x 这几个转换字符前可以加上字符 h。

如果变元是指向 long 类型的指针，那么在 d/i/n/o/u/x 这几个转换字符前可以加上字符 l。

如果变元是指向 double 类型而不是 float 类型的指针，那么在 e/f/g 这几个转换字符前可以加上字符 l。

如果变元是指向 long double 类型的指针，那么在 e/f/g 这几个转换字符前可以加上字符 L。

(2) scanf

int scanf(const char * format,…);

scanf(…)等价于 fscanf(stdin,…)。

(3) sscanf

int sscanf(const char * buf,const char * format,…);

与 scanf()基本相同，但 sscanf()从 buf 指向的数组中读，而不是从 stdin 中读。

A.1.4　字符输入输出函数

(1) fgetc

int fgetc(FILE * stream);

返回：成功以 unsigned char 类型返回输入流 stream 中下一个字符(转换为 int 类型)；如果到达文件末尾或发生错误则返回 EOF

(2) fgets

char * fgets(char * str,int num,FILE * stream);

返回：成功返回 str；到达文件尾或发生错误返回 NULL

从流 stream 中读入最多 num－1 个字符到数组 str 中。当遇到换行符时，把换行符保留在 str 中，读入不再进行。数组 str 以'\0'结尾。

(3) fputc

int fputc(int ch,FILE * stream);

返回：成功为所写的字符，出错为 EOF

把字符 ch(转换为 unsigned char 类型)输出到流 stream 中。

(4) fputs

int fputs(const char * str,FILE * stream);

返回:成功返回非负值,失败返回 EOF

把字符串 str 输出到流 stream 中,不输出终止符'\0'。

(5) getc

int getc(FILE * stream);

getc()与 fgetc()等价。不同之处为:当 getc 函数被定义为宏时,可能多次计算 stream 的值。

(6) getchar

int getchar(void);

getchar(stdin)等价于 getc(stdin)。

(7) gets

char * gets(char * str);

返回:成功为 str;到达文件尾或发生错误则为 NULL

从 stdin 中读入下一个字符串到数组 str 中,并把读入的换行符替换为字符'\0'。

gets()可读入无限多字节,所以要保证 str 有足够的空间,以防止溢出。

(8) putc

int putc(int ch,FILE * stream);

putc()与 fputc()等价。不同之处为:当 putc 函数被定义为宏时,可能多次计算 stream 的值。

(9) putchar

int putchar(int ch);

putchar(ch, stdont)等价于 putc(ch,stdout)。

(10) puts

int puts(const char * str);

返回:成功返回非负值,出错返回 EOF

把字符串 str 和一个换行符输出到 stdout。

(11) ungetc

int ungetc(int ch,FILE * stream);

返回:成功时为 ch,出错为 EOF

把字符 ch(转换为 unsigned char 类型)写回到流 stream 中,下次对该流进行读操作时,将返回该字符。对每个流只保证能写回一个字符(有些实现支持回退多个字符),且此字符不能是 EOF。

A. 1. 5　直接输入输出函数

(1) fread

size-t fread(void ＊buf,size-t size,size-t count,FILE ＊stream);

返回:实际读入的对象数

从流 stream 中读入最多 count 个长度为 size 个字节的对象,放到 buf 指向的数组中。

返回值可能小于指定的读入数,原因可能是出错,也可能是到达文件尾。实际执行状态可用 feof()或 ferror()确定。

(2) fwrite

size-t fwrite(const void ＊buf,size-t size,size-t count,FILE ＊stream);

返回:实际输出的对象数

把 buf 指向的数组中 count 个长度为 size 的对象输出到流 stream 中,并返回被输出的对象数。如果发生错误,则返回一个小于 count 的值。

A. 1. 6　文件定位函数

(1) fseek

int fseek(FILE ＊stream,long int offset,int origin);

返回:成功为 0,出错为非 0

对与流 stream 相关的文件定位,随后的读写操作将从新位置开始。

对于二进制文件,此位置在由 origin 开始的 offset 个字符处。origin 的值可能为 seek-set(文件开始处)、seek-cur(当前位置)或 seek-end(文件结束处)。对于文本流,offset 心须为 0,或者是由函数 ftell()返回的值(此时 origin 的值必须是 seek-set)。

(2) ftell

long int ftell(FILE ＊stream);

返回:成功时是与流 stream 相关的文件的当前位置,出错时返回－1L。

(3) rewind

void rewind(FILE ＊stream);

rewind(fp)等价于 fssek(fp,0L,SEEK-SET)与 clearerr(fp)这两个函数顺序执行的效果,即把与流 stream 相关的文件的当前位置移动到开始处,同时清除与该流相关的文件尾标志和错误标志。

(4) fgetpos

int fgetpos(FILE ＊stream,fpos-t ＊position);

返回:成功返回 0,失败返回非 0

把流 stream 的当前位置记录在＊position 中,供 fsetpos()调用时使用。

(5) fsetpos

int fsetpos(FILE * stream,const fpos-t * position);

返回:成功返回 0,失败返回非 0

把流 stream 的位置定位到 * position 中记录的位置。 * position 的值是之前调用 fgetpos()记录下来的。

A.1.7 错误处理函数

当发生错误或到达文件末尾时,标准库中的许多函数将设置状态指示符。这些状态指示符可被显式地设置和测试。另外,定义在<errno.h>中的整数表达式 errno 可包含一个出错序号,以进一步给出最近一次出错信息。

(1) clearerr

void clearerr(FILE * stream);

清除与流 stream 相关的文件结束指示符和错误指示符。

(2) feof

int feof(FILE * stream);

返回:到达文件尾时返回非 0 值,否则返回 0

与流 stream 相关的文件结束指示符被设置时,函数返回一个非 0 值。

(3) ferror

int ferror(FILE * stream);

返回:无错返回 0,有错返回非 0

与流 stream 相关的文件错误指示符被设置时,函数返回一个非 0 值。

(4) perror

void perror(const char * str);

perror(s)用于输出字符串 s 以及与全局变量 errno 中的整数值对应的出错信息,具体出错信息的内容依赖于实现。该函数的功能类似于:fprintf(stderr,"%s: %s\n",s,"出错信息");

A.2 数学函数:<math.h>

数学函数头文件<math.h>中说明了数学函数和宏。

宏 EDOM 和 ERANGE(定义在头文件<errno.h>中)是两个非 0 整型常量,用于引发各个数学函数的定义域错误和值域错误;HUGE-VAL 是一个 double 类型的正数。当变元取值在函数的定义域之外时,就会出现定义域错误。在发生定义域错误时,全局变量 errno 的值被置为 EDOM,函数的返回值视具体实现而定。如果函数的结果不能用 double 类型表示,就会发生值域错误。当结果上溢时,函数返回 huge-val 并带有正确的符号(正负号),errno 的值被置为 ERANGE。当结果下溢时,函数返回 0,而 errno 是否被设置为 ERANGE 视具体实现而定。

(1) sin

double sin(double arg)；

返回 arg 的正弦值，arg 单位为弧度。

(2) cos

double cos(double arg)；

返回 arg 的余弦值，arg 单位为弧度。

(3) tan

double tan(double arg)；

返回 arg 的正切值，arg 单位为弧度。

(4) asin

double asin(double arg)；

返回 arg 的反正弦值 sin－1(x)，值域为[－pi/2,pi/2]，变元范围[－1,1]。

(5) acos

double acos(double arg)；

返回 arg 的反余弦值 cos－1(x)，值域为[0,pi]，变元范围[－1,1]。

(6) atan

double atan(double arg)；

返回 arg 的反正切值 tan－1(x)，值域为[－pi/2,pi/2]。

(7) atan2

double atan2(double a,double b)；

返回 a/b 的反正切值 tan－1(a/b)，值域为[－pi,pi]。

(8) sinh

double sinh(double arg)；

返回 arg 的双曲正弦值。

(9) cosh

double cosh(double arg)；

返回 arg 的双曲余弦值。

(10) tanh

double tanh(double arg)；

返回 arg 的双曲正切值。

(11) exp

double exp(double arg)；

返回幂函数 ex。

(12) log

double log(double arg);

返回自然对数 ln(x)，变元范围 arg > 0。

(13) log10

double log10(double arg);

返回以 10 为底的对数 log10(x)，变元范围 arg > 0。

(14) pow

double pow(double x,double y);

返回 x^y，如果 x=0 且 y<=0 或者 x<0 且 y 不是整数，那么产生定义域错误。

(15) sqrt

double sqrt(double arg);

返回 arg 的平方根，变元范围 arg>=0。

(16) ceil

double ceil(double arg);

返回不小于 arg 的最小整数。

(17) floor

double floor(double arg);

返回不大于 arg 的最大整数。

(18) fabs

double fabs(double arg);

返回 arg 的绝对值|x|。

(19) ldexp

double ldexp(double num,int exp);

返回 num * 2exp。

(20) frexp

double frexp(double num,int *exp);

把 num 分成一个在[1/2,1)区间的真分数和一个 2 的幂数。将真分数返回，幂数保存在 *exp 中。如果 num 等于 0，那么两部分均为 0。

(21) modf

#include <math.h>

double modf(double num,double *i);

把 num 分成整数和小数两部分，两部分均与 num 有同样的正负号。函数返回小数部分，整数部分保存在 *i 中。

(22) fmod

double fmod(double a,double b)；

返回 a/b 的浮点余数，符号与 a 相同。

A.3 字符类测试函数：＜ctype.h＞

头文件＜ctype.h＞中说明了用于测试字符的函数。每个函数的变元均为 int 类型，变元的值必须是 EOF 或可用 unsigned char 类型表示的字符，函数的返回值为 int 类型。如果变元满足指定的条件，那么函数返回非 0 值(表示真)；否则返回值为 0(表示假)。

在 7 位 ASCII 字符集中，可打印字符是从 0x20(' ')～0x7E('～')之间的字符；控制字符是从 0(NUL)～0x1F(US)之间的字符和字符 0x7F(DEL)。

(1) isalnum

int sialnum(int ch)；

变元为字母或数字时，函数返回非 0 值，否则返回 0。

(2) isalpha

int isalpha(int ch)；

当变元为字母表中的字母时，函数返回非 0 值，否则返回 0。各种语言的字母表互不相同，对于英语来说，字母表由大写和小写的字母 A～Z 组成。

(3) iscntrl

int iscntrl(int ch)；

当变元是控制字符时，函数返回非 0，否则返回 0。

(4) isdigit

int isdigit(int ch)；

当变元是十进制数字时，函数返回非 0 值，否则返回 0。

(5) isgraph

int isgraph(int ch)；

如果变元为除空格之外的任何可打印字符，则函数返回非 0 值，否则返回 0。

(6) islower

int islower(int ch)；

如果变元是小写字母，函数返回非 0 值，否则返回 0。

(7) isprint

int isprint(int ch)；

如果变元是可打印字符(含空格)，函数返回非 0 值，否则返回 0。

(8) ispunct

int ispunct(int ch)；

如果变元是除空格、字母和数字外的可打印字符，函数返回非 0，否则返回 0。

(9) isspace

int isspace(int ch)；

当变元为空白字符(包括空格、换页符、换行符、回车符、水平制表符和垂直制表符)时，函数返回非 0，否则返回 0。

(10) isupper

int isupper(int ch)；

如果变元为大写字母，函数返回非 0，否则返回 0。

(11) isxdigit

int isxdigit(int ch)；

当变元为十六进制数字时，函数返回非 0，否则返回 0。

(12) tolower

int tolower(int ch)；

当 ch 为大写字母时，返回对应的小写字母，否则返回 ch。

(13) toupper

int toupper(int ch)；

当 ch 为小写字母时，返回对应的大写字母，否则返回 ch。

A.4 字符串函数：<string.h>

在头文件<string.h>中定义了两组字符串函数。第一组函数的名字以 str 开头；第二组函数的名字以 mem 开头。只有函数 memmove 对重叠对象间的拷贝进行了定义，其他函数都未定义。比较类函数将其变元视为 unsigned char 类型的数组。

(1) strcpy

char * strcpy(char * str1,const char * str2)；

把字符串 str2(包括'\0')拷贝到字符串 str1 中，并返回 str1。

(2) strncpy

char * strncpy(char * str1,const char * str2,size-t count)；

把字符串 str2 中最多 count 个字符拷贝到字符串 str1 中，并返回 str1。如果 str2 中的字符个数少于 count 个，那么就用'\0'填充，直到满足 count 个字符为止。

(3) strcat

char * strcat(char * str1,const char * str2)；

把 str2(包括'\0')拷贝到 str1 的尾部(连接)，并返回 str1。其中原 str1 的'\0'被 str2 的第一个字符覆盖。

(4) strncat

char * strncat(char * str1,const char * str2,size-t count);

把 str2 中最多 count 个字符连接到 str1 的尾部,并以'\0'终止 str1,返回 str1。其中原 str1 的'\0'被 str2 的第一个字符覆盖。

注意,最大拷贝字符数是 count+1。

(5) strcmp

int strcmp(const char * str1,const char * str2);

按字典顺序比较两个字符串,返回的整数值的意义如下:

小于 0,str1 小于 str2;

等于 0,str1 等于 str2;

大于 0,str1 大于 str2。

(6) strncmp

int strncmp(const char * str1,const char * str2,size-t count);

与 strcmp 的不同之处是最多比较 count 个字符。返回的整数值意义如下:

小于 0,str1 小于 str2;

等于 0,str1 等于 str2;

大于 0,str1 大于 str2。

(7) strchr

char * strchr(const char * str,int ch);

返回指向字符串 str 中字符 ch 第一次出现的位置的指针。如果 str 中不包含 ch,则返回 NULL。

(8) strrchr

char * strrchr(const char * str,int ch);

返回指向字符串 str 中字符 ch 最后一次出现的位置的指针。如果 str 中不包含 ch,则返回 NULL。

(9) strspn

size-t strspn(const char * str1,const char * str2);

返回字符串 str1 中由字符串 str2 中字符构成的第一个子串的长度。

(10) strcspn

size-t strcspn(const char * str1,const char * str2);

返回字符串 str1 中由不在字符串 str2 中字符构成的第一个子串的长度。

(11) strpbrk

char * strpbrk(const char * str1,const char * str2);

返回指向字符串 str2 中任意字符第一次出现在字符串 str1 中的位置的指针;如果 str1 中没有与 str2 相同的字符,那么返回 NULL。

(12) strstr

char ＊strstr(const char ＊str1,const char ＊str2);

返回指向字符串 str2 第一次出现在字符串 str1 中的位置的指针；如果 str1 中不包含 str2，则返回 NULL。

(13) strlen

size-t strlen(const char ＊str);

返回字符串 str 的长度，'\0'不计算在内。

(14) strerror

char ＊strerror(int errnum);

返回指向与错误序号 errnum 对应的错误信息字符串的指针（错误信息的具体内容依赖于实现）。

(15) strtok

char ＊strtok(char ＊str1,const char ＊str2);

在 str1 中搜索由 str2 中分界符界定的单词。

对 strtok()的一系列调用将把字符串 str1 分成许多个单词，这些单词以 str2 中的字符为分界符。第一次调用时，str1 非空，函数搜索 str1，找出由非 str2 中字符组成的第一个单词，将 str1 中的下一个字符替换为'\0'，并返回指向单词的指针。随后的每次 strtok()调用（参数 str1 用 NULL 代替），均从前一次结束的位置之后开始，返回下一个由非 str2 中字符组成的单词。当 str1 中没有这样的单词时返回 NULL。每次调用时，字符串 str2 可以不同。如：

```
char *p;
p = strtok("The summer soldier,the sunshine patriot"," ");
printf("%s",p);
do {
    p = strtok("\0",","); /* 此处 str2 是逗号和空格 */
    if (p)
        printf("|%s",p);
} while(p);
```

显示结果是：The | summer | soldier | the | sunshine | patriot

(16) memcpy

void ＊memcpy(void ＊to,const void ＊from,size-t count);

把 from 中的 count 个字符拷贝到 to 中，并返回 to。

(17) memmove

void ＊memmove(void ＊to,const void ＊from,size-t count);

功能与 memcpy 类似，不同之处在于：当发生对象重叠时，函数仍能正确执行。

(18) memcmp

int memcmp(const void * buf1, const void * buf2, size-t count);

比较 buf1 和 buf2 的前 count 个字符，返回值与 strcmp 的返回值相同。

(19) memchr

void * memchr(const void * buffer, int ch, size-t count);

返回 ch 在 buffer 中第一次出现的位置的指针，如果在 buffer 的前 count 个字符中找不到匹配的内容，则返回 NULL。

(20) memset

void * memset(void * buf, int ch, size-t count);

把 buf 中的前 count 个字符替换为 ch，并返回 buf。

A.5 实用函数：<stdlib.h>

头文件<stdlib.h>中说明了用于数值转换、内存分配以及进行其他相似任务的函数。

(1) atof

double atof(const char * str);

把字符串 str 转换成 double 类型。等价于：strtod(str, (char * *)NULL)。

(2) atoi

int atoi(const char * str);

把字符串 str 转换成 int 类型。等价于：(int)strtol(str, (char * *)NULL, 10)。

(3) atol

long atol(const char * str);

把字符串 str 转换成 long 类型。等价于：strtol(str, (char * *)NULL, 10)。

(4) strtod

double strtod(const char * start, char * * end);

把字符串 start 的前缀转换成 double 类型。在转换中跳过 start 的前导空白符，然后逐个读入构成数的字符，任何非浮点数成分的字符都会终止上述过程。如果 end 不为 NULL，则把未转换部分的指针保存在 * end 中。

如果结果上溢，返回带有适当符号的 huge-val，如果结果下溢，函数返回 0。在这两种情况下，errno 均被置为 ERANGE。

(5) strtol

long int strtol(const char * start, char * * end, int radix);

把字符串 start 的前缀转换成 long 类型，在转换中跳过 start 的前导空白符。如果 end 不为 NULL，则把未转换部分的指针保存在 * end 中。

如果 radix 的值在 2～36 之间，那么转换按该基数进行；如果 radix 为 0，则基数为八进制、十进制、十六进制，以 0 为前导的是八进制，以 0x 或 0X 为前导的是十六进制，无论在哪种情况下，串中的字母是表示 10 到 radix－1 之间数字的字母。如果 radix 是 16，可以加上前导 0x 或 0X。

如果结果上溢，则依据结果的符号返回 long-max 或 long-min，置 errno 为 ERANGE。

(6) strtoul

unsigned long int strtoul(const char * start, char * * end, int radix);

与 strtol()类似，只是结果为 unsigned long 类型。溢出时，值为 ULONG-MAX。

(7) rand

int rand(void);

产生一个 0 到 RAND-MAX 之间的伪随机整数。RAND-MAX 的值至少为 32767。

(8) srand

void srand(unsigned int seed);

设置新的伪随机数序列的种子为 seed。种子的初值为 1。

(9) calloc

void * calloc(size-t num, size-t size);

为由 num 个大小为 size 的对象组成的数组分配足够的内存，并返回指向所分配区域第一个字节的指针；如果内存不足以满足要求，则返回 NULL。

分配的内存区域中的所有位被初始化为 0。

(10) malloc

void * malloc(size-t size);

为大小为 size 的对象分配足够的内存，并返回指向所分配区域第一个字节的指针；如果内存不足以满足要求，则返回 NULL。

不对分配的内存区域进行初始化。

(11) realloc

void * realloc(void * ptr, size-t size);

将 ptr 指向的内存区域的大小改为 size 个字节。如果新分配的内存比原内存大，那么原内存的内容保持不变，增加的空间不进行初始化。如果新分配的内存比原内存小，那么新内存保持原内存区中前 size 字节的内容。函数返回指向新分配空间的指针。如果不能满足要求，则返回 NULL，原 ptr 指向的内存区域保持不变。

如果 ptr 为 NULL，则行为等价于 malloc(size)。如果 size 为 0，则行为等价于

free(ptr)。

(12) free

void free(void * ptr);

释放 ptr 指向的内存空间;若 ptr 为 NULL,则什么也不做。ptr 必须指向先前用动态分配函数 malloc、realloc 或 calloc 分配的空间。

(13) abort

void abort(void);

使程序非正常终止。其功能类似于 raise(SIGABRT)。

(14) exit

void exit(int status);

使程序正常终止。atexit 函数以与注册相反的顺序被调用,所有打开的文件被刷新,所有打开的流被关闭。status 的值如何返回由具体的实现而定,但用 0 表示正常终止,也可用值 exit-success 和 exit-failure 表示。

(15) atexit

int atexit(void (* func)(void));

注册在程序正常终止时调用的函数 func。如果成功注册,则函数返回 0 值,否则返回非 0 值。

(16) system

int system(const char * str);

把字符串 str 传送给执行环境。如果 str 为 NULL,那么在存在命令处理程序时,返回 0。如果 str 的值非 NULL,则返回值与具体的实现有关。

(17) getenv

char * getenv(const char * name);

返回与 name 相关的环境字符串。如果该字符串不存在,则返回 NULL。细节与具体的实现有关。

(18) bsearch

void * bsearch(const void * key,const void * base,size-t n,size-t size,\
int (* compare)(const void * ,const void *));

在 base[0]…base[n−1]之间查找与 * key 匹配的项。size 指出每个元素占有的字节数。函数返回一个指向匹配项的指针,若不存在匹配则返回 NULL。

函数指针 compare 指向的函数将关键字 key 和数组元素比较,比较函数的形式为:

int func-name(const void * arg1,const void * arg2);

arg1 是 key 指针,arg2 是数组元素指针。返回值含义如下:

arg1 < arg2 时,返回值<0;

arg1 == arg2 时,返回值==0;

arg1 > arg2 时,返回值>0。

数组 base 必须按升序排列(与 compare 函数定义的大小次序一致)。

(19) qsort

void qsort(void * base,size-t n,size-t size,\

int (* compare)(const void * ,const void *));

对由 n 个大小为 size 的对象构成的数组 base 进行升序排序。

比较函数 compare 的形式如下:

int func-name(const void * arg1,const voie * arg2);返回值含义如下:

arg1 < arg2,返回值<0;

arg1 == arg2,返回值==0;

arg1 > arg2,返回值>0。

(20) abs

int abs(int num);

返回 int 类型变元 num 的绝对值。

(21) labs

long labs(long int num);

返回 long 类型变元 num 的绝对值。

(22) div

div-t div(int numerator,int denominator);

返回 numerator/denominator 的商和余数,结果分别保存在结构类型 div-t 的两个 int 类型成员 quot 和 rem 中。

(23) ldiv

ldiv-t div(long int numerator,long int denominator);

返回 numerator/denominator 的商和余数,结果分别保存在结构类型 ldiv-t 的两个 long 类型成员 quot 和 rem 中。

附录 B　C＋＋常用库与相关函数简介

B.1　流

库:iostream(标准流),fstream(文件流)

名字空间:std(using namespace std)

(1) 标准流

调用:＃include＜iostream＞

标准流定义从标准输入读入数据的读入流 cin,向标准输出输出数据的输出流 cout 以及向标准错误设备输出错误信息的 cerr(无输出缓冲)与 clog(有输出缓冲)。

其中 cin 和 cout 是最常用的。

(2) 文件流

调用:

＃include＜fstream＞

文件流可以构造流从文件入读数据或者向文件输出数据。

(3) 基本运算符:＜＜与＞＞

在从流读入数据的时候,利用运算符＞＞;而向流中输出数据的时候,利用运算符＜＜。输出的运算符＜＜是可以重载的。一个简单的例子如下:

int a; cin＞＞a; cout＜＜a;

这段代码的含义是从标准流读入数据 a,并向标准输出输出 a。

(4) 缓冲区

流是有缓冲区的,这也就是流的运行速度比较慢的原因。

对于标准函数 endl,其意义在流中并不仅仅代表了换行,其在输出过程中同时清空流的缓冲区。当然由于流默认会自动清空缓冲区,因而在默认情况下,即使不使用 endl,流同样会不断清空缓冲区。

(5) 构造函数

标准流是默认的,因此这里介绍三个主要的文件流:

fstream(const char *filename,openmode mode);

ifstream(const char *filename,openmode mode);

ofstream(const char *filename,openmode mode);

fstream 定义了一个通用的文件流;ifstream 定义了读入流;ofstream 定义了输出流,其中第二个参数 openmode mode 是可以缺省的,此时,传递第一个参数即可。后

两个构造函数更简单常用一些。比如：

ifstream fin("input. txt")；

构造了一个从 input. txt 读入数据的输入流。

(6) 返回值

可以简单的认为一个读入流如果成功读入了数据就会返回一个非 0 值，而如果没有成功读入就会返回 0。比如：

int a；while(cin>>a)；

实现不断从标准输入设备读入一个数的功能。

(7) 常用函数

① eof

定义：bool istream::eof()；

功能：判断流是否读到了文件末尾并返回对应值。

举例：

int a；while(! cin. eof()) cin>>a；

② open

定义：void fstream::open(const char * filename, openmode mode = default-mode)；

功能：重新构造一个文件流(只能用于文件流)。

举例：

ifstream fin；

fin. open("input. txt")；int a；fin>>a；

从 input. txt 读入一个数据。

③ close

定义：void fstream::close()；

功能：关闭一个文件流(可以再次利用 open 重新进行构造)。

④ fill

定义：char ostream::fill(char ch)；

功能：在场宽设置中，如果有残余宽度，那么就用字符 ch 来补足。

⑤ width

定义：int ostream::width(int w)；

功能：设置输出的最窄宽度(场宽)。

举例：

cout. width(4)；cout. fill('. ')；cout<<"OK"；

输出：. . OK

⑥ precision

定义:streamsize ostream::precision(streamsize p);

功能:设置实数的输出精度为 p。

注意:在默认标志下,流输出实数的格式定义为 scientific,因而设置 precision 的时候可以认为设置的是有效数字个数,而不是小数点后的数位。如果需要设置小数点后的数位,那么应利用 setf 进行格式的设置。

⑦ setf

定义:

fmtflags stream::setf(fmtflags flags);

fmtflags stream::setf(fmtflags flags,fmtflags needed);

功能:设置当前格式标志为 flags。格式标志的名字空间均为 ios,一些常用的格式标志如下:

- hex　用十六进制输出。
- oct　用八进制输出。
- dec　用十进制输出(默认)。
- fixed　使用普通表示法表示实数。
- scientific　使用科学计数法表示实数(默认)。
- left　居左(默认)。
- right　居右。
- internal　居中。

举例:

double a=10.0/3.0;

cout.setf(ios::fixed); cout.precison(3); cout.width(7); cout<<a;

输出:3.333。

⑧ getline

定义:

istream& istream::getline(char * buffer,streamsize num);

istream& istream::getline(char * buffer,streamsize num,char delim);

功能:读入直到 num-1 个字符或者读到换行符、文件中止符、字符 delim(delim 将不会被读入),所入队的信息将存储到 buffer 中。

除非使用 getling,流在读入字符串(或者字符数组)的时候,是不会读入 whitespace 的。

举例:

char s[100]; cin.getline(s,100,'e'); cout<<s;

输入：abcd cec

输出：abcd c

⑨ sync-with-stdio

定义：static bool sync-with-stdio(bool sync = true);

功能：设置是否自动清空缓冲区(sync 为真则自动清空；否则不自动清空。默认 sync=true)。

如果设置不自动清空缓冲区，那么流的速度会大大加快。但是，此时所有信息都会存储在缓冲区内，只有 flush 或者 endl 的时候才会输出到标准输出设备上。也就是说，如果其和一些没有缓冲区的输出函数混用，会发生混乱。

注意：函数的名字空间为 ios。

举例：

```
ios::sync-with-stdio(0); cout<<"OK!";
printf("yes");
cout<<"OK!"<<endl;
```

输出：yesOK! OK!

B.2 字符串

库：string

名字空间：std

备注：<string>被<iostream>所依赖(较高版本的 g++编译器由于取消了这种层次依赖的关系，所以如果要使用 string，必须在顶层也就是源程序中声明包含<string>才可以使用。而当编译器版本较低的时候，包含<iostream>时就可以使用<string>)。

(1) 构造函数

```
string();
string( const string& s );
string( size-type length,const char& ch );
string( const char * str );
string( const char * str,size-type length );
string( const string& str,size-type index,size-type length );
string( input-iterator start,input-iterator end );
~string();
```

构造空字符串；

构造给定字符串 s 的拷贝；

构造由 length 个字符 ch 构成的字符串；

构造内容为给定字符数组的字符串；

构造内容为从 str 开始的 length 个字符的字符串；

构造内容为字符串 str 从 index 开始长度为 length 的子串的字符串；

构造内容为区间[start,end)的字符串；

举例：

```
string str1( 5,'c' );
string str2( "Now is the time…" );
string str3( str2,11,4 );
cout << str1 << endl;
cout << str2 << endl;
cout << str3 << endl;
```

输出：

```
ccccc
Now is the time…
time
```

(2) 运算符

① 比较运算符：==,<,>,! =,<=,>=

进行字符串的比较。

② 赋值运算符：=

直接将一个字符串、一个字符数组、一个字符赋值给一个字符串。

③ 合并运算符：+,+=

将两个字符串相加,返回值是字符串。

④ 取值运算符：[]

返回字符串中对特定位置的一个字符的引用。

注意：字符串的下标是从 0 开始的。

⑤ 流运算符：<<,>>

从流中读入字符串；

将一个字符串输出到流中。

注意：如果要将读入的信息直接导入到一个字符串中,那么只能使用流而不能使用标准 C 的 I/O 函数。

(3) 常用函数

① begin,end

定义：

iterator begin()；

const-iterator begin() const；

功能：一个返回头迭代器，一个返回尾迭代器。string 的迭代器是随机迭代器。

② c-str

定义：const char * C-str()；

功能：返回一个字符串的字符指针。

举例：

cin>>s; printf("%s",s. c-str())；

③ clear；

定义：void clear()；

功能：清空字符串。

需要注意的是，clear 函数是线性的。当然，几乎所有的字符串函数的时间复杂度都是线性的。

④ copy

定义：size-type copy(char * str,size-type num,size-type index = 0)；

功能：在一个字符数组中从 index 开始拷贝 num 个字符赋值到当前字符串中。

⑤ erase

定义：

iterator erase(iterator loc)；

iterator erase(iterator start,iterator end)；

string& erase(size-type index = 0,size-type num = npos)；

功能：

删除位置为 loc 的元素，返回删除后 loc 位置的迭代器；

删去位于区间[start,end)内的元素，返回下一个元素的迭代器；

删除从 index 开始的 num 个元素（如果第二个参数 num 缺省，那么就将删除从 index 开始往后的所有元素）。

⑥ find

定义：

size-type find(const string& str,size-type index = 0) const；

size-type find(const char * str,size-type index = 0) const；

size-type find(const char * str,size-type index,size-type length) const；

size-type find(char ch,size-type index = 0) const；

功能：

从 index 开始，在长度为 length 的子串中寻找 str/ch，如果找到就返回相对于

index 的位置,否则就返回范围 string::npos。

⑦ insert

定义:

iterator insert(iterator i,const char& ch);

string& insert(size-type index,const string& str);

string& insert(size-type index,const char * str);

string& insert(size-type index1,const string& str,size-type index2,size-type num);

string& insert(size-type index,const char * str,size-type num);

string& insert(size-type index,size-type num,char ch);

void insert(iterator i,size-type num,const char& ch);

void insert(iterator i,input-iterator start,input-iterator end);

功能:

将字符 ch 插入到迭代器 i 之前;

将 str 插入到位置 index;

将 str 从 index2 开始的长为 num 的子串插入到 index1 的位置;

在 index 中插入 num 个 ch;

在位置 i 插入迭代器区间为[start,end)的内容。

⑧ size,length

定义:size-type length() const;

功能:这两个函数的功能,都是返回当前字符串的长度。

⑨ push-back

定义:void push-back(char c);

功能:在字符串的尾部插入字符 c。这个操作能在常数时间内完成。

⑩ substr

定义:string string::substr(size-type index,size-type length = npos);

功能:返回当前字符串中从 index 开始长度为 length 的一个子串(第二个参数缺省时就返回从 index 开始一直到当前串末尾的子串)。

B.3 二元集合(位集合)

库:bitset

名字空间:std

二元集合提供了一个简单的集合结构,来处理一些集合元素均为 0/1 的集合操作。

(1) 构造函数

bitset();

bitset(unsigned long val);

举例：

bitset<8> h(131);

构造一个元素个数为 8,且元素信息为 10000011 的二元集合。

(2) 运算符

① 比较运算符：==,!=

② 赋值运算符：=

③ 取值运算符：[]

返回对应位置元素的引用。

④ 位运算符：|=,&=,^=,>>=,<<=,~

可以认为 bitset 就是一个二进制数。这其实和我们很多时候用二进制数来表示集合的思想是一样的。

⑤ 流运算符：<<,>>

对于 bitset,在流中输出的时候是直接用二进制集合表示的。

举例：

```
bitset<8>h(131);
cout<<h<<endl;
h<<=4;
cout<<h<<endl;
```

输出：

```
10000011
00110000
```

(3) 常用函数

① count

定义：size-type count();

功能：返回有多少个位被标记成 1。

② flip

定义：

```
bitset<N>& flip();
bitset<N>& flip( size-t pos );
```

功能：

将整个集合的 0 和 1 取反（如果有传递参数 pos,那么就将 pos 对应的元素取

反)。

③ size

定义:size-t size();

功能:返回当前二元集合内的元素个数。

④ test

定义:bool test(size-t pos);

功能:判断位置为 pos 的元素是 0 还是 1。

⑤ set,reset

定义:

bitset<N>& set();

bitset<N>& set(size-t pos,bool val=true);

功能:

将整个集合全部设置为 1(reset 则清空)。

设置 pos 的元素为 1(或者 val,reset 则设置为 0)。

⑥ to-string

定义:string to-string();

功能:返回一个对应当前集合状态的 0/1 序列字符串。

⑦ to-ulong

定义:unsigned long to-ulong();

功能:将当前集合转化为一个 32 位无符号整数。

B.4 算　法

库:<algorithm>

名字空间:std

备注:<algorithm>被<iostream>依赖。

算法库提供了一些常用算法的函数,这里介绍最常用的。

(1) sort,stable-sort

定义:

void sort(iterator start,iterator end);

void sort(iterator start,iterator end,StrictWeakOrdering cmp);

功能:

将迭代器区间[start,end)内的元素排序。如果没有重载比较函数,那么将按照比较函数升序进行排序。

迭代器必须是随机迭代器。

sort 是不稳定的，stable-sort 是稳定的。

对于比较函数，参数为要比较的两个元素，sort 会将所有元素从小到大排序。

(2) min，max

利用类模板定义，使用的时候需要保证两个参数的类型一致，并且能够比较。

(3) swap

利用类模板定义，使用的时候需要保证两个参数的类型一致，并且是变量，可以赋值。

附录 C　Dev－C＋＋ 基本操作

C.1　Dev－C＋＋ 简介及其安装

Dev－C＋＋ 是由 Bloodshed 软件公司开发的，基于 GNU 通用授权协议(General Public License，GPL)的，完全免费且开发源码功能齐全的 C/C＋＋ 语言集成开发环境(Integrated Development Environment，IDE)。Dev－C＋＋ 可以运行在任何 Win32 平台下(Windows 95，98，NT，2000，XP 等)，使用 MinGW(Minimalist GNU For Windows)作为其编译器(也可以使用 Cygwin 等基于 GCC 的编译器)，使用 GDB(GNU Project Debugger)作为调试工具，对 C/C＋＋ 标准支持较好。同时作为一款 IDE，Dev－C＋＋ 还具有多国语言支持、多页面窗口支持、语法高亮、代码自动完成、类浏览器等众多功能。

C.1.1　Dev－C＋＋的安装

首先我们可以从 Bloodshed 网站(http://www. bloodshed. net)或 Sourcefoge. net 网站(http://www. sf. net)下载最新版本(目前版本为 4. 9. 9. 2)的 Dev－C＋＋软件。Dev－C＋＋提供有两种安装包：带 MinGW 的和不带 MinGW 的。通常情况下我们应该下载带 MinGW 的版本。

运行下载的安装包，首先会看到一段欢迎信息和提示信息(见图 C-1)。如果安装过旧版本的 Dev－C＋＋，应先卸载旧版本后再安装新版本。点击“OK”按钮继续。

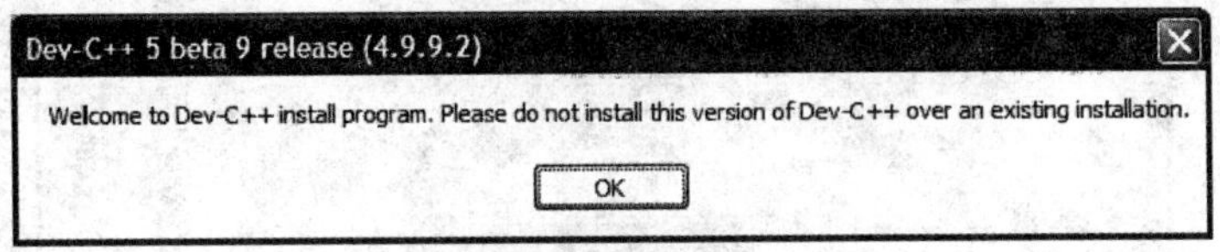

图 C-1　安装提示

经过一个短暂的解压缩过程后会出现选择安装语言的窗口(见图 C-2)。虽然 Dev－C＋＋ 支持多国语言，但安装过程并不支持中文，因此，选用默认的英文(English)。点击“OK”按钮继续。

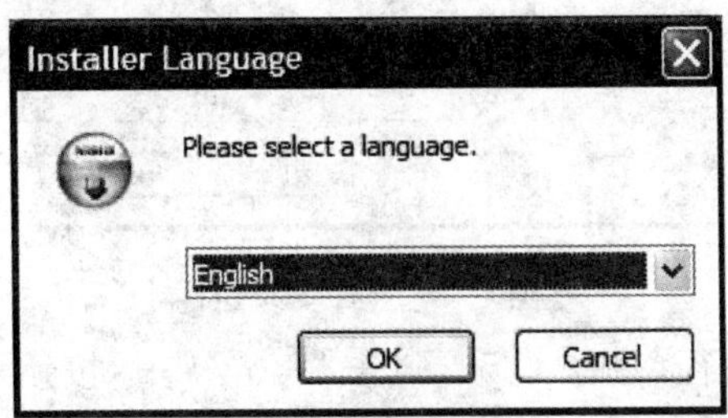

图 C-2　选择安装语言

接下来会出现许可协议的窗口（见图 C-3），你只有接受此协议才能继续安装。点击“I Agree”按钮继续。

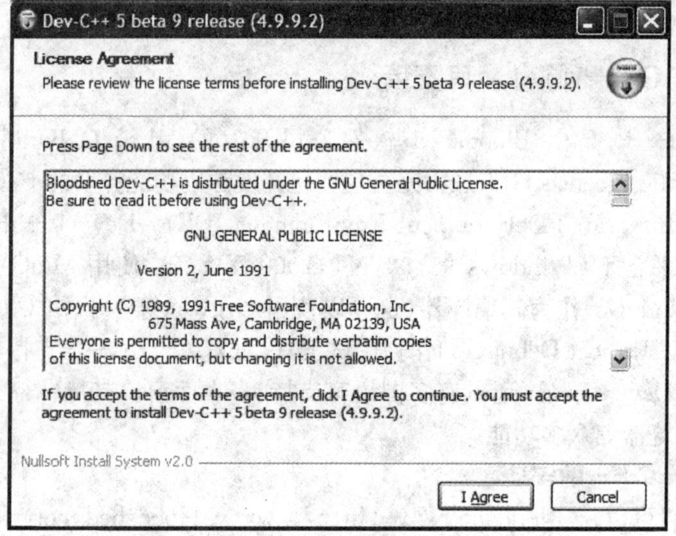

图 C-3　许可协议

接下来选择安装组件（见图 C-4），一般情况下使用默认的完全安装（Full）模式即可。点击“Next >”按钮继续。

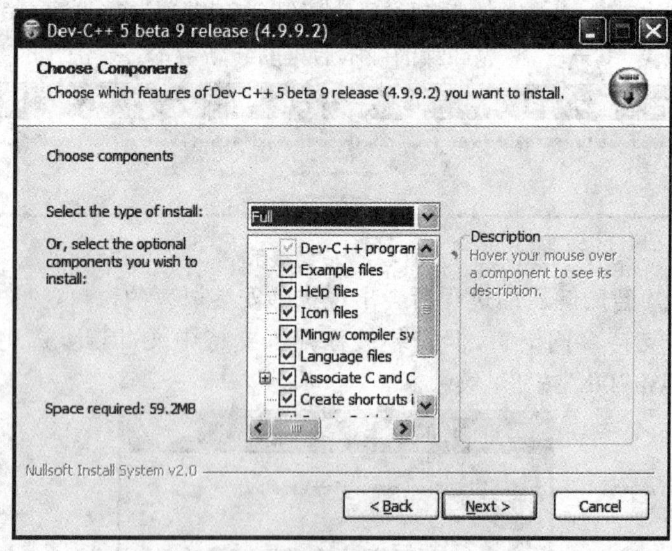

图 C-4　选择安装组件

接下来选择安装路径（见图 C-5），点击“Browse…”按钮可以更改安装路径。确定安装路径后。点击“Install”按钮开始安装。

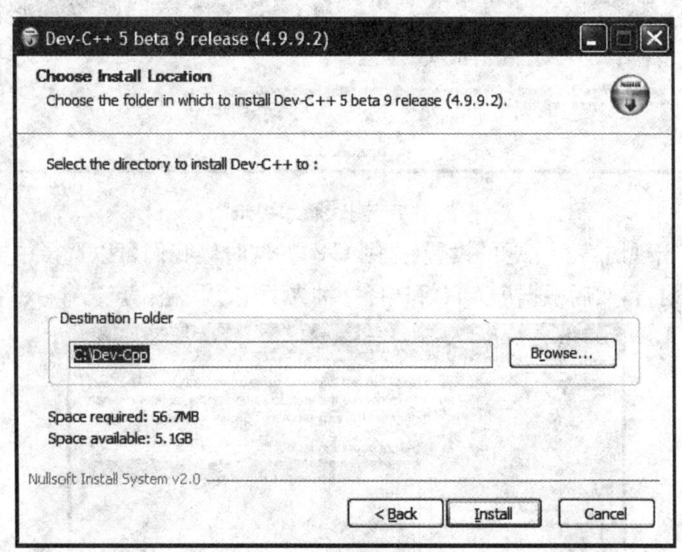

图 C-5　选择安装路径

安装结束(见图 C-6),点击"Finish"按钮结束安装并开始第一次运行。

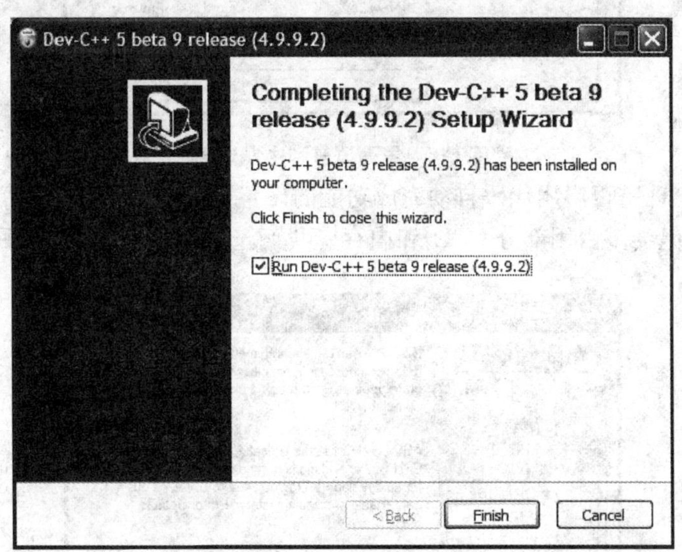

图 C-6　安装结束

C.1.2　首次运行设置

Dev－C＋＋ 第一次运行之前会有一些提示信息和设置。首先我们会看到有关测试版本的一些提示信息(见图 C-7)。点击"OK"按钮继续。

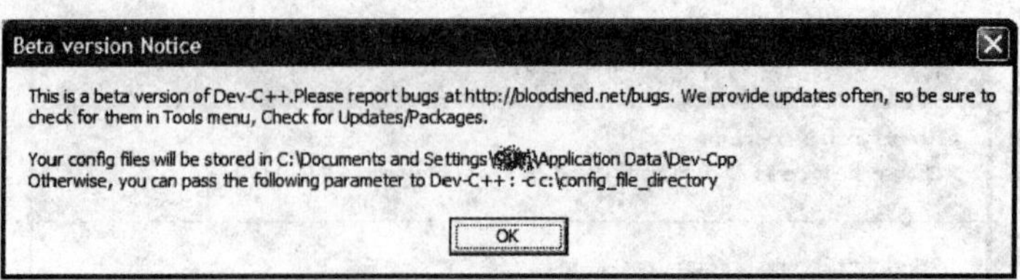

图 C-7　测试版本提示

接下来会出现语言和主题的设置(见图 C-8)。这时候我们可以选择中文(Chinese)作为我们的界面语言,然后根据个人喜好选择一种界面主题风格。点击"Next"按钮继续。

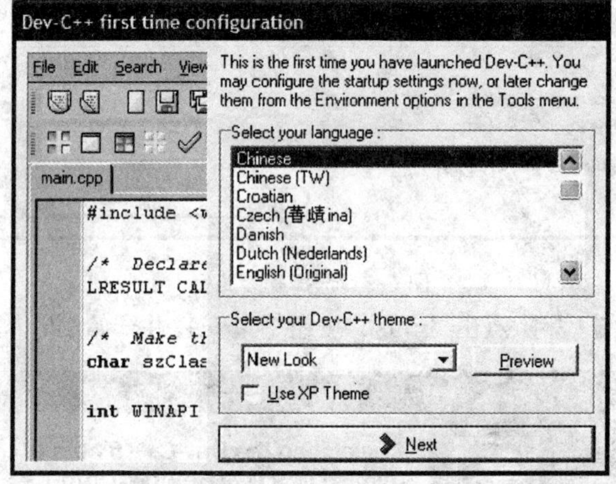

图 C-8　界面语言和主题选择

接下来出现是否启用代码自动完成功能的设置(见图 C-9)。通常情况下,这个功能非常有用,但会多占用部分 CPU 和内存。我们选择启用此功能,然后点击"Next"按钮继续。

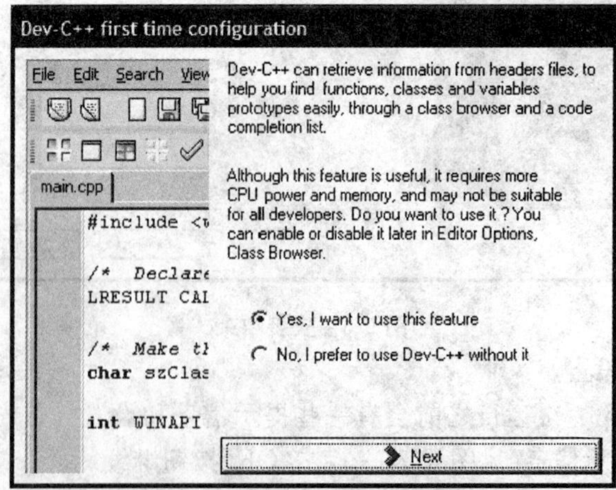

图 C-9　是否启用代码自动完成功能

在我们使用代码自动完成功能后，Dev－C＋＋ 会继续提示我们是否要为代码自动完成功能建立一个缓存(见图 C-10)。建立缓存可以优化代码自动完成的性能。如果需要更改缓存存放的位置，可以选择"Use this directory instead of the standard one:"，然后选择你希望存放缓存的路径。点击"Next"按钮继续。

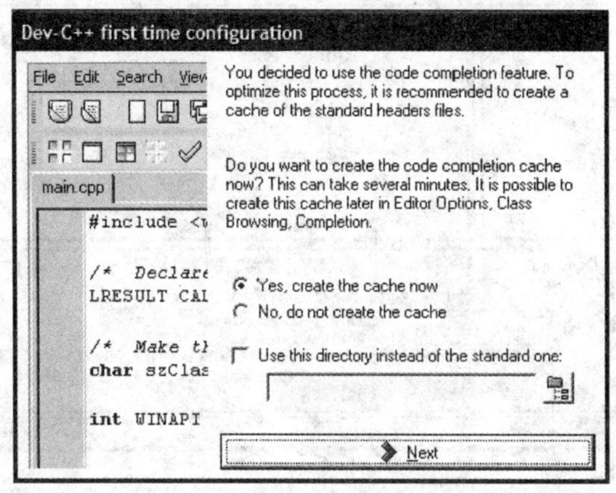

图 C-10　是否建立缓存

最后我们会看到一个设置完成的提示(见图 C-11)。点击"OK"按钮继续。

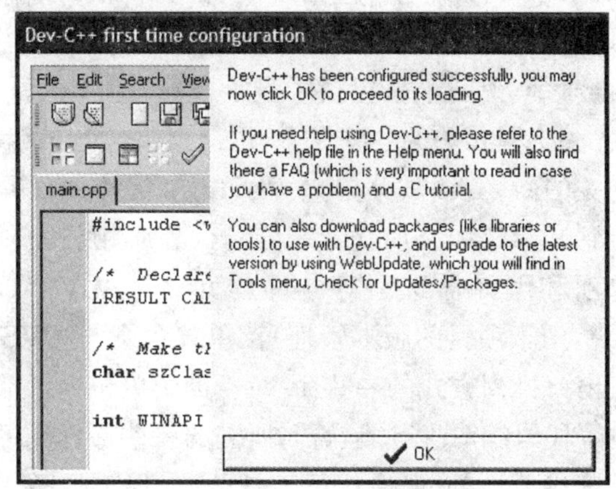

图 C-11　设置完成

到此为止，我们完成了 Dev－C＋＋ 的安装和初始设置，下面让我们开始 Dev－C＋＋ 之旅吧。

C.2　集成环境简介

Dev－C＋＋ 集成开发环境(见图 C-12)可以分为菜单栏①、工具栏②、工程管理③、多文档编辑区④、报告窗口⑤和状态栏⑥等 6 个部分。

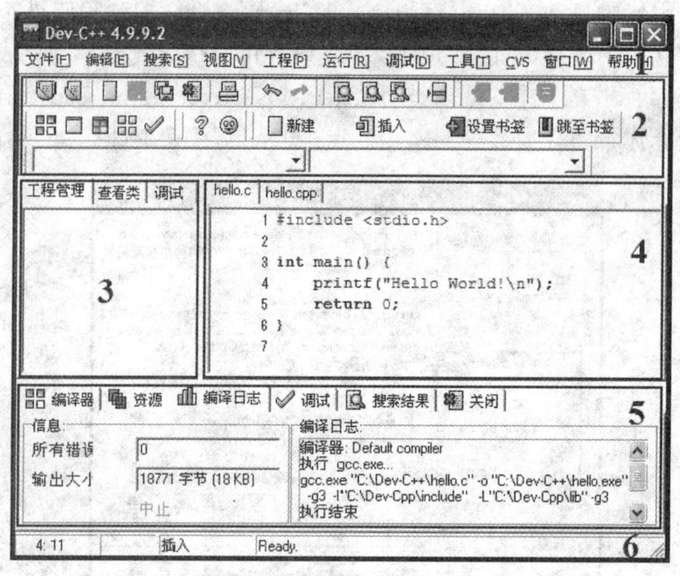

图 C-12 Dev－C＋＋ 集成开发环境

菜单栏部分提供了各种功能命令。其中文件菜单主要包括打开、保存、关闭、打印等与文件相关的操作；编辑菜单主要包括复制、剪切、粘贴、重做、撤销、设置/取消注释和设置/取消缩进等代码编辑过程中所需的命令；搜索菜单主要包括查找、替换和跳到指定函数/行等命令；视图菜单包括了显示/隐藏工具栏等一些更改视图界面的命令；工程菜单包含了工程相关的一些命令；运行菜单包含了编译、运行、语法检查等与程序编译运行相关的命令；调试菜单包含了开始/停止调试、断点设置、下一步、单步进入、跳过、运行到光标处和添加查看等与调试程序相关的命令；工具菜单包括了编译选项、环境选项和编译器选项等各种辅助命令；CVS(Concurrent Version System,并行版本系统,用于项目的版本管理)菜单包含了与 CVS 相关的一些命令；窗口菜单包含了改变窗口排列方式的一些命令；帮助菜单包含了帮助和关于等命令。

工具栏部分提供了代码编写、调试运行时所需的一些最常用的功能，其中包括主工具条、编辑工具条、查找工具条、编译运行工具条、工程工具条、帮助工具条、文件/书签/杂项和查看类等八个工具条。

工程管理部分包含了工程管理、查看类和调试三个标签。查看类用于显示当前程序中类(也包括全局变量及函数)的相关信息；调试用于显示所监视的变量的值。

多文档编辑区是用来编写代码的区域，可以同时打开(或编辑)多个程序，使用标签可以快速的在这些程序间自由切换。

报告窗口部分默认情况下是收缩显示的(仅显示标签部分)，当点击某个标签(或执行某些操作后)时，报告窗口会自动展开。展开后的报告窗口会在其最右边多出一

个“关闭”标签，点击此标签可以将报告窗口恢复到收缩显示的状态。报告窗口包括编译器、资源、编译日志、调试、搜索结果等五个部分。编译器选项页会列出编译过程中出现的各种警告或错误信息(见图 C-13)。

编译器 | 资源 | 编译日志 | 调试 | 搜索结果 | 关闭

行	单元	信息
	E:\x.c	In function `main':
3	E:\x.c	[Warning] return type of 'main' is not `int'

图 C-13　报告窗口的编译器选项页

编译日志选项页用于显示当前编译所使用的命令以及编译后错误的数目和输出文件的大小等信息(见图 C-14)。

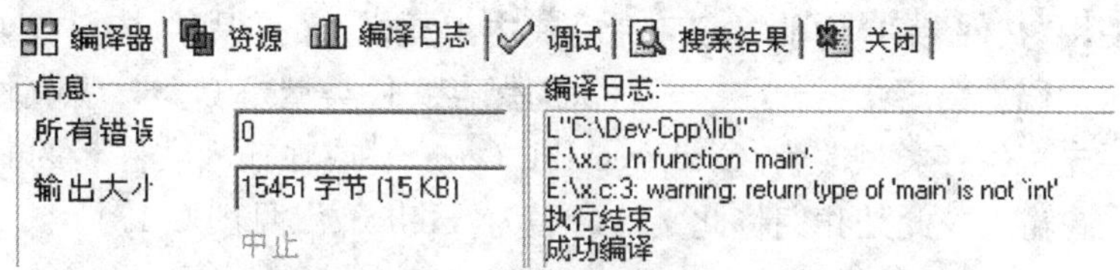

图 C-14　报告窗口的编译日志选项页

调试选项页又包含了三个选项(见图 C-15)，分别是调试、回溯和输出。其中调试用于显示一些常用的调试按钮；回溯用于显示函数调用情况；输出则允许直接使用 GDB 命令来调试程序。

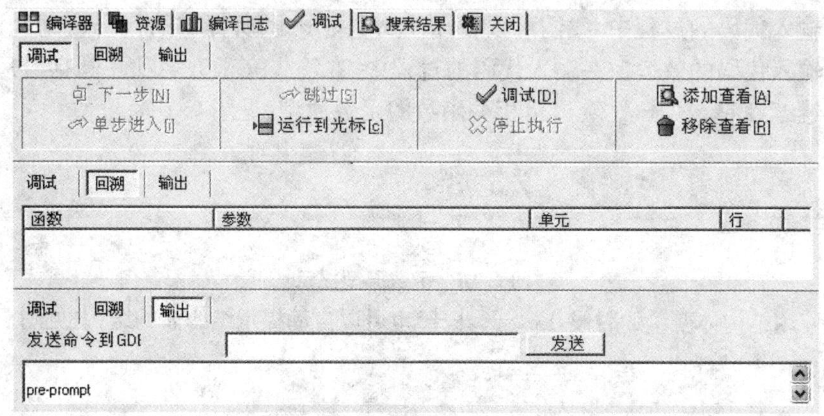

图 C-15　报告窗口的调试选项页的三个选项

状态栏部分显示了一些有用的提示信息，如当前光标所处的位置、文件是否被修改、键盘的状态和文件总行数等信息。

C. 3　程序的输入及运行

首先使用“文件”菜单中的“新建”—“源文件”命令或使用主工具栏上的“源代码”按钮或Ctrl—N 快捷键新建一个空白的源文件。然后在代码编辑区输入如下代码(见图 C-16)。

```
[*]未命名1
#include <stdio.h>

int main() {
    printf("Hello World!\n");
    return 0;
}
```

图 C-16　代码输入

然后使用“文件”菜单中的“保存”命令或主工具栏上的“保存”按钮或 Ctrl—S 快捷键保存该代码。由于 Dev—C++ 默认的保存文件类型是 C++ 源文件，因此，在保存时需要先将保存类型改为“C source file (∗. c)”或在输入文件名的时候连同后缀名“. c”一同输入。此处我们将此文件命名为“Hello. c”(见图 C-17)。

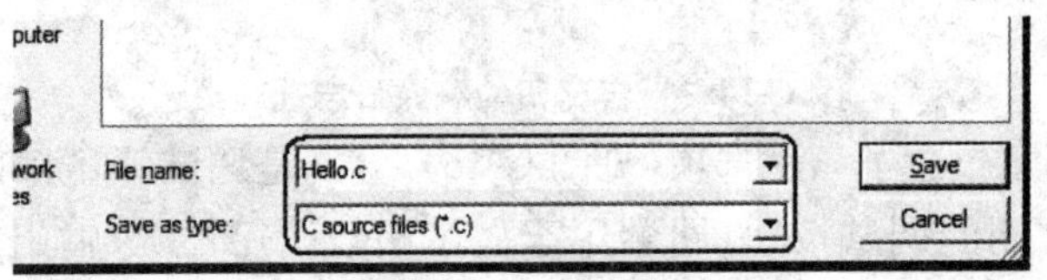

图 C-17　保存源文件

在输入代码的过程中，我们可以使用 Dev—C++ 所提供的代码自动完成功能来提供输入代码的效率。在输入代码的过程中，在输入完函数名和左圆括号后，随着输入的继续，Dev—C++ 会显示相关函数的函数原型(见图 C-18)。

```
int main() {
    int a[100];
    memset( a, 0
    _CRTIMP void* __cdecl memset (void*, int, size_t)
```

图 C-18　函数原型提示

在使用结构体变量的时候，Dev—C++ 也可以自动提示结构体的结构(见图 C-19)。

```
struct xstack {
    int top;
    int data[MAXN];
}xst;

int main() {
    xst.
        Variable    int data [MAXN]
        Variable    int top
```

图 C-19　自动提示结构体的结构

由于 Dev—C++ 是一款 C/C++ 语言的集成开发环境，其代码自动完成功能并没有区分当前程序是 C 还是 C++。因此，在编写 C 程序的时候，会有大量的 C++ 专用的提示信息出现。在使用时要注意不要被其干扰。同时，对于自己编写的函数或结构等内容，可能需要先编译后才能出现在代码提示中。另外，“编辑”菜单和“搜索”菜单中的很多功能还是非常实用的。比如：注释/取消注释命令、缩进/取消缩进命令、搜索、替换等。

程序输入完成后，选择“运行”菜单中的“编译”命令或编译运行工具条中的编译按钮或 Ctrl—F9 快捷键编译该程序。编译成功后会看到如图 C-20 所示的对话框。

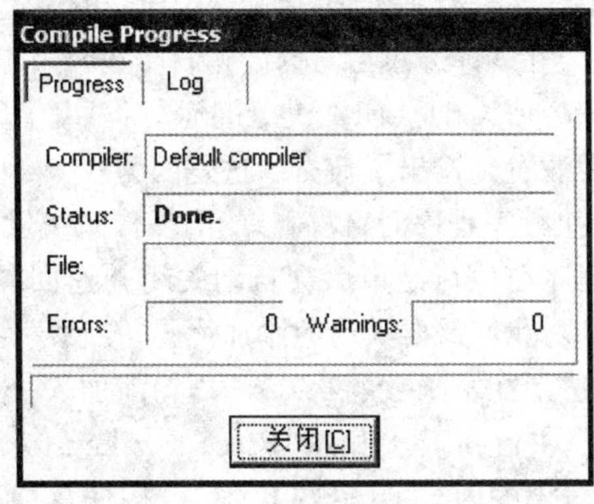

图 C-20　编译进程对话框

如编译过程中有错误或警告，则此对话框会自动关闭，同时下部的报告窗口会自动展开并打开“编译器”选项页，显示出现的错误或警告信息。比如当我们漏打了某条语句后面的分号时，编译就会出错，在报告窗口的编译器选项页中就会出现语法错误的提示信息（见图 C-21）。

图 C-21　报告窗口的编译错误提示信息

双击其中有行号提示的错误信息时，Dev—C++ 会自动将光标跳转到该行的行首，并且会提示一个红底黄字的小叉（见图 C-22）。

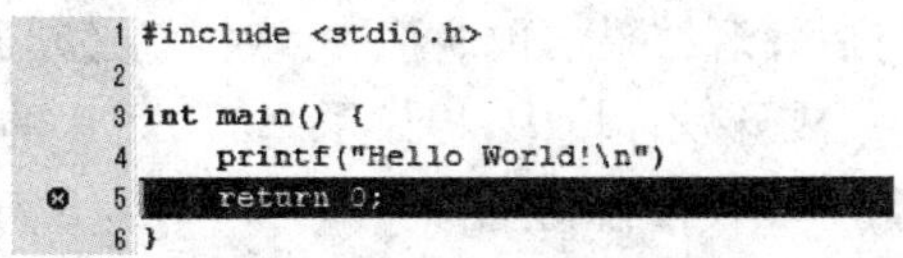

图 C-22　文档编辑窗口的编译错误提示

通常而言，编译错误分为两类：警告和错误。在编译信息中，警告会有 warning 字样，而错误会有 error 字样。有错误时不能完成编译工作，必须修改后重新编译。只有警告时，能顺利完成编译工作，但程序执行时可能会发生异常。

对于所有的编译错误，必须仔细分析错误信息，并同时观察出错语句的相邻语句。比如上面的这个错误，编译器认为出错的行是第 5 行，出错信息是“return 之前有语法错误”，但第 5 行的 return 之前没有内容，因此查第 4 行，发现第 4 行结尾漏了分号。虽然编译器提示第 5 行出错，但实际上出错的却是第 4 行。又比如把 printf 误输为 print 时，编译时出现的错误信息是“[Linker error] undefined reference to ‘print’”，并且不提供出错的行号，这时可能需要通过“搜索”命令来定位出错的位置。

修改完所有编译错误并编译通过后，选择“运行”菜单中的“运行”命令或“编译运行工具栏”中的“运行”命令或 Ctrl－F10 快捷键运行程序。我们会看到有一个命令行窗口一闪而过，根本无法看到输出了什么。这是因为 Windwos 是一个多进程的操作系统，Dev－C＋＋ 在执行完程序时，仅简单的向操作系统发出执行程序的命令，而不会干预程序的执行，程序在执行结束后会自动关闭并返回操作系统。为了能够看清楚输出到屏幕上的内容，我们需要人为的添加代码，在程序结束之前将程序暂停下来。现在我们常用的方法是在主函数的 return 语句前加入 system("PAUSE")；语句，它会暂停程序的执行，并在屏幕上显示“Press any key to continue”的提示信息，这样我们就可以看清楚输出的内容了(见图 C-23)。按任意键后，程序就会继续执行下去。或者我们也可以使用 getch()；语句来暂停程序的执行。无论是 system(" PAUSE") 语句还是 getch() 语句，其作用仅仅是为了方便在 Dev－C＋＋ 环境中查看程序的屏幕输出，在最终调试完成的程序中都应将其删除。

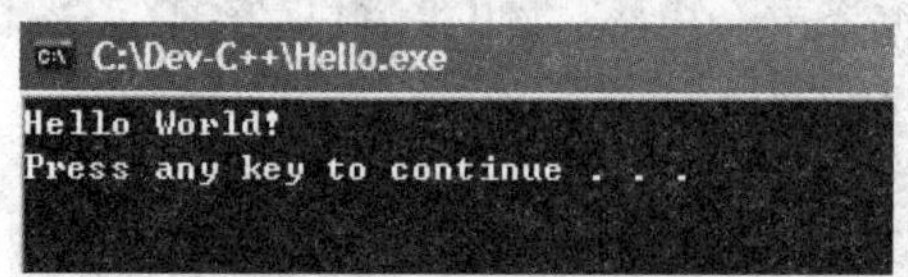

图 C-23　程序的输出

C.4　程序的调试

通常一个程序编写完成后，总会存在一些错误，对于语法上的错误，一般在编译过程中可以被编译器所发现，从而产生编译错误的提示。但更多的错误则不能被编译器所识别，当程序运行后发现结果与预期不一致时，就必须通过调试程序来查找错误了。在 Dev－C＋＋ 集成开发环境中，提供了基于 GDB 的整合调试器，该调试器提供了断点、查看、步进等基本的调试功能。

C.4.1　设置断点

断点是在调试过程中通知调试器需要暂停程序执行的位置。在 Dev－C＋＋

中，可以通过点击代码编辑区域左边的装订线区来设置或取消断点，也可以使用“调试”菜单中的“切换断点”命令或者 Ctrl－F5 快捷键。设置了断点的行会以红底白字高亮显示，并且会在装订线区域中显示一个红底绿色小勾(见图 C-24)。

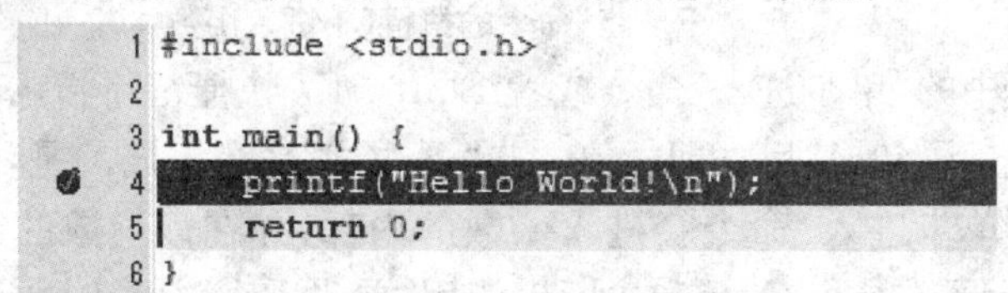

图 C-24　设置断点

Dev－C＋＋ 对于断点设置的位置没有什么限制，可以将程序中的任意行设置为断点，哪怕是一个空行。但在实际调试的过程中，某些设置不当的断点是不起作用的。通常断点应该设在函数体内需要中断的语句上，而不要设在空行、或函数首部等位置。

C.4.2　调试执行

在设置好断点后，可以使用“调试”菜单上的“调试”命令或者“编译运行工具栏”上的“调试”命令或者结果窗口中“调试”选项页中的“调试”命令或者 F8 快捷键开始程序的调试(即进入调试模式)。程序会自动执行到第一个断点的位置，然后暂停程序的运行，等待下一步的命令。在调试过程中，程序的当前位置在代码编辑区内以蓝底白字高亮显示，并在左边的装订区内会出现一个蓝色的向右的箭头(见图 C-25)。

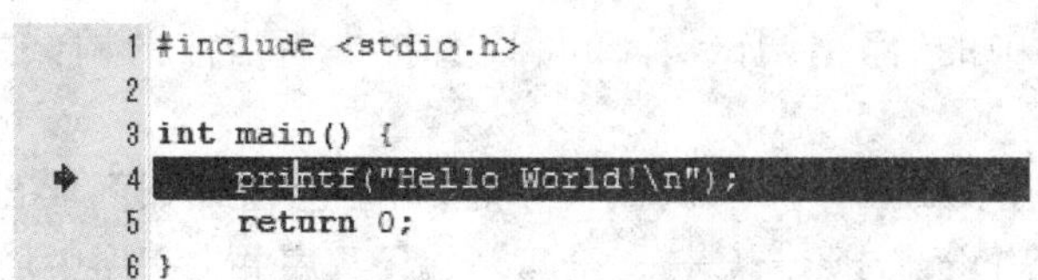

图 C-25　调试过程中的当前行

如果继续发送“调试”命令，则程序自动执行到下一个断点的位置，然后暂停程序的运行。如果没有设置断点而直接使用“调试”命令其效果类似于“运行”命令。除了“调试”命令外，Dev－C＋＋ 还提供了“下一步”、“单步进入”、“跳过”和“运行到光标”等控制程序调试执行的命令。

“调试”菜单中的“下一步”命令或者 F7 快捷键将指示程序从当前断点位置往下执行一条语句，然后立即暂停。如果当前位置是一个函数调用，“下一步”命令不会进入函数的内部，而是将函数执行完，然后再暂停。图 C-26 显示了在 sort() 函数中断后使用“下一步”命令时的情况。

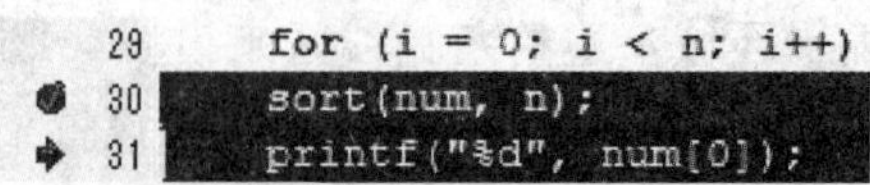

图 C-26　“下一步”命令的执行(不进入函数体)

“调试”菜单中的“单步进入”命令或者 Shift－F7 快捷键将指示程序从当前断点位置往下执行一条语句，然后立即暂停。与“下一步”命令不同的是，如果当前位置是一个函数调用，“单步进入”命令会进入函数的内部，并在该函数的第一条语句前中断。图 C-27 显示了在 sort() 函数中断后使用“单步进入”命令时的情况。

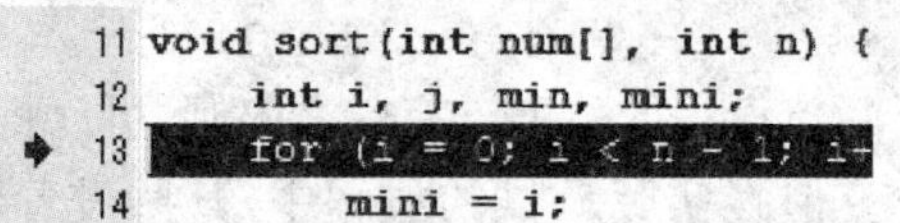

图 C-27　“单步进入”命令的执行(进入函数体内部)

“调试”菜单中的“跳过”命令或者 Ctrl－F7 快捷键将从当前位置开始一直执行到下一个断点为止。如果在某个函数内部使用“跳出”命令时，程序将执行完当前函数的剩余部分并返回到调用此函数的位置，然后继续执行到下一个断点位置。

“调试”菜单中的“执行到光标”命令或者 Shift－F4 快捷键将指示程序从当前断点位置(或起点)开始执行，直到到达光标所在的行。在执行过程中，如果经过某个设置了断点的位置时，会先在断点位置中断执行。光标所在的行并不一定是设置了断点的行。在 Dev－C＋＋ 中，只有“调试”命令和“执行到光标”命令可以将程序从非调试模式转入调试模式。

“调试”菜单中的“停止调试”命令可以直接中断当前的调试过程并退出调试模式。

在第一次使用 Dev－C＋＋ 调试程序时，可能会出现如图 C-28 所示的提示信息，此时需要回答“Yes”，Dev－C＋＋ 会重新编译程序并在程序中加入调试信息。然后再使用“调试”命令开始程序的调试。以后一般都不会再有这个提示了。

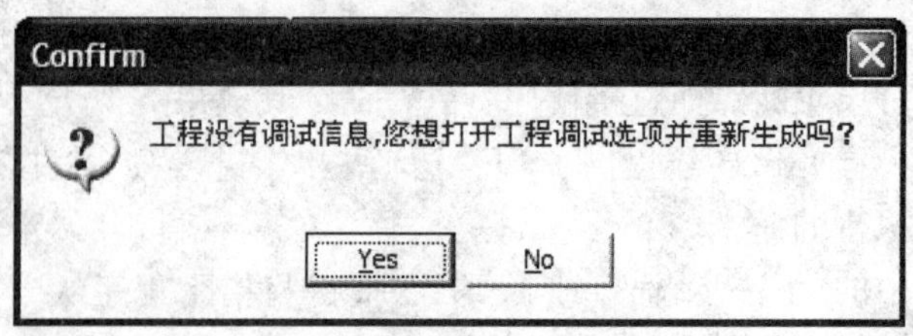

图 C-28　无调试信息的提示

C.4.3　使用查看

在调试的过程中，我们可以通过“查看”来监控变量的变化。在进入调试模式后，使用“调试”菜单中的“添加查看”命令或 F4 快捷键可以打开“添加查看”的对话框(见

图 C-29)，输入要查看的变量或表达式后按“OK”即可。在没有进入调试模式前，使用“添加查看”命令同样可以显示“添加查看”对话框，但不会将所输入的变量或表达式加入查看列表中。如果你事先选中了代码中的某个变量或表达式，在使用“添加查看”命令时，Dev－C＋＋ 会自动将你选中的变量或表达式作为新的查看添加到查看列表中。同时在调试模式下，如果你把鼠标停留在某个变量上面几秒钟，Dev－C＋＋ 也会自动将这个变量作为新的查看添加到查看列表中。

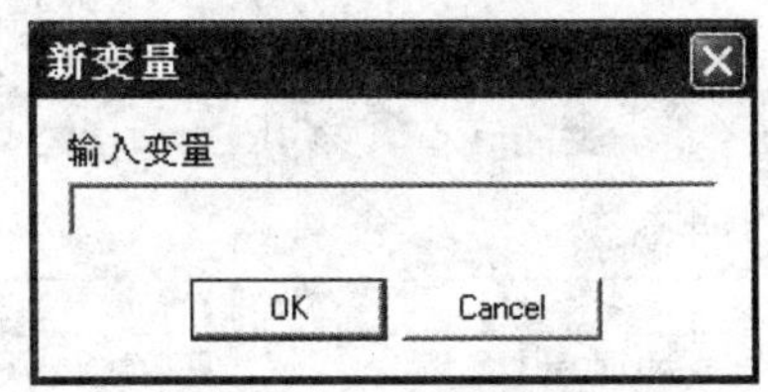

图 C-29　添加查看对话框

添加后的查看以列表的形式出现在工程管理部分的调试选项页中(见图 C-30)。

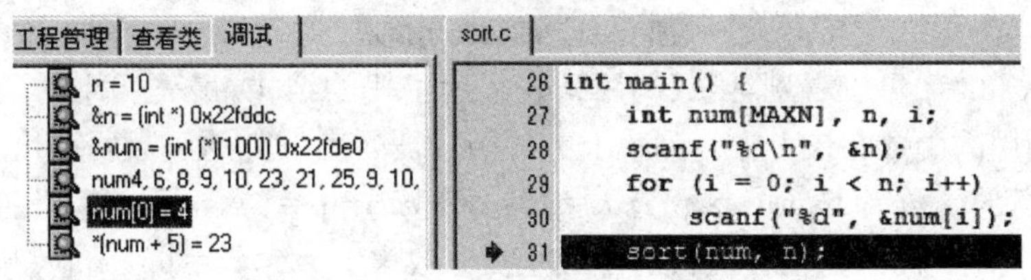

图 C-30　在调试选项页中的查看列表

在图 C-30 中，共有 6 个查看。第一个查看是简单变量 n，其当前值为 10；第二个查看是简单变量 n 的地址，其当前值为 (int ＊)0x22fddc；第三个查看是数组变量 num 的地址，其当前值为 (int (＊)[100])0x22fde0；第四个查看是数组变量 num，其元素为 4、6、8、9、10、23、21、25、9、10；第五个查看是数组元素 num[0]，其当前值为 4；第六个查看是使用指针表示的数组元素 num[5]，其当前值为 23。在这些查看中，数组的显示不过友好，数组名和数组元素值直接是紧挨着的，比较容易产生误会。

对于一些复杂的复杂的数据结构，比如结构体，Dev－C＋＋ 的查看可以显示出这些数据结构的结构。图 C-31 显示了 stack 结构体变量 st 的查看。

工程管理 | 查看类 | 调试 | sort.c | stack.c

st
top = 10
data = 0, 10, 20, 3

```
#define MAXN 100

struct stack {
    int top;
    int data[MAXN];
};
```

图 C-31　结构体变量 st 的查看

查看列表中的查看可以通过右键菜单中的“移除查看”命令或 DEL 键来删除当前选中的查看，也可以通过右键菜单中的“全部清除”命令将所有的查看全部清除。

C.4.4 递归的调试

对于递归函数而言，弄清楚函数之间的调用关系以及每次调用时的实际参数非常重要，Dev—C＋＋ 专门提供了“回溯”选项，可以让我们清楚的看到函数的调用情况以及实际参数等内容。比如，图 C-32 显示了汉诺塔问题某一时刻的函数调用情况。

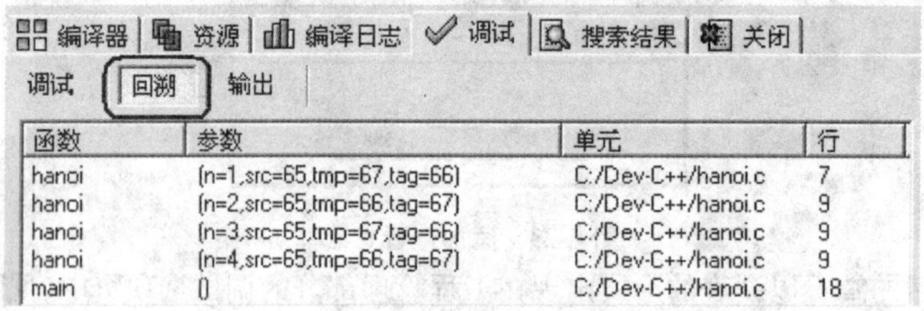

编译器 | 资源 | 编译日志 | 调试 | 搜索结果 | 关闭

调试 | 回溯 | 输出

函数	参数	单元	行
hanoi	(n=1,src=65,tmp=67,tag=66)	C:/Dev-C++/hanoi.c	7
hanoi	(n=2,src=65,tmp=66,tag=67)	C:/Dev-C++/hanoi.c	9
hanoi	(n=3,src=65,tmp=67,tag=66)	C:/Dev-C++/hanoi.c	9
hanoi	(n=4,src=65,tmp=66,tag=67)	C:/Dev-C++/hanoi.c	9
main	()	C:/Dev-C++/hanoi.c	18

图 C-32　函数调用情况

从图 C-32 中可以看到，函数调用列表采用了栈的结构，最先调用的函数在最下方，最后调用的函数在最上方。列表上方的函数被列表下方的函数所调用。因此，当前正在执行的函数为 hanoi，参数为 n＝1，src＝65，tmp＝67，tag＝66，当前运行到该函数的第 7 行。而当前正在执行的函数是被参数为 n＝2，src＝65，tmp＝66，tag＝67 的 hanoi 函数的第 9 行所调用。从全局来看，main 函数在第 18 行调用了 n＝ 4 的 hanoi 函数，该函数执行到第 9 行时调用了 n＝ 3 的 hanoi 函数，该函数同样在执行到第 9 行时 调用了 n＝ 2 的 hanoi 函数，该函数同样在执行到第 9 行时 调用了 n＝ 1 的 hanoi 函数，目前执行到第 7 行。若 n＝ 1 这个 hanoi 函数执行完成后，将返回 n ＝ 2 的 hanoi 函数的第 9 行继续执行，依此类推，当 n＝ 4 的 hanoi 函数执行完成后，将返回 main 函数的第 18 行继续执行。

函数的调用列表与查看列表不同，它不会自动更新。只有在切换到“回溯”视图时函数调用列表才会被刷新。

C.4.5 Dev—C＋＋调试功能的不足

Dev—C＋＋ 虽然提供了内置调试器，能够提供最基本的调试需要，但这个内置的调试器却还处在开发阶段，功能不够完善，且不够稳定，在调试的过程中还是存在着很多的不足。

(1) 不能在非调试模式下预先添加查看，感觉操作略不方便；

(2) 设置断点后，有时使用调试命令并不能正常的在断点处中断代码。对于这种情况，可以尝试重新设置断点后重试，或者使用“运行到光标”命令；

(3) 使用“下一步”或“单步进入”等命令时，有时会没有响应，有时当前行的显示

会发生停顿，有时查看列表中的查看的值的更新也会有停顿现象。对于这种情况，建议使用“运行到光标”命令；

(4) 对于大多数类型的查看，在调试的过程中，都会自动更新相应查看条目，但对于数组查看，很多时候并不是更新原来的条目，而是会在查看列表中再增加一个查看，这样随着调试的进行，查看列表会不断增长，非常不方便。

C. 5 调试的相关知识

鉴于 Dev－C＋＋ 所集成的调试器不够稳定，有些时候我们不得不放弃 Dev－C＋＋ 的集成开发环境，转而使用其他的方式进行程序调试。

最常用的调试方式就是在需要的地方直接输出需要调试的变量或表达式的值。比如在调试排序算法时，我们可以通过附加输出语句将每一次交换前后的数组输出，从而检查排序算法是否存在问题(见图 C-33)。

```
if (mini  ! =i) {
    printf("交换前:");
    for (t = 0; t<n; t++) printf("%d", mun[t]);
    printf("\n");
    swap(mun, i, mini);
    printu("交换后:");
    for  (t=0; t<m; t++)   printf("%d", num[t]);
    printf("\n");
```

图 C-33 在代码中附加调试所需的相关信息

使用这种方式输出调试信息可能会带来两个问题：其一是会干扰正常的输出；其二是在调试完成后，没有将这些语句全部删除。对于第一个问题，如果正常输出是文件输出时，只要将调试信息输出到屏幕即可区分；如果正常输出采用屏幕输出时，可以在调试输出前加入一些提示语句，比如图 C-33 中的“输出前”和“输出后”。对于第二个问题，当调试信息较多时，很可能会遗漏一些，这样就有可能会影响最后程序的结果。对于这个问题，可以采取分段调试的方法，每次调试一小部分的代码，这样所需输出的调试信息就比较少，也就比较容易恢复。当然，这并不是一个好的解决办法。从软件工程的角度出发，我们应该采取如下的方式来解决这个问题(见图 C-34)。

```
#ifdef  _DEBUG
for  (t = 0; t<m; t++)   printf("%d", num[t]);
printf("\n");
#endif
```

图 C-34 使用 ifdef 宏来管理调试信息

在这种方式下，我们将所有与调试关于的语句全部使用 ＃ifdef 和 ＃endif 包括起来，在编译时，如果提供了 ＃ifdef 后面的关键词“-DEBUG”，那么这一段代码就会被编译。如果在编译时没有提供这个关键词，那么这部分代码就如同注释一般，不会被编译。这样，我们只需要修改编译参数就可以方便的实现开启或关闭调试信息的输出功能了。要修改编译参数，我们需要使用“工具”菜单下的“编译选项”命令，然后在编译器选项页中设置编译所需的参数（见图 C-35）。

图 C-35 修改编译参数

如果要编译没有调试信息的程序，只需要将图 C-35 中“编译时加入以下命令”之前的勾清除即可。

参考文献

[1] [美]Brian W. Kernighan, Dennis M. Ritchie. The C Programming Language, Second Edition. Peentice-Hall Inc. ,1988

[2] [美]Gary J. Bronson 著;单先余,陈芳,张蓉等译. 标准 C 语言基础教程(第 4 版). 北京:电子工业出版社,2006

[3] [美]Samuel P. Harbison Ⅲ, Guy L. Steele Jr. 著. C 语言参考手册(第 5 版)(英文版). 北京:人民邮电出版社,2007

[4] [美]Jeri R. Hanly, Elliot B. Koffman 著;万波,潘蓉,郑海红译. C 语言详解(第 5 版). 北京:人民邮电出版社,2007

[5] [美]Thomas H. Cormen, Charles E. Leiserson, Ronald L. Rivest and Clifford Stein. Introduction to Algorithms, Second Edition. MIT Press,2001

[6] 刘汝佳,黄亮著. 算法艺术与信息学竞赛. 北京:清华大学出版社,2003